Cahiers de Logique et d'Épistémologie
Volume 17

Argumentation et engagement ontologique

Être, c'est être choisi

Volume 10
Fiction et Métaphysique
Amie L. Thomasson. Traduit de l'américain par Claudio Majolino et Julie Ruelle

Volume 11
Normes et Fiction
Shahid Rahman et Juliele Maria Sievers, eds.

Volume 12
Conception et analyse des programmes purement fonctionnels
Christian Rinderknecht

Volume 13
La Périodisation en Histoire des Sciences et de la Philosophie. La Fin d'un Mythe. Edition et introduction par Hassan Tahiri

Volume 14
Langage C++ et calcul scientifique
Pierre Saramito

Volume 15
Logique de l'argumentation dans les traditions orales africaines
Gildas Nzokou

Volume 16
Approche dialogique de la dynamique épistémique et de la condition juridique
Sébastien Magnier

Volume 17
Argumentation et engagement ontologique. Être, c'est être choisi
Matthieu Fontaine

Cahiers de Logique et d'Épistémologie Series Editors
Dov Gabbay   dov.gabbay@kcl.ac.uk
Shahid Rahman   shahid.rahman@univ-lille3.fr

Assistance Technique
Juan Redmond   juanredmond@yahoo.fr

Comité Scientifique: Daniel Andler (Paris – ENS); Diderik Baetens (Gent); Jean Paul van Bendegem (Vrije Universiteit Brussel); Johan van Benthem (Amsterdam/Stanford); Walter Carnielli (Campinas-Brésil); Pierre Cassou-Nogues (Lille 3 – UMR 8163-CNRS); Jacques Dubucs (Paris 1); Jean Gayon (Paris 1); François De Gandt (Lille 3 – UMR 8163-CNRS); Paul Gochet (Liège); Gerhard Heinzmann (Nancy 2); Andreas Herzig (Université de Toulouse – IRIT: UMR 5505-NRS); Bernard Joly (Lille 3 – UMR 8163-CNRS); Claudio Majolino (Lille 3 – UMR 8163-CNRS); David Makinson (London School of Economics); Tero Tulenheimo (Helsinki); Hassan Tahiri (Lille 3 – UMR 8163-CNRS).

Argumentation et engagement ontologique

Être, c'est être choisi

Matthieu Fontaine

© Individual author and College Publications 2013.
All rights reserved.

ISBN 978-1-84890-127-8

College Publications
Scientific Director: Dov Gabbay
Managing Director: Jane Spurr
King's College London, Strand, London WC2R 2LS, UK

http://www.collegepublications.co.uk

Original cover design by orchid creative   www.orchidcreative.co.uk
Printed by Lightning Source, Milton Keynes, UK

All rights reserved. No part of this publication may be reproduced, stored in a retrieval system or transmitted in any form, or by any means, electronic, mechanical, photocopying, recording or otherwise without prior permission, in writing, from the publisher.

Table des matières

Préface	ix
Introduction	1

PREMIERE PARTIE :
ENGAGEMENT ONTOLOGIQUE, IDENTITE, CONTEXTUALITE   15

Chapitre 1 - Intentionalité : Acte conscient, contenu et objet	17
1.1. Caractéristiques problématiques de l'intentionalité	18
1.2. Théorie du contenu	18
1.3. Objection à la théorie du contenu	22
1.4. Thèses meinongiennes et nonéisme	23
1.5. Théorie artefactuelle	25
Chapitre 2 - Intentionalité et Intensionalité	27
2.1. Intentionalité dans le langage	27
2.2. Extensionalité et Intensionalité	28
2.3. Sens et Dénotation	29
2.4. Sens et Intension	32
Chapitre 3 - Intensionalité explicite	37
3.1. Opérateurs intensionnels	37
3.2. Structures et modèles	38
3.3. Logique dialogique modale propositionnelle	40

DEUXIEME PARTIE :
LOGIQUES INTENSIONNELLES DE PREMIER ORDRE   45

Chapitre 4 - Objets intensionnels : le problème de l'identité transmonde	47
4.1. Non-existence et objets possibles	48
4.2. Identité et objets possibles	52
4.3. Théories de la référence directe	55
Chapitre 5 - Structures à domaine constant	61
5.1. Sémantique	61
5.2. Identité	62

5.4. Dialogique intensionnelle de premier ordre	64
Chapitre 6 - Logiques libres d'engagement ontologique	**71**
6.1. Domaines variables	71
6.2. Présuppositions ontologiques dans la logique classique	72
6.3. Logique libre négative	75
6.4. Logique libre positive	77
6.5. Logique libre neutre et supervaluations	78
6.6. Choix et existence	83
6.7. Logique dialogique libre – Être, c'est être choisi !	85
6.8. Dialogique libre dynamique	92
Chapitre 7 - Logiques intensionnelles de premier ordre avec domaines variables	**103**
7.1. Logiques intensionnelles à domaines variables	103
7.2. Dialogiques dans une structure à domaines variables	107
7.3. Kripke Vs. Kripke - Rigidité et domaines variables	111
7.4. Simuler les domaines variables	113

TROISIEME PARTIE :
VERS UNE LOGIQUE INTENTIONNELLE   117

Chapitre 8 - Logiques intensionnelles	**119**
8.1. Prédicats intensionnels	119
8.2. Opérateurs intensionnels	121
8.3. Inférences problématiques	123
8.5. Mondes impossibles	125
8.6. Sémantique des mondes impossibles	127
8.8. Mondes ouverts	131
Chapitre 9 - Désignation non rigide et ambiguïtés de portées	**133**
9.1. Pierre, un personnage aux croyances énigmatiques	133
9.2. Ambiguïtés de portées	136
9.3. Critique des *a priori* contingents	140
9.4. Critique de la nécessité de l'identité	142
Chapitre 10 - Individus dans une structure modale	**145**
10.1. Individus	146
10.2. Sémantique	147
10.3. Logique libre de présupposition d'unicité de la référence	148
10.4. Individus et identifications	151
10.4. Fonctions d'individu et taille des domaines	153
10.5. Détermination et non-existence	156

QUATRIEME PARTIE :
INDIVIDUATION ET IDENTITE DES FICTIONS   159

Chapitre 12 - Enjeux d'une théorie de la fictionalité   161

Chapitre 13 - Double aspect de la fictionalité   167
    13.1. Perspective de l'auteur : Théories de l'assertion feinte   167
    13.2. Perspective du lecteur : Théories du *Make-Believe*   173
    13.3. Double aspect des émotions   176
    13.4. Opérateur de fictionalité, premières considérations   179

Chapitre 14 - Point de vue externe   183

Chapitre 15 - Meinong et les néomeinongiens   187
    15.1. Individuation des non-existants   187
    15.2. Propriétés des non-existants   189
    15.3. Identité des non-existants   191
    15.4. Objections   192

Chapitre 16 - Nonéisme - Meinongiannisme dans une structure modale   195
    16.1. Substitution des identiques   195
    16.2. Principes meinongiens revisités   197
    16.3. Incomplétude et principe de liberté   200

Chapitre 17 - Théorie artefactuelle   205
    17.1. Artefacts abstraits   205
    17.2. Identité des fictions   208
    17.3. Propriétés des artefacts abstraits   211

CINQUIEME PARTIE :
DEPENDANCES ONTOLOGIQUES DANS UNE
STRUCTURE MODALE   215

Chapitre 18 - Exigence modale dans une structure modale bidimensionnelle   217
    18.1. Exigences modales - Définitions   218
    18.2. Insuffisances de l'exigence modale   222
    18.3. Priorité ontologique - Approches essentialistes et *grounding*   224

Chapitre 19 - Objets réels et états mentaux dans l'ontologie de Thomasson   227

Chapitre 20 - Sémantique nonéiste, création et dépendances   233

Chapitre 21 - Dépendances ontologiques dans une structure modale bidimensionnelle   239

21.1.Dépendance rigide historique	239
21.2.Dépendance générique constante	241
21.3.Création et individuation des fictions	244

SIXIEME PARTIE : FICTIONALITE DANS LA THEORIE ARTEFACTUELLE 251

Chapitre 22 - Articuler les deux aspects de la fictionalité	**253**
22.1.Opérateur de fictionalité	253
22.2.Domaines de la fiction	256
22.3.Sémantique	258
Chapitre 23 - Esquisse d'une approche dialogique de la fictionalité	**263**
23.1.Dépendances ontologiques dans les pratiques argumentatives	264
23.2.Opérateurs de fictionalité	267
23.3.Etanchéité dans une perspective dialogique	268
Chapitre 24 - Double aspect des artefacts abstraits	**271**
24.1.Relations de dépendances ontologiques	272
24.2.Fictionalité	274
24.3.Identité dans les structures faiblement étanches	276
24.4.Réalisation de la fiction ?	278
Conclusion	**283**
Annexe 1.Logique et dialogique propositionnelles	**289**
A1.1.Langage	289
A1.2.Sémantique	289
A1.3.Logique dialogique propositionnelle	290
Annexe 2. Logique et dialogique de premier ordre	**297**
A2.1.Langage	297
A2.2.Sémantique	297
A2.3.Logique dialogique de premier ordre	298
Bibliographie	**303**
Index	**313**

Préface

Fictional objects and the logic of fiction and intentionality make for one of the toughest areas of philosophical inquiry in the 21stCentury – perhaps the second most difficult subject after the mind-body problem. One reason is that the topic lies in the interface between three main areas of philosophy: logic, metaphysics, and epistemology.

Fictional objects are things described and mentioned in fiction, tales, stories, plays, etc. While some objects of fiction have their roots in the real world – *War and Peace*'s Napoleon, *Taxi Driver's* dark New York – many are just native to the respective artworks: Anna Karenina, Sherlock Holmes, Gotham City. The *metaphysical* status of these purely fictional things is puzzling, for they appear to lead a double life: they have some real status within the fictions in which they appear, but they are certainly not ordinary constituents of our physical world like me or you. They seem to be the target of some of our most characteristic *epistemic* states (we think about them, characterize them in various ways in our thought), but at the same time they appear very elusive when it's about gaining stable beliefs on them. Finally, we need to say something on the *logic* behind our talk of, and reasoning on, fictional things: for *prima facie,* such talk and reasoning hosts inconsistent intuitions. We say that Sherlock Holmes doesn't really exist, this being what makes the difference between him and real worldly detectives; but we also claim that there is such a fictional character as Sherlock Holmes – invented by Doyle, admired by millions of readers around the world. That Holmes lived in 221b Baker Street is taken by us as somehow true, for that's how Doyle characterizes him in his novels; but at the same time this cannot be taken at face value, for no detective ever really lived at that address London, even though it's still more acceptable than the claim that Holmes lived in Vicolo Corto in Monopoly.

Philosophical theories of fiction honour some of these shared beliefs of ours, and provide straightforward accounts for them. But given the *prima facie* inconsistencies involved, all theories are required to discharge other intuitions, or to explain them away by means of complicated paraphrases of the sentences involving them. Theories that grant to (purely) fictional objects the status of full-fledged things face epistemic problems (how can we *know* about them, if they are real only in fictional worlds we have no causal interaction with?), as well as ontological questions (what are the identity conditions for these things? Are they created by us and, if so, how?). At the opposite side of the spectrum, philosophers who deny that these things are to be taken seriously, and emphasize the element of make-believe in fictional discourse, appear to disregard the seriousness of our quantifying over the relevant things, and of our referring to them in everyday language.

Matthieu Fontaine's book brings the debate on the logic and metaphysics of fiction to the next level by adopting a frankly syncretistic approach. In this rich and thoroughly complete work he combines the best theories dealing with particular aspects of the problems he is tackling into a unified and harmonious approach, picking the most successful aspects of the relevant views while leaving their defects behind. Fontaine's work also displays a nice combination of inputs coming from the phenomenological tradition and from the possible worlds semantics tradition of philosophical logic. While being squarely within the area of analytic philosophy, unlike what often happens in the Anglo-Saxon world Fontaine's book is not oblivious of different philosophical schools, such as the phenomenological.

Fontaine's *metaphysics* of fiction is honestly realistic: he adopts the view, pursued by authoritative philosophers like Saul Kripke, Peter van Inwagen, and Amie Thomasson, according to which creatures of fiction are abstract, existent artifacts. Unlike Meinongians (like me), who treat fictional objects as nonexistent, abstractionist realists can avoid taking existence as a normal, non-trivial (Kant would have claimed: "real") feature of things, some of which have it while others lack it. Abstractionist realists can be squarely within the mainstream tradition on existence – as Kantians, of Fregeans, or Russellians, or Quineans: they can reject nonexistent objects in this sense, by opting for the surprise claim that Sherlock Holmes *does* exist – despite being quite different from any real human. Fictional objects really exist, but as abstract things, and this is to account for their lack of causal features and spatiotemporal location. In this respect, Holmes is closer to concepts, functions and sets than to real, human detectives. On the other hand, they are artifacts in that, unlike mathematical objects (if one is a mathematical realist), they are created by the authors of the relevant fictional works, and depend on their intentional activities. While the view is not new, Fontaine's book adds a new spin to it, by developing an original, albeit still unfinished, account of what such an ontological dependence of fictional objects on intentional beings consists in.

Before I come to this, I'd like to say something on the *logic* of fiction proposed by Fontaine. This mixes two different traditions within the philosophy of contemporary modal logic, and adds a third original element.

The first tradition Fontaine resorts to is the one of *modal metaphysics*. This has generated, nearly from its beginnings, questions concerning the ontological status of the entities in the domain of first-order modal logic (e.g. the classic collection by Lycan, *The Possible and the Actual*, from the late Seventies). The debates on constant and variable domain semantics, Lewisian modal realism and its *possibilia*, ersatzism and its capacity of accounting for *de re* modal claims apparently involving objects that lack existence at the actual world, have injected into analytic philosophy a widespread attention for the coherence of such notions as the one of merely possible object, as well as a renewed interest in classical metaphysical questions on the notion of existence.

Fontaine's logic of fiction takes a standard modal framework and expands it by merging it with a second tradition: the one of work on *epistemic* logic, published since the Eighties (e.g., Rantala frames, Levesque's logic of belief, etc.). This work has shown how, by using non-standard worlds in our models, we can represent epistemic and intentional states which fail to be closed under logical consequence, and solve various "logical omniscience" problems, thereby rendering justice to the non-ideal nature of finite, fallible cognitive agents. Only very recently, for instance with Graham Priest's 2005 Meinongian book *Towards Non-Being* (but with important antecedents in some of Kit Fine's papers from the Eighties and in some of Ed Zalta's works), did philosophers start to realize how these two modal views and could be combined: we can hope for a single, unified modal approach to the logic of intentionality, which at the same time accounts for the ontology and metaphysics of the typical targets of intentional states, namely fictional, mythical, merely possible objects.

Fontaine's book is one of the few other attempts I know of at combining the two perspectives, and I find it very successful in this respect. Fontaine has clearly in sight the functioning of intentional operators and predicates (Chapter 2, Section 2.1; Chapter 8, where the distinction between operators and predicates is nicely introduced and phrased; etc.). He also nicely describes how and why such operators require an extension of the standard possible worlds treatment to weird circumstances, such as worlds not closed under any non-trivial consequence relation (e.g., Sections 8.6, 8.8). Next, he cleverly applies the modal apparatus he set up to the metaphysics of fictional objects in the sixth part of his book. Fictional objects, as abstract artifacts, are spoken of in two ways: extra-fictional claims on them like "Holmes is a fictional character" can be literally true or false, whereas intra-fictional claims like "Holmes used to wear a deerstalker" can be true or false only within the fiction, that is, within the context of (occasionally implicit) fictional operators. In Chapters 12 and 13, Fontaine takes the distinction between internal and external fictional discourse from what is probably its original source, namely John Woods' classic 1974 work *The Logic of Fiction*; and he develops it very appropriately in Ch. 14.

The third, original logical element added by Fontaine to this twofold modal-epistemic package consists, on the one hand, in applying the *logique dialogique* to the treatment of fiction and intentionality (Chapter 3, Chapter 6, Sections 6.7, 6.8, etc.); and on the other, in proposing a non-Kripkean approach to reference to solve the problems fictional objects posit for textbook Kripkeanism direct reference theories (Chapter 7, Chapter10). Developed especially in Lille in what has become a full-fledged logical school under the guide of Shahid Rahman, the combination of dialogical logic and anti-Kripkean semantics has become a flexible logical tool put to service in different philosophical areas, and Fontaine's work is the most recent such application.

My story so far should have already highlighted a further aspect – perhaps the most important – in which Fontaine's book is happily syncretistic: it combines good technical logical skills with sophisticated philosophical discussion. I think there is no better way to do (analytic) philosophy. Authors working on the metaphysics of fiction often have the sophisticated philosophy in their toolbox, but they fail to do one thing logicians do very easily: building *models* for their theories. On the other hand, sophisticated logicians often refrain from engaging in philosophical – especially metaphysical – discussions, or, when they do so engage, they end up with disingenuous remarks. Fontaine has the best of both worlds. The interplay between the two is clear in all of his work: whenever he puts forth a part of his favoured philosophical view, he attaches to it the appropriate, simple formal presentation. This helps understanding, and gives authoritativeness to the proposed view itself.

I will conclude by saying something on the theory of *ontological dependence* proposed (mainly, but not only) in Chapter 21, and making for the original part in the metaphysics proposed in the book. This is a very sophisticated account – much more than any traditional account of ontological dependence proposed by realist abstractionists to date, as far as I am aware. Still, some aspects of the theory appear unfinished. In particular, I find the notion of *codification* put at centre stage in Section 21.3, which is supposed to be "ce qui force à penser un lien plus étroit entre le texte-type constituent de la copie et l'existence d'un personage de fiction littéraire" (p. 257), a bit fuzzy. In many if not most cases of mythical objects, fictional characters built on top of popular oral traditions, etc., it is not at all clear when and under what conditions the ontologically dependent objects came to exist. Codification, in Fontaine's view, seems to be something like collecting information on the side of the author, and bringing to being a fictional entity via such encoding. Take Collodi codifying Pinocchio (Fontaine's example). There's a pre-existing Italian tradition of magical tales about craftsmen bringing to life pieces of wood, sculptures, etc., on which Collodi may have relied. Perhaps some of these living pieces of wood were called "Pinocchio" in the relevant popular tales. So when was Pinocchio created exactly, that is, when was the information on him encoded or codified? Does codification take place with these ancestors of Collodi's Pinocchio? Or when Collodi starts thinking about (his) Pinocchio for the first time? Or when he pins a name on the character? Or when he writes the first sentence of the novel? Or after the end of the novel? Or when it is published and read? If so, how many readers do we need to make Pinocchio the chacarter real? 10 or 1,000 or.... If the encoding process is fuzzy, so are the existence and identity conditions for Pinocchio and, generalizing, for fictional objects. If they have fuzzy identity conditions, then abstract ontologically dependent artifacts are – at least for mainstream Quinean ontologists – no more respectable than Meinongian objects, or Lewisian *possibilia*.

None of this counts as a full-fledged objection to Fontaine's account – rather, as an invitation to further research work. *This* current book is already a tremendously good start for a young philosopher and logician, as far as research goes. I wish it and its author the best luck.

Francesco Berto
Northern Institute of Philosophy
University of Aberdeen
f.berto@abdn.ac.uk

Introduction

L'expérience et le langage semblent engager dans des relations à des objets non existants. Quand on dit « Pégase est un cheval ailé » ou qu'on pense à Pégase, on parle *de* ou pense *à* quelque chose qui n'existe pas, tout au moins pas de façon concrète. De telles affirmations contenant des noms ou expressions dépourvus de référence concrète sont pourtant parfaitement intelligibles, de même qu'il n'y a rien d'irrationnel dans le fait de penser à quelque chose comme Pégase. Demanderait-on aux membres de notre communauté linguistique s'il savent qui est Pégase qu'ils répondraient probablement par l'affirmative. Mais que connaissent-ils si Pégase n'existe pas ? A quoi pensent-ils quand ils pensent à Pégase ? De quoi parlent-ils quand ils parlent de Pégase ? Que ce soit dans la tradition phénoménologique ou analytique et logique, ces interrogations ont suscité de nombreuses discussions sur fond d'enjeux d'ordres ontologique et métaphysique. En effet, peut-on admettre dans l'ontologie des entités qui n'existeraient pas concrètement ? Une réponse négative à cette question ontologique présenterait l'indéniable avantage d'évacuer la difficile question métaphysique de savoir ce que seraient de telles entités, ce que seraient leurs conditions d'identité. Devrait-on cependant en déduire que penser à Pégase reviendrait au même que ne penser à rien ? Par ailleurs, en quoi penser à ou parler de Pégase serait-il différent de penser à ou parler de Bellérophon ? Une réponse affirmative à la question ontologique susmentionnée permettrait en revanche une réponse simple et directe à de telles interrogations, mais engagerait à se prononcer sur la question métaphysique de savoir ce que seraient ces entités qui n'existent pas concrètement.

Ces interrogations situent les présentes recherches à l'interface entre philosophie de la logique, philosophie du langage et philosophie de l'esprit, renvoyant à la notion d'intentionalité qui sera ici abordée dans une perspective analytique. S'inspirant des thèses de Brentano [2008], on définit l'intentionalité comme la faculté qu'à l'esprit humain de se diriger vers des objets de toutes sortes. Très généralement, l'intentionalité est alors définie comme une relation entre un sujet conscient et un objet. Une définition de l'intentionalité réduite à une simple relation entre un agent et un objet est cependant problématique. Si l'on considère que rien n'est Pégase, alors quand on pense à Pégase, l'intentionalité ne relie à rien. Comment définir une relation dont l'un des termes pourrait ne pas exister ? Ces difficultés feront l'objet d'un premier chapitre où l'on reviendra sur les diverses solutions qui ont été proposées par les phénoménologues et qui mènera à envisager l'intentionalité comme une relation plus complexe. Face aux questions métaphysiques auxquelles on sera confronté, on recentrera progressivement la problématique autour de la fiction littéraire, paradigme qui mêle naturellement les questions de l'engagement ontologique et de l'identité des objets intentionnels, ces objets visés par l'intention.

Sur ce point, l'objectif sera plus précisément de définir des conditions d'identité pour les personnages de fictions littéraires afin d'envisager une théorie de la référence aux fictions. On défendra une position réaliste, c'est-à-dire qu'on considérera que les objets fictionnels sont des objets abstraits qui existent de façon ontologiquement dépendante à des objets concrets. S'inspirant de la théorie artefactuelle de Thomasson [1999] on admettra par exemple l'existence de Holmes en ce sens qu'il a été créé par Conan Doyle et que des copies du manuscrit original permettent une transmission de ce personnage dans une communauté culturelle et linguistique. Holmes est ainsi un personnage dont l'existence est contingente : Si Conan Doyle n'avait pas existé, Holmes n'aurait pas existé. Cette dépendance de Holmes à Conan Doyle est rigide, c'est-à-dire qu'aucun autre auteur n'aurait pu faire exister Holmes. Cette dépendance n'est qu'historique, puisqu'il suffit que Conan Doyle ait existé - et non qu'il existe - et que le personnage survive à son auteur de par une dépendance constante à l'existence de copie : s'il n'y a plus de copie de l'œuvre de Conan Doyle, alors Holmes n'existe plus. Mais Holmes n'est pas spatialement localisé dans l'une ou l'autre des copies, c'est un objet abstrait, il n'en dépend que génériquement. Plus généralement, les personnages de fiction font partie de la catégorie des artefacts abstraits : ils sont des objets rigidement historiquement dépendants de l'acte créatif d'un auteur et génériquement constamment dépendants de copies.

C'est sur base de ces considérations métaphysiques et ontologiques qu'on proposera une théorie de la référence aux fictions sur laquelle on fondera la sémantique du discours fictionnel. Force est de constater, sur ce point, que le discours qui a pour objet des fictions est ambigu. On dit par exemple de Holmes qu'il est un détective, qu'il vit au 221b Baker Street, à Londres. Il n'y a pourtant jamais eu de détective du nom de Holmes vivant à cet endroit. Par contraste, on dit que Holmes a été créé par Conan Doyle, pourtant il n'est dit dans aucun roman de Conan Doyle qu'il a lui même engendré Holmes. Cette tension révèle ici ce que dans les termes de Woods [1974] on peut voir comme un double aspect de la fictionalité : On sait que les personnages de fiction n'existent pas (concrètement), pourtant on pense des choses à leur sujet. C'est que le discours fictionnel (ainsi que les expériences qu'on pourrait faire au sujet des fictions) recèle une ambiguïté entre ce qui relève d'un point de vue interne à la fiction et un point de vue externe sur la fiction. Le point de vue externe est en quelque sorte la perspective du critique littéraire, quand on dit par exemple « Holmes est un célèbre personnage de fiction créé par Conan Doyle ». En revanche, « Holmes est un détective » relève d'une perspective interne, comme si l'on se plaçait à l'intérieur du discours. Suivant Woods [1974], on désambigüisera ces points de vue en considérant que les phrases du dernier type sont généralement comprises comme implicitement préfixées d'un opérateur de fictionalité. Un tel opérateur, qui se lit « selon la fiction », permet de distinguer « Holmes est un personnage de fiction » de « selon la fiction, Holmes est un personnage de fiction ». La première est vraie, la seconde est fausse. Inversement, « Holmes est un détective » est littéralement fausse, tandis que « selon la fiction, Holmes est un détective » est vraie. Se fondant sur les conditions d'existence définies par la théorie artefactuelle, on proposera une interprétation modale de cet opérateur. On considérera en effet que ce qui est vrai selon la fiction peut être compris comme ce qui est vrai dans des mondes concevables partiellement décrits par la fiction pertinente.

Ces analyses seront ainsi développées dans le contexte des logiques intensionnelles, des langages enrichis d'opérateurs interprétés relativement à une structure modale constituée d'une pluralité de mondes possibles.[1] L'objectif est sur ce point de poser les fondements d'une sémantique pour l'intentionalité alternative aux sémantiques déjà existantes, la sémantique nonéiste de Priest [2005] notamment. Ce qui motive une certaine perplexité à l'égard de la sémantique de Priest, c'est la distinction primitive entre existant et non-existants qu'elle présuppose et surtout la façon dont est envisagée la référence aux non-existants. Les objets non existants y sont en effet conçus comme étant indépendant des agents intentionnels et ne seraient que découverts. Par ailleurs, l'usage qu'il fait d'un prédicat d'existence comme une propriété de premier ordre est critiquable. On suit sur ce point les positions de Kant dans *Critique de la raison pure*, selon lequel l'existence n'est pas véritablement un prédicat puisqu'elle n'ajoute rien à la caractérisation d'un objet. En effet, rien dans les propriétés d'un objet ne semble pouvoir le caractériser comme existant plutôt que comme non-existant. Comment dès lors distinguer les objets qui auraient la propriété d'exister de ceux qui ne l'auraient pas ? On pense sur ce point que la théorie artefactuelle, en s'appuyant sur la notion de dépendance ontologique, peut permettre de préciser ce qui distingue différentes catégories ontologiques. Les objets fictionnels ne sont plus conçus comme des entités non existantes qu'on ne ferait que découvrir, mais sont conçus comme des créations humaines au même titre que de nombreux objets abstraits culturels, comme la monnaie, les Etats, etc.

L'intérêt que présente à ce sujet la théorie artefactuelle, c'est qu'elle doit permettre de caractériser directement différentes catégories ontologiques parmi les objets d'un domaine sans introduire de distinction primitive comme celle de l'existence. Si l'existence n'est pas une propriété qui permet de distinguer différents objets, ce sur quoi on pourra s'appuyer ce sont les apparitions de différents individus dans différents contextes, quand ils sont pensés en relation à une structure modale. Et en

---

[1] On reviendra plus en détail sur la façon dont il faut comprendre la notion de monde possible. On peut pour l'instant définir un monde possible comme la description d'un état d'affaires, qui peut être différent des faits qui ont actuellement, réellement, eu cours.

utilisant la notion de dépendance ontologique, on devrait pouvoir distinguer différentes catégories ontologiques simplement sur base de relations entre les apparitions de différents objets dans différents contextes. Si l'on peut faire référence à Holmes, c'est par exemple parce qu'il a été créé par Conan Doyle. Il existe de façon dépendante à Conan Doyle, ce qui signifie que dans un monde où Conan Doyle n'existe pas, Holmes ne pourrait pas exister. Conan Doyle pourrait quant à lui exister sans Holmes. Les relations de dépendances ontologiques ne sont pas des propriétés à travers lesquelles un individu apparaît dans un contexte donné, elles sont déterminées en termes de relations entre les apparitions de différents individus dans différents contextes. Ce sont des relations essentiellement modales.

Pourtant, la définition modale de la notion de dépendance ontologique se heurte à de graves difficultés. La façon de surmonter ces obstacles constitue un point de rupture avec l'ontologie de Thomasson [1999]. Définissant la dépendance ontologique comme « nécessairement, si X existe alors Y existe », elle est contrainte d'admettre la réflexivité de cette relation et tout objet dépend de lui-même. Afin de distinguer la catégorie des artefacts abstraits, elle introduit dans son ontologie une distinction primitive entre les objets réels et les autres. Elle stipule alors que la dépendance pertinente pour définir un système de catégories où seraient caractérisés les artefacts abstraits est la dépendance aux objets réels. Si cette stratégie est adaptée à son propos d'ordre ontologique, elle ne peut convenir à nos objectifs. On veut se servir des relations de dépendances ontologiques pour distinguer les catégories et non pas présupposer une distinction primitive pour définir les relations de dépendances pertinentes et caractériser d'autres catégories. Un enjeu essentiel sera alors de définir les relations de dépendances ontologiques pertinentes pour caractériser la catégorie des artefacts abstraits directement, c'est-à-dire en termes d'apparitions des différents individus dans les différents contextes.

Une théorie de la fictionalité doit de plus s'engager à donner une explication du double aspect des personnages de fiction. Cela mènera à définir les conditions d'identité de tels objets non seulement en termes de dépendances ontologiques mais aussi en tenant compte des propriétés qui le caractérisent dans une œuvre pertinente. La combinaison systématique entre le point de vue interne et le point de vue externe n'a pas été envisagé par des auteurs comme Thomasson. Elle n'en demeure pas moins problématique. Les personnages de fiction sont en effet des artefacts abstraits. Pourtant, ils sont décrits comme des objets concrets. Pour désambiguïser le discours fictionnel et distinguer explicitement deux points de vue, on introduit un opérateur de fictionalité. Un personnage de fiction est un objet abstrait dans le point de vue externe, mais qui apparaît comme concret d'un point de vue interne. Formellement, on peut représenter un tel opérateur comme un opérateur intensionnel auquel on donne une interprétation modale. C'est là qu'on doit faire face à une tension encore non résolue par la théorie artefactuelle. Ayant défini les conditions d'existence des personnages de fiction dans une structure modale en termes de dépendances, on voit difficilement comment un même objet pourrait apparaître de façon abstraite dans un monde et de façon concrète dans l'autre. Supposons que relativement au point de vue interne Conan Doyle n'ait pas existé. Comment Holmes, dont les conditions d'existence et d'identité supposent l'existence (passée) de Conan Doyle, pourrait-il exister dans un monde où Conan Doyle n'existe pas ? Comment un objet abstrait dans un monde peut-il être *le même* qu'un objet concret dans un autre monde ?

L'analyse de l'intentionalité et de la fictionalité s'ancrera dans le contexte des logiques intensionnelles de premier ordre. Ce choix méthodologique est motivé par le fait que ce sont des logiques dans lesquelles on peut capturer des caractéristiques problématiques du langage similaires à celles de l'intentionalité. On précise que l'intensionalité est une notion qui concerne le contenu conceptuel du langage, par opposition à l'extensionalité. La première caractéristique problématique de l'intentionalité est le fait que les pensées ne sont pas tournées vers des entités existantes, tout comme le langage ne sert pas qu'à parler de la réalité : c'est l'indépendance à l'existence de l'intentionalité, mais aussi de la compréhension du langage. Par ailleurs, la façon dont on conçoit ces entités, mais aussi le contexte, conditionnent de plus le contenu des actes intentionnels et la compréhension du langage : on a ici affaire à la dépendance à la conception et à la sensibilité au contexte, deux autres caractéristiques problématiques de l'intentionalité. De tels phénomènes peuvent être formellement étudiés dans des langages enrichis d'opérateurs dans la portée desquels la signification des expressions n'est plus donnée de façon univoque : les langages intensionnels.

Plus précisément, on peut représenter formellement certains usages de verbes intentionnels par des opérateurs intensionnels. On capture en effet l'intentionalité dans le langage au moyen de l'apparition de verbes comme « croire », « savoir », « craindre », « espérer », etc. De tels verbes peuvent mettre en relation un sujet à un objet, auquel cas ils pourront être représentés comme des prédicats de premier ordre. Ils peuvent aussi mettre en relation un sujet à une proposition et on les représentera dans ce cas comme des opérateurs interprétés relativement à une pluralité de mondes possibles. S'inspirant des travaux d'Hintikka [1969, 2005], on décrit en effet les états intentionnels d'un agent relativement à des scénarios ou mondes compatibles avec ce que sait (croit, pense, etc.) un agent. Un énoncé comme « Thomas croit que Nosferatu est un vampire » sera interprété relativement à une classe d'alternatives compatibles avec la croyance de Thomas. C'est-à-dire que dans tous les mondes compatibles avec ce qu'il croit, il y a un vampire du nom de « Nosferatu », le reste pouvant varier en fonction des autres croyances de Thomas.

On commencera par voir sur ce point qu'on ne peut pas fonder les logiques intensionnelles de premier ordre sur la logique classique. On peut logiquement faire le lien entre l'indépendance à l'existence de l'intentionalité et le fait qu'on puisse comprendre une phrase indépendamment de la question de savoir si elle concerne un fait réel. On s'engagera à cet égard dans un examen critique de certaines inférences comme la généralisation existentielle ou l'instanciation universelle[2] :

- $Ak_1 \vDash \exists x Ax$
- $\forall x Ax \vDash Ak_1$

Ces principes charrient des présuppositions ontologiques héritées de la logique moderne classique.[3] En effet, la validité de ces inférences présuppose que tous les termes singuliers aient une référence existante. C'est pourquoi si l'on admet par exemple la vérité de « Nosferatu est un vampire » ou « Nosferatu est un célèbre personnage de fiction », alors on doit en inférer qu'il existe un objet qui est un vampire ou qui est un célèbre personnage de fiction. On notera que si Nosferatu n'existait pas, alors la prémisse (Ak_1) serait fausse. Inversement pour l'instanciation universelle : comme k_1 fait forcément référence à un objet du domaine, si l'on a pour prémisse par exemple que « tout est gris », alors on devra en inférer que k_1 est gris aussi. Des logiques dans lesquelles ces inférences sont invalidées sont généralement appelées logiques « libres d'engagement ontologique » en ce sens qu'on n'y fait pas la présupposition que tous les termes singuliers ont une référence existante. Cela engage cependant à expliquer l'usage de ces noms autrement que sur base de leur référentialité.

Une autre inférence que l'on sera amené à critiquer, et ce en lien avec le problème de la dépendance à la conception dégagée des études de l'intentionalité, c'est la substitution des identiques qui, pour n'importe quels termes singuliers k_1 et k_2 et n'importe quel prédicat Ax, peut être formulée comme suit :

- $Ak_1, k_1 = k_2 \vDash Ak_2$

La substitution des identiques permet en effet d'inférer d'une identité entre Dracula et Nosferatu que si Nosferatu est un vampire, alors Dracula est un vampire. Pourtant, il se pourrait qu'un agent ne sache pas que les deux noms désignent le même personnage. On pourrait donc savoir que Dracula est un vampire sans pour

---

[2] On appelle généralement « particularisation » le principe classiquement valide $Ak_1 \rightarrow \exists x Ax$ formulé comme une conditionnelle et « spécification » le principe $\forall x Ax \rightarrow Ak$.

[3] Par logique moderne, on entend la logique telle qu'elle a commencée à être formalisée par Frege à la fin du XIXe siècle. On parlera parfois de logique « traditionnelle » pour renvoyer aux approches logiques antérieures basées sur les travaux d'Aristote notamment.

autant savoir que Nosferatu est un vampire, si par exemple on ne connaît pas Nosferatu. Comment va-t-on dès lors interpréter les noms propres ? Que signifie la relation d'identité ? Est-elle nécessaire ou contingente ?

La critique des ces inférences va progressivement mener à penser les logiques intensionnelles non pas comme des extensions de la logique classique, mais plutôt comme des extensions des logiques libres. On examinera des aspects sémantiques complémentaires, qui ne peuvent pas être saisis dans une analyse modèle-théorique, en lien avec les pratiques argumentatives, dans le contexte de la logique dialogique. La logique dialogique permet d'envisager la preuve comme un processus dialectique régi par des règles et constitué d'un enchainement d'attaques et de défenses, relativement à une thèse initialement affirmée par un joueur qu'on appelle « proposant ». Ce proposant doit défendre sa thèse contre toutes les attaques permises par les règles. Il convient cependant de préciser à cet égard qu'il ne s'agira pas ici de produire un système de preuve, mais plutôt de proposer des analyses complémentaires en tenant compte de l'interaction dynamique entre les participants à un dialogue argumentatif.[4] Le choix de la logique dialogique se justifie à différents niveaux. Tout d'abord, c'est un cadre d'analyse qui se prête naturellement à une forme de pluralisme essentiel dans l'optique d'une analyse de l'intentionalité. Comme on l'a déjà évoqué, en fonction du contexte, les inférences correctes ne sont plus forcément les mêmes. Or la logique dialogique, de par la distinction des règles locales (pour les constantes logiques) et des règles structurelles (qui organisent le déroulement général du dialogue) permet précisément de faire varier la logique en fonction du contexte. Par ailleurs, un objectif plus global dans lequel s'inscrivent les présentes recherches consisterait à proposer l'analyse de la fictionalité en termes de processus argumentatifs relatifs à un texte fictionnel et dans lequel des règles complémentaires (d'ordre plus esthétique ou liées à des considérations épistémiques notamment) pourraient être introduites pour expliquer en quoi consiste une interprétation. On ne pourra pas aller si loin, mais on envisage de poser les bases pour une telle étude plus approfondie. Enfin, la logique dialogique rend possible une nouvelle façon

---

[4] Historiquement, on peut faire le lien entre la logique dialogique et une certaine conception de la logique qui date de l'Antiquité grecque, quand la logique était conçue comme l'étude des interactions dans un dialogue où deux parties échangeaient des arguments pour ou contre une thèse de donnée. Bien que les enjeux de la logique dialogique moderne relevaient à l'origine de recherches fondamentales en mathématiques et en logique constructive (voir notamment Lorenzen [1955]), les préoccupations pluralistes de Rahman (voir entre autres Rahman & Rückert [2001], Rahman et Keiff [2004], Keiff [2009], Fontaine et Redmond [2009], Rahman, Clerbout & Keiff [2009]) et ses collaborateurs ont mené à développer cet outil formel profitant de son incroyable flexibilité quant à la définition de différentes logiques simplement en modifiant les règles structurelles. On ne pourra pas ici refaire l'histoire de la logique dialogique ni en détailler tous ses aspects.

d'appréhender la notion d'engagement ontologique en mettant l'accent sur des processus dynamiques de choix - à l'œuvre notamment dans l'attaque d'un quantificateur universel ou dans la défense d'un quantificateur existentiel - et ce contre l'idée de l'existence qui serait conçue comme une prédication déterminée par un modèle préétabli, de façon statique. Cette notion de choix permettra par la suite de faire de la logique dialogique un outil heuristique performant pour l'étude des relations de dépendances ontologiques. Le statut ontologique des objets dont on parle y seront en effet déterminés relativement à des combinaisons de choix effectués dans différents contextes.

Les logiques intensionnelles sont toutefois problématiques. Les inférences susmentionnées ne peuvent pas être invalidées *per fiat* et supposent une révision des théories de la référence et de la quantification. L'échec de telles inférences dans les contextes intensionnels a du reste été source de scepticisme chez de nombreux auteurs, Quine [1953] notamment dont l'argument était principalement que faire référence à des entités pour lesquelles on ne peut fournir un critère d'identité précis et suffisant ne faisait pas sens. Ces difficultés liées à l'introduction d'opérateurs intensionnels dans le langage forcera à un état de l'art ouvertement critique à l'égard des outils formels existants. On verra que de nombreux ajustements sont nécessaires si l'objectif est de définir une sémantique pour les langages intentionnels proprement dits, ce qui mènera par la suite à recentrer l'analyse sur la fictionalité littéraire.

Ces recherches, qui s'organiseront en six parties, commenceront par un éclaircissement des termes du sujet, des problématiques et enjeux. On redéfinira progressivement plus précisément le contexte formel d'analyse. Après avoir présenté brièvement l'intentionalité dans une perspective phénoménologique, on reviendra dans une première partie sur la pertinence d'une analyse logique et sémantique de l'intentionalité, dégageant des liens autour des ces caractéristiques problématiques que sont l'indépendance à l'existence, la dépendance à la conception et la sensibilité au contexte. On définira au chapitre trois la sémantique des opérateurs modaux qui représentent la nécessité et la possibilité, tant dans une approche modèle-théorique que dialogique.

On abordera dans une seconde partie les difficultés liées aux questions de référence et de quantification dans les logiques intensionnelles de premier ordre. C'est là qu'on expliquera le scepticisme de Quine à travers le problème de l'identité transmonde et auquel on répondra dans un premier temps en s'inspirant des thèses de Kripke [1982] et notamment celle de la rigidité des noms propres. Distinguant radicalement les modalités métaphysique et épistémique, Kripke prétend en effet que dans la modalité métaphysique on peut donner *de jure* une interprétation rigide au noms propres : les noms propres désignant toujours le même individu, il dissout ainsi le problème d'identité transmonde. Critiquant ces thèses, inadaptées à une analyse formelle de l'intentionalité, on envisagera progressivement une autre façon de définir la sémantique, jusqu'à définir dans une troisième partie une autre façon de concevoir les domaines d'une structure modale et les entités qui les constituent, s'inspirant alors des travaux d'Hintikka [1969, 2005] et de sa sémantique des *world-lines*.

Les difficultés successivement abordées dans la seconde partie concernent donc tout d'abord celles de la référence et de la quantification dans les contextes intensionnels, mobilisant alors une réflexion sur les conditions d'identité des objets dont on parle dans une structure modale. Une autre difficulté cruciale concernera la taille des domaines de la structure. Un même objet peut-il voyager à travers différents mondes ? Le domaine est-il le même pour tous les mondes possibles ? Est-il différent pour chaque monde ? On verra, chapitre six, que faire varier la taille des domaines, et rendre l'existence contingente, n'est pas chose aisée. C'est sur ce point qu'on devra engager la réflexion sur l'engagement ontologique des termes singuliers et qu'on s'intéressera plus précisément aux logiques libres. L'approche dialogique permettra sur ce point de défendre une autre façon de concevoir l'engagement ontologique. En effet, l'existence ne serait plus déterminée de façon statique dans un modèle (voire par une distinction primitive exprimée au moyen d'un prédicat d'existence), mais plutôt en termes de choix opérés au cours d'un processus argumentatif lors de la critique ou de la défense des quantificateurs. C'est sur base de ces logiques libres qu'on définira les logiques intensionnelles avec domaines variables au chapitre sept.

L'intentionalité proprement dite ne sera véritablement introduite dans le langage formel que dans la troisième partie. Au chapitre huit, on introduira des opérateurs intentionnels - un type particulier d'opérateur intensionnel - pour représenter formellement les verbes intentionnels. On identifiera des inférences qui deviennent paradoxales dès lors qu'elles sont appliquées dans le contexte de logiques avec ces opérateurs intentionnelles. Toutes ces inférences problématiques ne sont pas égales relativement aux enjeux qui nous occupent. Même si l'on évoquera certaines solutions possibles, une difficulté retiendra toute l'attention : la substitution des identiques. C'est alors qu'on montrera dans un premier temps, chapitre neuf, qu'on ne peut pas faire la présupposition de l'unicité de la référence des noms propres dans les contextes intensionnels, une interprétation rigide à la Kripke empêchant de capturer certains usages qui peuvent être analysés en termes de phénomènes de dénotations multiples. On verra par ailleurs que la nécessité de l'identité d'objet, qui s'appuie sur une conception des domaines telle que les objets puissent voyager d'un monde à l'autre, doit également être remise en cause. C'est ce qui mènera, chapitre dix, à penser autrement les individus d'une structure modale et ce que cela signifierait pour deux objets de deux mondes différents que d'être *les mêmes*. On conclura alors cette troisième partie en définissant une sémantique inspirée des travaux d'Hintikka, mieux connue sous le nom de sémantique des *world-lines*. On défendra la thèse selon laquelle une logique intentionnelle doit être fondée sur une logique libre d'engagement ontologique, mais aussi une logique libre de présupposition d'unicité de la référence des termes singuliers : une logique où la généralisation existentielle et la substitution des identiques ne sont pas valides.

L'engagement ontologique du discours fictionnel fera quant à lui l'objet d'une quatrième partie, qui sera l'occasion de confronter les conceptions réalistes et irréalistes, d'engager dans une explication du double aspect de la fictionalité et surtout de défendre une approche réaliste, la théorie artefactuelle. Les approches irréalistes considèrent que les fictions ne font pas partie de l'ontologie et que les noms fictionnels comme « Holmes » n'ont pas de référence. Les approches réalistes, comme celles inspirées des thèses de Meinong ou d'Ingarden, consistent quant à elle à admettre les entités fictionnelles dans l'ontologie. Reste alors à expliquer ce que seraient de telles entités. C'est sur ce point que la théorie artefactuelle doit servir de base pour une théorie de la référence aux fictions et pour la sémantique qu'on définira dans les deux dernières parties.

On commencera dans la quatrième partie, chapitre onze, par définir les enjeux d'une théorie de la fictionalité, s'inspirant entre autres des travaux de Woods [1974]. Critiquant les analyses purement internalistes qui ont mené à des théories comme celle de l'assertion feinte de Searle ou du *make-believe* de Currie et Walton, on mettra en évidence la nécessité de donner une explication du double aspect de la fictionalité, cherchant alors à articuler les points de vue interne et externe sur la fiction. On introduira dans le chapitre treize l'opérateur de fictionalité, dont on définira certains aspects. S'intéressant au point de vue externe, on récusera au chapitre quatorze les approches irréalistes de la fiction. On s'engagera alors dans une confrontation entre les approches inspirées par Meinong et celle inspirées par les travaux d'Ingarden. Les approches meinongiennes et néomeinongiennes feront l'objet du chapitre quinze. On montrera les limites des principes métaphysiques d'inspiration meinongienne et présentera les solutions proposées par Priest [2005] dans le contexte de sa sémantique noéiste (un meinongiannisme modal). Partant d'une posture critique à l'égard du mystérieux royaume des non-existants invoqué par les néomeinongiens, on s'en remettra finalement au chapitre dix-sept à une autre théorie, la théorie artefactuelle telle qu'elle fut développée par Thomasson [1999] et qui permet une analyse plus fine de l'identité des fictions.

La cinquième partie consistera à redéfinir les relations de dépendances ontologiques, essentielles à la définition des conditions d'identité des personnages de fiction dans la théorie artefactuelle, dans le contexte d'une structure modale bidimensionnelle. On identifiera préalablement, chapitre dix-huit, des difficultés concernant la définition modale des dépendances ontologiques. Ce sera l'occasion de préciser l'usage qu'on entend faire des relations de dépendances ontologiques, puis de montrer les limites de la théorie artefactuelle telle que définie par Thomasson [1999]. Chapitres dix-neuf et vingt, on motivera les divergences de vues avec les thèses de Thomasson, en lien notamment avec la critique des distinctions primitives qu'elle introduit dans son système de catégories ontologiques. C'est alors qu'on conclura cette partie en proposant une nouvelle façon de définir les relations de dépendances ontologiques dans une structure modale, au chapitre vingt-et-un, et qu'on montrera comment caractériser les personnages de fictions littéraires dans une structure modale sans avoir à présupposer de distinction primitive parmi les objets du domaine. L'idée est de capturer les aspects ontologiques à un niveau structurel, c'est-à-dire en termes de relations entre apparitions d'objets différents dans différents contextes.

La reconstruction formelle de la théorie artefactuelle qu'on proposera mènera à intégrer un critère descriptif dans la définition d'un personnage de fiction littéraire. C'est que, s'interrogeant sur la pertinence de l'acte créatif tel que (insuffisamment) décrit par Thomasson, on en viendra à concevoir une dépendance rigide historique des personnages de fiction à un acte de codification : pour qu'un personnage de fiction en vienne à être un artefact abstrait public, auquel on peut faire référence dans des contextes divers, il faut que la création soit fixée dans un acte narratif linguistique qui aboutit dans l'écriture d'un texte. Il faut, pour reprendre des termes issus des thèses d'Ingarden, qu'on puisse « emprunter » l'intentionalité de l'auteur le temps d'une lecture, ce qui ne peut se faire que si un texte existe. Cela supposera dès lors de tenir compte du double aspect de la fictionalité : un personnage de fiction existe comme artefact abstrait parce qu'il a été créé et qu'il y a des copies d'une œuvre pertinente, mais aussi et surtout parce qu'un jeu de narration lui donne l'apparence d'un objet concret dans un point de vue interne. C'est pour cela qu'on complètera la théorie en la combinant à la sémantique d'un opérateur de fictionalité dans la sixième partie. Se concentrant sur le point de vue externe, Thomasson [1999] ne propose pas de sémantique pour le discours fictionnel, laissant l'articulation avec le point de vue interne insuffisamment expliquée.

On verra, chapitre vingt-deux, qu'une telle interprétation supposera de réviser la structure des domaines de façon à préserver les conditions d'identités définies par la théorie artefactuelle dans le point de vue interne. On proposera au chapitre vingt-trois les fondements d'une approche dialogique de la fictionalité. A cet égard, l'enjeu consistera à étendre l'idée selon laquelle dans les pratiques argumentatives, être c'est être choisi. Les relations de dépendances - et donc le statut ontologique des constantes qui sont en jeu dans un dialogue - seront déterminées en termes de choix effectués relativement à une pluralité de contextes. On définira la dépendance ontologique relativement à l'introduction des différents individus dans les différents contextes, toujours de façon directe, sans présupposer de nouvelle distinction primitive parmi les objets dont on parle. On envisagera alors comment implémenter l'opérateur de fictionalité dans le contexte de la logique dialogique et esquissera une approche dialogique de la fictionalité. On conclura ces recherches dans le chapitre vingt-cinq où l'on reviendra aux considérations formelles des trois premières parties et où l'on repensera la théorie de la fictionalité dans le contexte d'une sémantique des *world-lines*. Ce chapitre, comme le précédent, conservera dans une certaine mesure une dimension programmatique. On se focalisera en effet sur les questions de référence et d'identité dans les contextes intentionnels, n'abordant que superficiellement d'autres aspects de la sémantique de l'opérateur de fictionalité (comme les inférences qui sont permises dans sa portée). Il n'en demeure pas moins qu'on sera en mesure de proposer une autre façon de comprendre l'identité dans les contextes fictionnels, une conception qui met en jeu le point de vue du lecteur et son interprétation.

La terminologie sera précisée en temps voulu, essentiellement au cours des premiers chapitres. On a volontairement simplifié le vocabulaire technique propre à la phénoménologie de façon à rendre les discussions compréhensibles dans le point de vue d'une étude analytique où le vocabulaire et généralement plus aride. On évitera par exemple des termes tels que celui de « noema » qu'on trouve dans la philosophie de Husserl pour désigner l'objet qui apparaît à la conscience ou encore le contenu intentionnel. Ce n'est pas qu'on les ignore ou qu'on les trouve dépourvus d'intérêt, bien au contraire, mais leur définition est insuffisamment précise, sujette à controverse et ils ne feraient qu'alourdir un propos qui est déjà à certains égards relativement abstrait.

On ne pourra pas non plus redéfinir tous les termes hérités de la tradition analytique ou de la logique formelle. Des termes comme ceux de constante logique, de quantificateur, de domaine du discours, entre autres, seront présupposés. On insistera à l'occasion sur des concepts majeurs et essentiels pour la discussion et dont on s'efforcera de donner une explication aussi intuitive que possible. On devra également présupposer ne serait-ce que les logiques propositionnelles et de premier ordre, bien qu'on donne en annexes une brève définition de leur syntaxe, sémantique ainsi que les règles des logiques dialogiques appropriées. Concernant la logique dialogique, on en expliquera le fonctionnement général, mais on ne pourra pas non plus revenir sur tous les détails. Les explications qu'on donne doivent servir à une compréhension minimale. On présuppose les symboles de base habituels en logique formelle (comme les connecteurs) et précisera la signification de ceux qu'on introduit spécifiquement pour les développements qu'on propose.

Concernant les choix bibliographiques et leur indication, on donnera entre crochets suivant le nom de l'auteur l'année de la publication pertinente telle que répertoriée dans la bibliographie. On donnera systématiquement la référence à l'édition qui a été utilisée et omettra les éditions antérieures et ce, par souci de clarté et de cohérence avec les indications de pagination. On évitera par ailleurs les mentions à des ouvrages qui ne sont pas explicitement mentionnés ou qui n'ont pas été directement utilisés lors de ces recherches.

PREMIERE PARTIE :
ENGAGEMENT ONTOLOGIQUE, IDENTITE, CONTEXTUALITE

Chapitre 1 - Intentionalité : Acte conscient, contenu et objet

L'*intentionalité* est cette faculté de l'esprit humain par laquelle il se dirige vers des objets de toutes sortes. Bien que cette faculté fût discutée depuis l'Antiquité[5] puis par les médiévaux[6], une telle façon de la définir trouve ses racines chez Brentano [2008]. Elle fut ensuite développée par Husserl [1962] qui lui a donné une place centrale dans sa phénoménologie. L'intentionalité se manifeste dans des états mentaux tels que la pensée, la croyance, la peur, le désir, l'espoir et bien d'autres encore. Ces états sont toujours dirigés vers quelque chose : quand on croit, veut, espère, on croit, veut, espère quelque chose. Ce sont ces états mentaux dirigés vers quelque chose que l'on appellera *états intentionnels*. On appellera les êtres doués de cette faculté, comme les êtres humains conscients, des *agents intentionnels*. L'objectif de cette première partie est de situer les problématiques de l'engagement ontologique et de l'identité à l'interface entre philosophie de l'esprit, philosophie du langage et philosophie de la logique. Ce sera l'occasion d'éclaircir les termes du sujet de ces recherches et d'en délimiter les enjeux.

En discutant et en développant les thèses de Brentano, Husserl a fait de l'intentionalité un concept majeur de la phénoménologie. Les problèmes qu'elle charrie sont très vastes et très inégaux relativement aux enjeux qui nous préoccupent. On cherchera ici à en préciser certains aspects qui seront par la suite abordés par le biais d'analyses sémantiques et logiques des *énoncés intentionnels*, ces énoncés qui expriment une relation entre un agent et un objet (*Jean veut un vélo.*) ou une proposition (*Jean croit qu'il aura un vélo.*). On prêtera sur ce point une attention toute particulière aux questions de l'engagement ontologique et des conditions d'identité des objets intentionnels, visés par l'intention. D'autres problématiques ne pourront en revanche être abordées ici. Par exemple, on ne discutera pas la thèse de Brentano selon laquelle l'intentionalité est la caractéristique du mental, ce qui le définit, autrement dit que tous et seulement tous les états mentaux manifestent de l'intentionalité. Cette problématique a certes de son importance en philosophie de l'esprit, mais pour une analyse sémantique, peu importe de savoir si tous et seulement tous les états mentaux sont intentionnels. Les

---

[5] Voir notamment *De l'âme*, d'Aristote, III, 431b21 : S'interrogeant sur la question de savoir comment les objets visés par la conscience peuvent être dans l'âme, il affirme que « [l]'âme est, en un sens, les êtres mêmes. » Brentano [2008, 102, n.1] prétend s'en inspirer pour fonder sa théorie de l'intentionalité.
[6] Voir entre autres Thomas D'Aquin *Somme contre les gentils*, livre 1, 53 (p. 101 dans l'édition de 1993).

critiques telles que celles de Searle[7] ne s'inscrivent donc pas directement dans le cadre de ces recherches. On pourrait inversement se demander si seuls des êtres conscients sont susceptibles de manifester de l'intentionalité, mais cette question ne sera pas non plus abordée.

1.1. Caractéristiques problématiques de l'intentionalité

Les problématiques qui nous préoccupent plus précisément concernent l'engagement ontologique et les conditions d'identité de l'acte intentionnel. Ces problématiques seront développées en lien avec trois caractéristiques problématiques de l'intentionalité[8] :

- **Indépendance à l'existence** : Un acte intentionnel n'est pas forcément dirigé vers un objet existant.
- **Dépendance à la conception** : Deux pensées différentes peuvent être dirigées vers le même objet.
- **Sensibilité au contexte** : Selon le contexte, deux pensées qualitativement et intérieurement indiscernables peuvent porter sur différents objets.

L'explication de ces caractéristiques problématiques est la source de nombreux développements de la notion d'intentionalité mais aussi et surtout de sa complexification. On va voir dans ce chapitre que l'intentionalité ne peut pas être réduite à une simple relation binaire entre un sujet conscient et un objet. On identifiera des caractéristiques similaires par l'analyse du langage, ce qui mènera à envisager des sémantiques plus complexes. D'un point de vue logique, ces caractéristiques sont génératrices de contextes qui défient les lois de la logique classique comme la généralisation existentielle ou la substitution des identiques. On laisse pour l'instant ces aspects logiques et sémantique de côté, on y reviendra par la suite après avoir brièvement discuté des explications qui ont déjà été proposées dans la tradition phénoménologique.

1.2. Théorie du contenu

Husserl explique ces trois caractéristiques de l'intentionalité en ajoutant à sa théorie la notion de *contenu*, complexifiant alors ce qui était initialement conçu comme une simple relation entre un sujet conscient et un objet. Le contenu n'est

---

[7] Searle [1983] a critiqué cette affirmation en invoquant des états comme l'angoisse, la dépression ou l'allégresse par exemple, considérant qu'ils ne manifestaient pas d'intentionalité, qu'ils ne devaient pas être compris comme étant dirigés vers quoi que soit.
[8] Je m'inspire ici de la caractérisation de l'intentionalité par Smith & McIntyre [1982, 10-18].

pas ce sur quoi est dirigé l'acte intentionnel, ce n'est pas non plus cet acte intentionnel lui-même, mais plutôt ce qui fait que l'esprit est dirigé vers un objet. Le contenu permet de donner une explication cohérente à chacune de ces trois caractéristiques et éviter les situations paradoxales.

Plus précisément, Husserl définit l'intentionalité dans *Recherches Logiques* selon trois composantes :

- Acte conscient
- Objet
- Contenu

L'acte conscient, c'est l'acte qui consiste à percevoir, vouloir, penser, etc. et qui a lieu à un point donné du temps et de l'espace. L'objet est ce qui est visé par cet acte. Le contenu est ce qui fait que quelque chose apparaît à la conscience de l'agent intentionnel. On peut comprendre ce contenu en termes descriptifs, relativement aux propriétés à travers lesquelles apparaît l'objet. Il permet de donner une explication à l'indépendance à l'existence puisqu'un acte conscient peut parfois avoir un contenu sans être dirigé vers un objet. Cette notion de contenu permet également d'expliquer comment deux états mentaux différents peuvent viser le même objet et, inversement, comment deux états intérieurement indiscernables peuvent porter sur des objets différents.

1.2.1. Indépendance à l'existence

La première difficulté, celle de l'indépendance à l'existence de l'objet de l'acte intentionnel, est discutée par Husserl dans *Recherche Logiques*. On évitera ici la confusion avec la problématique plus large de la thèse de l'*inexistence intentionnelle* que discutent les commentateurs de Brentano[9] : La question n'est ici pas celle de savoir si les objets de perception n'existent que dans l'esprit, mais plutôt de s'interroger sur la perception d'objets qui n'existent pas. En quoi consisterait un état intentionnel dans lequel l'esprit ne serait pas dirigé vers un objet existant ? Comment définir une relation dont l'un des termes pourrait ne pas exister ?

---

[9] Jacob [2010] s'interroge notamment sur la question de savoir ce que veut dire Brentano quand il parle de l'inexistence intentionnelle comme caractéristique de l'intentionalité. Brentano veut-il dire que les objets vers lesquels se dirige l'esprit sont internes à l'esprit, n'existent que dans l'esprit et n'ont pas d'existence externe ? Ou veut-il dire que l'intentionalité peut consister à viser un objet non existant comme on vise ordinairement des objets réellement existants ? On ne s'attarde pas ici sur ces questions.

A titre d'illustration, il ne serait pas absurde de supposer que Priest veuille un vélo rond carré pour Noël. L'objet de son désir n'existe pas et ne pourrait même pas exister. Que veut Priest ? Ne veut-il rien ? Ne veut-il pas vraiment ? Comment définir l'intentionalité comme une relation ? En effet, si le second terme de la relation n'existe pas, on ne peut pas dire que Priest fait effectivement l'expérience de vouloir un vélo rond carré. Or c'est tout à fait possible d'avoir un tel désir, on peut désirer ce qui n'existe pas, on peut désirer l'impossible.[10]

Selon Husserl, ces actes intentionnels ne sont pas dirigés vers un objet, mais ont simplement un contenu. C'est-à-dire que la conscience fait apparaître quelque chose, comme s'il y avait un objet, mais qu'il n'y a en fait pas d'objet externe qui serait visé. Quand on pense à Sherlock Holmes, la pensée peut très bien avoir pour contenu quelque chose comme < détective intelligent, qui vit à Baker-Street > sans toutefois prescrire un objet qui corresponde. De façon interne, on ne peut du reste généralement pas distinguer les intentions qui sont authentiquement dirigées vers un objet existant de celles qui ne le sont pas. Qu'un tel individu existe ou non, le contenu peut être le même. Quand on dit de Priest qu'il aime Sherlock Holmes, on n'a pas besoin de présupposer que l'état intentionnel de Priest porte sur un objet déterminé, même si l'intention en question a bien un contenu. Ce qui importe, c'est ce qu'il perçoit subjectivement. Admettant cette possibilité, Searle [1983] affirme que l'intentionalité n'est pas une authentique relation. Toujours est-il que pour Husserl, la théorie du contenu donne une explication suffisante de l'indépendance à l'existence.

1.2.2. Dépendance à la conception

Les pensées sont conditionnées par le mode de présentation des objets, la façon dont ils apparaissent à l'agent, elles dépendent du contenu. Une théorie qui considérerait l'intentionalité comme une simple relation entre un agent et un objet ne serait pas en mesure d'expliquer en quoi deux états mentaux dirigés vers le même objet pourraient être qualitativement différents. Œdipe, par exemple, désire Jocaste. Pourtant Œdipe ne désire pas sa mère. Mais Jocaste est la mère d'Œdipe, même s'il ne le sait pas. Si l'on définit l'intentionalité en termes de relation entre un agent et un objet, on ne pourra pas distinguer ces deux états mentaux. En effet, dans les deux cas c'est le même objet qui est visé et donc la relation est la même. Œdipe désire-t-il ou ne désire-t-il pas sa mère ? La conclusion devient encore plus paradoxale si Œdipe ne pense pas que Jocaste est sa mère puisqu'on devrait en déduire qu'Œdipe ne pense pas que sa mère est sa mère. En effet, dans les deux cas la relation est la même, c'est-à-dire une relation entre Œdipe et la personne qui est en fait sa mère/Jocaste. Œdipe était-il irrationnel ?

---

[10] Si le caractère contradictoire de l'objet du désir pose problème ici, supposons simplement que Priest aime Sherlock Holmes. Le problème demeure le même : qu'aime-t-il ?

La distinction entre le contenu et l'objet apporte de nouveau une solution à ce paradoxe. Deux contenus différents peuvent prescrire le même objet. Ce qui change, c'est alors la façon dont l'objet est donné à la conscience de l'agent. Dans le cas d'Œdipe, celle qui est en fait sa mère/Jocaste est donnée à sa conscience de deux façons différentes. C'est cela qui explique que bien que ce soient en fait les mêmes individus, Œdipe ne s'en rend pas compte. La même personne lui apparaît différemment selon qu'elle lui apparaît comme sa mère ou comme Jocaste. N'ayant pas les mêmes contenus, ces états mentaux sont donc bien différents. L'identité de la pensée singulière n'est pas uniquement fondée sur l'objet sur lequel elle porte, mais aussi sur son contenu. Les contenus peuvent être différents tout en présentant le même objet. Si Œdipe désire Jocaste mais pas sa mère, c'est parce que la même personne est donnée à sa conscience de façons différentes. Ces deux états intentionnels différents sont alors parfaitement compatibles.

1.2.3. Sensibilité au contexte et indétermination[11]

Il s'agit du problème inverse de la dépendance au contenu : Comment deux états intérieurement et qualitativement indiscernables pourraient-ils porter sur des objets différents ? Cette question se pose notamment du fait de ce qu'on pourrait voir comme l'indétermination d'un objet perçu et ce, en lien avec le caractère incomplet des perceptions qu'on en a. En effet, supposons qu'on voit à l'horizon un bateau dont on distingue la couleur, la coque, les voiles et d'autres détails. Le lendemain, au même endroit, apparaît un bateau dans des conditions qualitativement identiques. La perception est identique, bien que les objets puissent être différents. Aujourd'hui c'est un pêcheur, mais hier c'était peut-être un plaisancier. Ce qu'il y a de similaire entre ces deux états intentionnels, c'est le contenu. Mais en fonction du contexte, ce contenu fait apparaître des objets différents.

Priest [2005, 63] illustre cette caractéristique de l'intentionalité, et le fait qu'elle puisse impliquer des objets dont l'identité n'est pas déterminée, au moyen d'un paradoxe inspiré de Buridan :

(1) Je te dois un euro.

Toute chose promise étant une chose due, je satisfais mon dû en donnant un euro. Il y a donc un euro qui est dû. Cependant, pour chaque euro, il n'est pas le cas que je le dois, lui en particulier. Au final, je ne dois rien du tout. Pour tout euro, je n'ai pas promis que je le donnerais. Et donc (1) peut être vraie même s'il n'y a pas

---

[11] On trouve dans la littérature différentes façon d'aborder ce problème : Smith & McIntyre [1982] ainsi que Priest [2005, 63] parlent d'indétermination, tandis que Thomasson [1999, 83] parle de sensibilité au contexte (*context-sensitivity*).

d'euro qui satisfasse la condition d'être l'euro que je dois. Comment puis-je satisfaire ma promesse ?

On doit ici tenir compte du contexte : en fonction de chaque contexte considéré et où je satisfais ma promesse, il existe un euro qui permet de satisfaire ma dette. On pourrait étendre cette sensibilité au contexte à de nombreux autres verbes intentionnels, comme *chercher* par exemple. Quand on cherche un hôtel, on cherche bien quelque chose. Mais de chaque hôtel, il n'est pas vrai que je le cherche. Ce qu'il faut, c'est qu'il y ait un contexte dans lequel ma recherche soit satisfaite par un hôtel. Mais cet hôtel peut être différent pour chaque contexte.

1.3. Objection à la théorie du contenu

La théorie du contenu de Husserl explique les états intentionnels indépendants de l'existence sans postuler d'entité externe. Bien que le contenu permette l'explication de chacune des caractéristiques problématiques de l'intentionalité de façon cohérente, les cas qui pourraient combiner plusieurs de ces caractéristiques simultanément ne sont pas envisagés. Comment par exemple expliquer la relation entre les deux états exprimés en (2) et (4), qu'il n'y a pas entre les deux énoncés en (2) et (3) (ou (3) et (4)) ?

> (2) Maurice Leblanc se moque Sherlock Holmes.
> (3) Maurice Leblanc se moque de Phileas Fogg.
> (4) Maurice Leblanc se moque du détective créé par Conan Doyle.

Les exemples tirés de la fiction illustrent bien les limites de la théorie du contenu. Ces trois énoncés décrivent en fait des états intentionnels différents aux contenus différents. Ils n'ont pas d'objet. Ils sont donc tous les trois tout simplement différents. En l'absence d'objet, (2) et (4) sont tout aussi différents que (2) et (3) : leur contenu est différent. Pourtant, il semble bien que (2) concerne quelque chose de similaire, si ce n'est identique à (4), ce qui n'est pas le cas de (3). En d'autres termes, comment affirmer l'identité entre Sherlock Holmes et l'ami de Watson créé par Conan Doyle s'il n'y a pas d'objet correspondant ?

Cette approche parcimonieuse quant à l'ontologie a des conséquences paradoxales, ou en tout cas n'est pas en mesure de rendre compte de similarité entre des expériences qui ne porteraient pas sur des objets existants. Contre cette vue de l'intentionalité selon laquelle il peut y avoir un contenu mais pas d'objet, Twardowski [1977] préconise une théorie de l'intentionalité dans laquelle il y a toujours à la fois un acte et un contenu, mais aussi un objet. Deux courants de pensée majeurs concurrents vont se développer en lien avec cette idée. D'une part, les thèses inspirées des travaux de Meinong, d'autre part celles inspirées d'Ingarden. Les deux admettent dans leur ontologie des objets qui n'existent pas concrètement. Ils sont alors confrontés à la question métaphysique de savoir ce que sont ces objets : Quelles sont leurs conditions d'individuation et d'identité ? Quel est leur statut ontologique et comment le définir ? C'est à ce moment que leurs positions divergent. Bien qu'on revienne de façon plus approfondie sur ces thèses par la suite, on va maintenant en exposer les principes fondamentaux, ce qui permettra de conclure cette première discussion de la notion d'intentionalité et de poser plus clairement les problèmes dans ce qui suivra.

1.4. Thèses meinongiennes et nonéisme

On appellera thèses meinongiennes et néomeinongiennes les thèses inspirées des travaux du philosophe autrichien Alexius Meinong. Dans les thèses d'inspiration meinongienne, deux types d'objets peuplent le monde : les objets existants et les objets non existants. Pour être tout à fait juste, Meinong opérait des distinctions plus fines entre objets existants, subsistants (notamment les objets abstraits comme les propositions ou les nombres) et non existants (objets simplement possibles ou impossibles, qui n'existent pas du tout ni ne subsistent). On se contentera ici de la distinction entre existants et non-existants, ce qui renvoie à la reconstruction *nonéiste* des thèses de Meinong par Routley [1982]. « Nonéiste » qualifie une ontologie dans laquelle les objets non existants sont admis par contraste avec les objets existants, les objets concrets qui ont une localisation spatio-temporelle. En effet, pour Routley, la distinction majeure est celle entre objets concrets, qui existent, et tout le reste, qui n'existe pas. Outre ces différences de catégories ontologiques, les principes métaphysiques du meinongiannisme demeurent, à savoir les principes d'indépendance à l'existence, de caractérisation et de compréhension.

Tout d'abord, la théorie de Meinong est fondée sur la distinction entre le *Sein* et le *Sosein* d'un objet. Le *Sein* est le statut ontologique d'un objet, qui peut être existant ou non-existant. Le *Sosein*, c'est son statut qualitatif, c'est l'ensemble des propriétés qui le décrivent. Et le *Sosein* est indépendant du *Sein*. C'est-à-dire qu'un objet, même non existant, satisfait un ensemble de propriétés. A partir de là, les (néo)meinongiens défendent la thèse selon laquelle toute intention est toujours dirigée vers un objet, existant ou non. Les conditions d'individuation et d'identité sont fondées sur les trois principes qu'on a mentionnés :

- **Principe d'indépendance à l'existence** : le *Sosein* est indépendant du *Sein*.
- **Principe de caractérisation** : un objet, même non existant, a toutes les propriétés qui le caractérisent.
- **Principe de compréhension** : à toute caractérisation, correspond un objet, existant ou non-existant.

On aura l'occasion de revenir plus en détail sur ces principes quand on abordera véritablement l'analyse métaphysique de la fictionalité.[12] Néanmoins, ce qu'on doit ici retenir, c'est que toute intention est toujours dirigée vers un objet, même s'il n'existe pas. Cela a pour conséquence d'un point de vue plus linguistique que tous les noms peuvent désigner directement de tels objets. Les quantificateurs du langage, naturel ou formel, doivent quant à eux être interprétés de façon ontologiquement neutre, c'est-à-dire qu'ils portent aussi bien sur des existants que sur des non-existants. Cette précision mène à s'interroger sur la question de savoir comment on peut connaître des choses au sujet des non-existants dès lors qu'on ne peut pas entrer en relation causale avec eux. Quel est par ailleurs le critère d'identité des non-existants ? Qu'est-ce qui permet de les distinguer les uns des autres ? Les principes de caractérisation et de compréhension sont censés apporter des réponses à ces questions.

Le principe de compréhension est appelé par Parsons [1980] principe de compréhension non restreint (*Unrestricted Comprehension Principle*) et est plus précisément défini comme suit :

> Pour toute condition $\alpha[x]$ avec une variable libre x, un objet satisfait $\alpha[x]$. C'est-à-dire que pour tout $\alpha[x]$, $\Sigma x \alpha[x]$.[13]

Etant donné ce principe, le nonéisme s'engage naturellement dans la thèse selon laquelle tout acte intentionnel est dirigé vers un objet et, au niveau du langage, que tout terme singulier dénote quelque chose. Maintenant, comment fait-on pour connaître des choses au sujet de ces objets ? On applique le principe de caractérisation qui dit que si l'on spécifie un objet à travers un ensemble de propriétés, alors cet objet a forcément les propriétés qui le caractérisent. A titre d'exemple, si l'on donne une condition comme « le détective habitant 221b Baker Street, ... », alors il y a un objet, existant ou non, qui correspond. Quelles sont les propriétés d'un tel objet ? D'être détective, d'habiter 221b Baker-Street... Les conditions d'individuation et d'identité sont ainsi définies de façon essentiellement descriptive.

Comme le souligne à juste titre Berto [2008, 2011], ces principes sont la source de nombreuses discussions, mais aussi de confusions et d'incompréhensions des thèses de Meinong. On aura l'occasion de revenir en détail sur les objections qui ont pu être adressées à ces thèses et ses principes. On ne pourrait ici être complet sans discuter les récents développements de Priest [2005] qui solutionne bon

---

[12] Voir quatrième partie, chapitre 15.
[13] « Σx » est ici un quantificateur ontologiquement neutre qui peut se lire « pour certains x » et qui, contrairement à « $\exists x$ » qui se lirait « il existe un x », peut porter sur des objets qui n'existent pas.

nombre des problèmes de la théorie nonéiste mais sur lesquels on reviendra par la suite.[14] De façon générale, étant donné qu'il y a toujours un objet correspondant à une expérience intentionnelle, on explique facilement le problème de la non-existence ainsi que celui de la dépendance à la conception ou la contextualité. On peut de plus apporter une explication à la relation entre (1) et (3) dans les exemples problématiques pour la théorie du contenu. En effet, Sherlock Holmes et l'ami de Watson créé par Conan Doyle sont en fait le même individu non existant, un individu différent de Phileas Fogg.

Une difficulté sur laquelle on reviendra concerne ce que Voltolini [2006] appelle les problèmes de multiples *ficta* (*many-ficta*) et d'absence de *ficta* (*no-ficta*), qui montrent les limites des thèses d'inspirations meinongiennes. Le problème des multiples *ficta* peut être illustré par l'exemple du Don Quichotte de Pierre Ménard dans la nouvelle de Borges [1994][15], qui recréerait le Don Quichotte de Cervantès, le même, mais de façon totalement déconnectée avec l'œuvre originale. Le nonéiste ne peut pas déterminer s'il s'agit ou non des mêmes entités. Le problème d'absence de *ficta* peut être illustré par l'exemple de Moloch dans la Bible. Cet exemple qui fut proposé par Kripke [1973] met en avant le fait que le nonéiste ne peut pas distinguer le statut d'un objet fictionnel de celui d'un objet non existant, même fictionnellement. Très brièvement, on a longtemps pensé que le nom « Moloch » qui apparaît dans la Bible désignait un dieu, ou plutôt une forme de démon. Plus récemment, des exégètes ont défendu la thèse selon laquelle un tel dieu n'existait pas, mais qu'il s'agirait plutôt d'un culte. On en a donc déduit que Moloch n'existait pas. Moloch, qui était déjà une fiction (sans entrer dans des considérations théologiques sur la véracité des faits décrits par la Bible) n'existait pas de toute façon. Il n'existe toujours pas, au même titre que Sherlock Holmes. Comment cependant expliquer qu'un objet fictionnel n'existe pas en ce sens qu'il n'a pas été créé ? Le nonéiste n'a pas de réponse déterminée sur le sujet.

1.5. Théorie artefactuelle

Un autre courant a également mené à des thèses selon lesquelles l'intentionalité est toujours définie selon un acte, un contenu et un objet. Ces thèses inspirées des travaux d'Ingarden [1964] considèrent, à la différence de Meinong, que l'objet en question existe soit de façon indépendante (existence concrète), soit de façon dépendante à l'activité des agents intentionnels. Dans ce dernier cas, Ingarden définit les conditions d'existence de l'objet de l'acte intentionnel en termes de *contingence* et de *dérivation*, développant ainsi une notion d'*intention créatrice*. En effet, si aucun objet ne préexiste à une intention, alors l'intention crée son objet. De

---

[14] Voir quatrième partie, chapitre 16.
[15] « Ménard, auteur de Don Quichotte », dans *Fictions*.

tels objets étant des constructions humaines, on qualifie généralement ces thèses d'artefactualistes ou de créationnistes.

Plus précisément, la dérivation est l'impossibilité pour un objet d'exister à moins d'avoir été créé par un autre objet. La contingence (ou hétéronomie) est quant à elle l'impossibilité d'exister à moins qu'un autre objet existe conjointement. A titre d'exemple, un personnage de fiction littéraire dérive son existence de l'acte créatif d'un auteur et ne peut continuer à exister que s'il existe des copies du manuscrit original. Ces notions seront par la suite développées par Thomasson [1999] qui les définira en termes de dépendance ontologique historique et de dépendance ontologique constante. Elle dira notamment qu'un personnage de fiction existe en tant qu'artefact abstrait. Il dépend ontologiquement rigidement et historiquement de son auteur, c'est-à-dire qu'un personnage comme Holmes ne pourrait pas exister si Conan Doyle (et personne d'autre) n'avait pas existé. Il dépend génériquement et constamment de copies du manuscrit original : il ne peut continuer d'exister après la mort de Conan Doyle que s'il existe au moins une copie, n'importe laquelle.

On n'entre pas dans tous les détails de cette théorie pour l'instant puisqu'elle constituera l'objet de la cinquième partie. Toujours est-il que la théorie artefactuelle permet de solutionner les problèmes liés aux caractéristiques de l'intentionalité de façon aussi efficace que les théories meinongiennes et nonéistes. Affinant les conditions d'identité des personnages de fiction, elle n'est par ailleurs pas confrontée aux problèmes des multiples *ficta* et d'absence de *ficta*. En effet, si le Don Quichotte de Ménard a une origine différente de celui de Cervantès, c'est-à-dire qu'il n'a pas été créé dans les mêmes conditions, alors les deux personnages sont différents. Pour ce qui est de Moloch, la théorie artefactuelle distingue le statut des entités fictionnelles qui existent de ce qui n'existe pas, ce qui n'a pas été créé, comme ce serait le cas de Moloch. On pourrait cependant objecter qu'on ne peut plus nier l'existence des fictions et que tout semblerait devoir exister (si aucun objet ne préexiste, l'intention est créatrice). Mais ce serait là tirer une conclusion hâtive puisque la théorie artefactuelle va permettre de définir toute une multitude de catégories ontologiques différentes, parmi lesquelles les artefacts abstraits comme les personnages de fictions, et qu'il suffira d'expliquer les affirmations existentielles en lien avec les catégories pertinentes.

Chapitre 2 - Intentionalité et Intensionalité

L'enjeu d'une approche analytique de l'intentionalité est de dégager certaines caractéristiques de la structure intentionnelle par le biais d'une analyse de la structure logique du langage et plus précisément des énoncés intentionnels. Dans le chapitre précédent, il s'agissait de définir l'objet d'analyse, il est maintenant question de s'intéresser au contexte d'analyse : les langages et logiques intensionnels. L'objectif sera *in fine* de proposer une sémantique pour les énoncés intentionnels, ces énoncés qui expriment une relation entre un agent et un objet ou entre un agent et une proposition. Avant cela, on va dans ce chapitre dégager des caractéristiques problématiques de la signification, similaires à celles qu'on avait rencontrées au niveau de l'intentionalité. L'explication de ces caractéristiques supposera une théorie du langage plus riche et plus complexe, qui tienne compte notamment de ce qu'on pourrait voir comme le contenu conceptuel ou ce qu'on a parfois pu appeler l'« intension » (qu'on distinguera de l'intention). L'intensionalité du langage défie les lois de la logique classique comme la généralisation existentielle ou la substitution des identiques, des lois empreintes de présuppositions métaphysiques et ontologiques à l'égard des termes singuliers.

2.1. Intentionalité dans le langage

On reconnaît dans le langage les *énoncés intentionnels* grâce à l'apparition de verbes dont la signification est donnée en termes de relations entre un agent et un objet ou entre un agent et une proposition. Dans son livre *Towards Non-Being*, Priest définit l'intentionalité en s'inspirant lui aussi des thèses de Brentano[16] :

> *Intentionality is a fundamental feature – perhaps the fundamental feature – of cognition. Intentionality is that feature of a mental state whereby it is 'directed towards' an object of some kind. It is recorded linguistically in verbs such as 'know', 'believe', 'fear', 'worship', 'hope', and so on.*
>
> Priest [2005, 5]

Les verbes cités par Priest peuvent généralement servir de deux façons : soit ils mettent en relation un agent et un objet, soit ils mettent en relation un agent et une proposition. Du premier cas sont les exemples (1)-(3), du second cas les exemples (4)-(6) :

(1) Jean a peur du chien.

---

[16] Voir chapitre 1.

(2) Œdipe aimait Jocaste.
(3) Priest veut un vélo rond-carré.
(4) Jean a peur que le chien le morde.
(5) Œdipe ne savait pas que Jocaste était sa mère.
(6) Priest a rêvé qu'il était la réincarnation du rond carré.

Ces énoncés entrent difficilement dans les cadres de la logique et de la sémantique formelles alors qu'ils sont parfaitement intelligibles. Ces énoncés sont prompts à défier les lois de la logique classique et à générer des paradoxes similaires à ceux qu'on a discutés dans le chapitre précédent. En vue de faire le lien entre l'intentionalité et les logiques intensionnelles, on va tout d'abord expliquer ce qu'il faut comprendre par la notion d'intension.

2.2. Extensionalité et Intensionalité

On fait le choix méthodologique d'analyser l'intentionalité dans le contexte des logiques intensionnelles. On ne confondra pas les deux notions : L'*intentionalité*, telle qu'on l'a précédemment discutée et l'*intensionalité*, une notion de la philosophie du langage qui s'utilise par opposition à *extensionalité*. Un langage est dit extensionnel si l'on peut en donner la sémantique simplement en tenant compte de la référence des expressions utilisées (l'extension). Si l'extensionalité permet d'expliquer ce pour quoi tient le langage, elle n'est cependant pas suffisante pour rendre compte de certains phénomènes linguistiques, qui requièrent ce qu'on pourrait voir comme le contenu conceptuel d'une expression linguistique, son intension. A titre d'exemple, l'expression « chiffre » a pour intension quelque chose comme « symbole simple qui permet de désigner un nombre entier », alors que son extension est l'ensemble des symboles qui exemplifient ce contenu conceptuel : {0, 1, 2, 3, 4, 5, 6, 7, 8, 9}.

Dans la tradition analytique moderne, la notion d'intension est généralement expliquée en lien avec la distinction entre la dénotation et le sens de Frege [1971]. Ce qu'on va ici discuter avant d'en venir à une définition plus précise de ce que sont les logiques intensionnelles, c'est que cette notion même d'intension permet de compléter certains aspects de la théorie du langage extensionnelle de façon similaire à la notion de contenu pour compléter la théorie de l'intentionalité chez Husserl. Certains auteurs comme Smith & McIntyre [1982] ont été jusqu'à défendre la thèse selon laquelle on pouvait expliquer la distinction entre contenu et objet en termes plus linguistiques de sens et dénotation. On ne s'engagera pas ici à défendre leurs thèses, même si on s'en inspirera pour dégager les similarités autour desquelles va se dessiner le cœur du problème. Pour ce faire, on commence par revenir succinctement sur les thèses de Frege : pourquoi et comment introduit-il une notion de *sens* dans sa théorie du langage ?

Dans l'approche classique et modèle-théorique[17], tout ce qui importe pour définir une sémantique, c'est la dénotation (ou référence) des expressions utilisées. On parle alors de langage extensionnel. Un nom propre a pour dénotation un objet. Un prédicat a pour dénotation un ensemble d'objets (ou de séquences d'objets) appelé extension. Une phrase déclarative a pour dénotation une valeur de vérité, cette valeur de vérité étant fonction de la dénotation des expressions qui la constituent. Tel est le principe de compositionalité de Frege, principe fondamental en philosophie analytique et en logique. A partir de là, on peut admettre le principe de substitution qui dit qu'on peut substituer des expressions qui ont la même dénotation *salva veritate*, c'est-à-dire sans altérer la valeur de vérité de la phrase tout entière. Une phrase comme « Frege est un logicien » est vraie si la dénotation de « Frege », l'individu Frege, appartient à l'ensemble qui constitue l'extension du prédicat « est un logicien ». Elle est fausse autrement. Si dans l'exemple on substitue « l'auteur de *Begriffsschrift* » à « Frege », on obtient « l'auteur de *Begriffsschrift* est un logicien » *dont la valeur de vérité demeure inchangée*.

Maintenant, de la même manière que l'intentionalité réduite à une relation entre un acte et un objet était problématique, la conception d'un signe comme une relation entre un signifiant et un signifié est insuffisante. En effet, dès lors qu'on cherche à analyser des énoncés intentionnels, la substitution des identiques génère des paradoxes. Il serait notamment contradictoire d'affirmer « Jean croit que Frege n'est pas l'auteur de *Begriffsschrift* ». C'est que les opérateurs intentionnels génèrent ce que Frege [1971] appelait des contextes de dénotation indirecte, ce que Quine [1953] appellera par la suite des contextes référentiellement opaques. Dans la portée des verbes intentionnels tels que « croire que », on doit tenir compte du contenu conceptuel de l'expression « l'auteur de *Begriffsschrift* », *de son intension*. C'est cette insuffisance, et cette nécessité de rendre compte de l'échec de la substitution des identiques dans de tels contextes, qui mènera Frege à compléter sa théorie référentielle du langage par une théorie du sens, notion qui ne fait cependant pas partie de la logique puisqu'elle implique des contingences épistémiques.

2.3. Sens et Dénotation

On peut situer les thèses de Frege [1971] en réaction critique à celles de John S. Mill, qui réduit le contenu sémantique du nom propre à sa référence.[18] Mill décrit

---

[17] J'attire ici l'attention sur le fait que je ne suis pas ici en train de détailler la position de Frege pour qui la dénotation d'un prédicat est un concept, mais plutôt d'expliquer de façon succincte la réception de ses thèses dans la logique moderne. La façon dont on explique la dénotation des prédicats relève plutôt ici de de Carnap [1947], entre autres.

[18] Voir Mill [1886, Livre I, 2, §5] : « Proper names are attached to the objects themselves, and are not dependant on the continuance of any attribute of the object. »

le cas du nom « Dartmouth » qui semblerait signifier « ville à l'embouchure de la Dart ». Mais il n'en est rien. Il se pourrait que la Dart vienne à s'assécher, et cela n'empêcherait pas de désigner Dartmouth par le nom « Dartmouth ». En fait, on apprend la signification d'un tel nom et l'utilise en l'associant directement à sa référence. Tout ce qui importe serait donc la référence, le nom étant comme une étiquette permettant de l'identifier.

Cette théorie montre cependant rapidement ses limites dès lors qu'on s'interroge sur la signification des noms dépourvus de référence existante. En effet, que signifie un nom comme « Pégase » s'il n'a pas de référence concrète ? Qui plus est, étant donné le principe de compositionalité, comment comprendre un énoncé comme « Pégase à deux ailes » ou encore « Pégase n'existe pas » ? De même qu'on demandait dans le chapitre précédent si penser à Pégase revenait à ne penser à rien, parler de Pégase revient-il à ne parler de rien ?

Une autre difficulté d'une théorie purement référentielle du langage concerne les énoncés d'identité. Comment différencier deux énoncés qui disent la même chose d'un même objet mais de façons différentes ? Si l'on s'en tient à la thèse de Mill selon laquelle le contenu sémantique du nom est réduit à sa référence, alors si une formule du type Ak_1 (où Ax tient pour un prédicat et k_1 pour un nom propre) est vraie et que $k_1 = k_2$, Ak_2 est vraie aussi. Autrement dit, la substitution des identiques est valide. Maintenant, si l'on autorise une inférence similaire dans la portée d'un verbe intentionnel, on génère un paradoxe :

(7) Œdipe croit que Jocaste n'est pas sa mère.
(8) Jocaste est la mère d'Œdipe.

(9) Œdipe croit que sa mère n'est pas sa mère.

Etant donné que « Jocaste » et « la mère d'Œdipe » sont deux façons différentes de désigner le même individu, on doit pouvoir les substituer l'un à l'autre *salva veritate*. Pourtant, même si (7) et (8) sont vraies, on ne voit pas comment (9) pourrait l'être.

Ce paradoxe est généralement appelé « paradoxe de Frege-Kanger ».[19] Dans « Sens et Dénotation », Frege se demande en effet quel serait la différence entre deux énoncés d'identité de la forme $a = a$ et $a = b$ si la signification de a et de b est

---

[19] Ce qui renvoie à Frege [1971] et Kanger [1957].

réduite à leur référence. Il ne peut s'agir d'une identité de signes puisque les signes « a » et « b » sont différents. Il ne peut donc s'agir que d'une identité d'objet, la relation que tout objet entretient avec lui-même. Si c'est cela qu'on exprime par les énoncés d'identité, alors a = a et a = b signifient la même chose. Pourtant, il doit bien y avoir une différence, comme le montrent les énoncés suivants :

(10)   Hesperus est Hesperus.
(11)   Hesperus est Phosphorus.
(12)   Les Babyloniens croient que Hesperus est Hesperus.
(13)   Les Babyloniens croient que Hesperus est Phosphorus.

Alors que l'énoncé en (10) est forcément vrai et connu comme tel, l'énoncé en (11) ne l'est pas puisque les Babyloniens pensaient (à tort) que Hesperus et Phosphorus étaient deux étoiles différentes. Quelle différence y a-t-il entre (10) et (11) et qui pourrait expliquer la différence entre (12) et (13) ? Qu'est-ce qui explique qu'on ne peut pas substituer (*salva veritate*) « Phosphorus » à « Hesperus » en (12) de façon à produire l'énoncé qu'on a en (13) ? Plus généralement, qu'est-ce qui explique l'échec de la substitution des identiques dans la portée d'un verbe intentionnel comme « croire » ? Ce phénomène ne peut pas être expliqué si l'on réduit la théorie de la signification du langage à une théorie de la référence.

C'est pour expliquer ce paradoxe que l'on en vient à distinguer le *sens* de la dénotation. « Hesperus » et « Phosphorus » ont bien la même dénotation, ils désignent tous les deux la planète Vénus. Par contre, ces deux noms n'ont pas le même sens : ils ne désignent pas Vénus de la même façon. Le sens est en effet une pensée associée au nom qui permet d'identifier la référence. Il peut être formulée au moyen d'une description. Le sens de « Hesperus » pourrait être quelque chose comme « l'étoile la plus brillante le soir », tandis que le sens de « Phosphorus » serait quelque chose comme « l'étoile la plus brillante le matin ». Les deux permettent d'identifier le même objet, mais de façons différentes. De même dans le cas d'Œdipe, « Jocaste » et « la mère d'Œdipe » désignent la même personne, mais de façons différentes.

Maintenant, la différence entre (10) et (11), c'est que « Hesperus est Hesperus » est analytique, cette phrase est toujours vraie et peut être reconnue comme telle indépendamment de l'expérience, simplement en s'appuyant sur le sens des mots. Par contre, « Hesperus est Phosphorus » est un énoncé synthétique *a posteriori* et reconnaître sa vérité suppose une découverte empirique. Cette découverte impliquerait un gain de sens, une façon nouvelle de référer au même objet. Dit autrement, on découvre que deux façons différentes d'identifier un objet permettent en fait d'identifier le même objet. En tant que découverte empirique et en tant qu'identité entre des façons de référer à un objet, l'identité exprimée par « Hesperus est Phosphorus » est contingente. Deux noms qui ont chacun un sens qui leur est propre permettent de désigner le même objet, dans ce cas-ci Vénus. Comme les Babyloniens n'avaient pas fait cette découverte, (13) est fausse malgré la vérité de (12).

Plus généralement, ce qui explique l'échec de la substitution des identiques dans la portée des verbes intentionnels, c'est selon Frege le fait que de tels verbes génèrent des contextes de dénotation indirecte ou oblique. Ce sont des contextes dans lesquels les noms ne sont pas purement référentiels, c'est-à-dire que leur dénotation n'est pas un objet concret, mais leur sens. Le sens est lui aussi compositionnel. Et comme les noms « Hesperus » et « Phosphorus » n'ont pas le même sens, on ne peut pas substituer l'un à l'autre *salva veritate* dans de tels contextes puisque cela reviendrait à substituer deux noms dont la dénotation est différente. Ce qui explique l'échec de la substitution des identiques dans la portée de verbes intentionnels comme « croire », c'est la différence de sens.

La distinction entre le sens et la dénotation permet également d'expliquer les énoncés contenant un nom dépourvu de référence existante. Quand on dit « Pégase a deux ailes », le nom « Pégase » a bien un sens, mais pas de dénotation. Afin de préserver la compositionalité de son langage extensionnel, Frege attribue pour dénotation à de tels noms fictionnels l'entité nulle, les phrases les contenant ne pouvant jamais être vraies. Il considérera cependant que de tels noms ne devraient pas faire partie du langage scientifique, un langage qui concerne la réalité. Par ailleurs, Frege n'a jamais défini de sémantique pour les contextes intensionnels, les lois de la logique étant selon lui nécessaires et étrangères à la contingence induite par les considérations épistémiques.

D'autres auteurs tels que Carnap [1947] ont par la suite expliqué l'intensionalité relativement à des phénomènes de dénotations multiples capturés par une pluralité de contextes, généralement appelés *états d'affaires*. C'est ce qui mènera progressivement aux logiques intensionnelles et à la sémantique des *mondes possibles* développée par des auteurs comme Kripke [1963a, 1982] et Hintikka [1969]. Les logiques intensionnelles sont fondées sur des langages standard enrichis par des opérateurs qui changent la signification des expressions qui sont dans leur portée. De tels langages doivent également permettre de capturer la contextualité du langage, de façon similaire à la sensibilité au contexte de l'intentionalité.

2.4. Sens et Intension

Alors que l'extension est définie relativement à un contexte déterminé, l'intension est définie par Carnap [1947] relativement à une pluralité de contextes différents et est représentée formellement comme une fonction depuis ces contextes sur les extensions. Ces contextes peuvent être vus comme des *descriptions d'états d'affaires*, s'inspirant alors de la notion de Wittgenstein [1961][20]. On appellera par la suite ces contextes des *mondes possibles*, suivant Kripke [1963a] qui s'inspire de la terminologie de Leibniz dans la *Monadologie* (53)[21], ou encore des *scénarios* ou *alternatives* comme chez Hintikka [1969]. De tels contextes sont en fait des descriptions (partielles) de la façon dont le monde aurait pu être sous d'autres circonstances. Quand on décrit une situation contrefactuelle, on le fait généralement en présupposant un cours de l'histoire différent de ce qu'il a été et en décrivant ainsi un autre monde possible. Dans la logique moderne, certains comme Lewis [1973, 1987] ont défendu la vue extrême selon laquelle de tels mondes possibles existaient au même titre que le monde actuel et qui seraient peuplés d'objets physiques qui existent à ces mondes. Ces objets existeraient, comme nous, mais dans un autre espace-temps causalement déconnecté de notre monde. D'autres comme Priest [2005] considèrent que les mondes possibles sont des objets non existants, dont les conditions d'individuations sont données de la même manière que pour les objets non existants dans les thèses d'inspiration meinongiennes.

Il n'est en fait pas nécessaire d'adopter une telle conception métaphysique au sujet de ces mondes. On peut tout simplement les considérer comme des entités abstraites, construites au moyen de descriptions. Ce seraient alors tout simplement des ensembles d'affirmations qui permettraient de définir un contexte spécifique. On pourrait en effet imaginer que les choses auraient pu être différentes de ce qu'elles sont. En décrivant une situation dans laquelle l'archiduc François Ferdinand n'a pas été assassiné et où la Première Guerre mondiale n'a pas eu lieu, on imagine et décrit un monde possible. Enfin, on verra par la suite que ces mondes possibles peuvent être conçus comme des contextes d'argumentation, ce qui permet d'analyser des jeux dialogiques qui mettent en jeu une multitude de tels contextes. Pour l'instant, on pourra se contenter d'une compréhension intuitive et approximative de ce qu'est un monde possible. On aura l'occasion d'éclaircir certaines positions très influentes dans la logique modale moderne, comme celle de Kripke ou de Hintikka par la suite.

Revenant à l'intensionalité, on a précédemment supposé que « Hesperus est Hesperus » était analytique et nécessairement vrai. Ce que cela signifie maintenant, c'est qu'un tel énoncé est vrai dans tous les mondes possibles. Il n'en est pas de même de « Hesperus est Phosphorus ». En effet, dans d'autres mondes possibles, l'usage de ces noms aurait pu être tel qu'ils auraient pu ne pas désigner Vénus,

---

[20] Voir Wittgenstein [1961, 2.01] « A state of affairs (a state of things) is a combination of objects (things). »

[21] Voir Leibniz, *Monadologie* 53 : Il y a une infinité d'univers possibles dans les idées de Dieu, mais il ne peut en exister qu'un seul. A la Création, Dieu a choisi parmi différents mondes logiquement possibles, il aurait choisi le meilleur. Le monde actuel, réel, dans lequel nous vivons, est « le meilleur des mondes possibles ».

ayant possiblement des références différentes. La notion de monde possible permet de représenter formellement l'intension comme une fonction depuis les mondes sur les objets de ces mondes. En termes plus épistémiques, on peut interpréter la croyance des Babyloniens relativement à un ensemble de mondes possibles. Si l'on parle de ce que croyaient les Babyloniens, on doit tenir compte de mondes compatibles avec leurs croyances. Ce sont des mondes dans lesquels tout ce que croient les Babyloniens est vrai, tout le reste pouvant varier d'un monde à l'autre. Le contenu d'une croyance n'est pas forcément vrai au monde actuel, indépendamment des croyances du sujet pertinent. Ainsi, ne sachant pas que « Hesperus » et « Phosphorus » désignent la même chose, il y a des mondes compatibles avec ce que croient les Babyloniens dans lesquels ces deux noms ne sont pas coréférentiels. Il semblerait qu'on pourrait même admettre que les Babyloniens croyaient que Hesperus n'était pas Phosphorus, ce qui forcerait à leur attribuer une dénotation différente dans chacun de ces mondes. L'explication contextuelle engage à tenir compte de ce que croient les Babyloniens et de l'usage qu'ils font de ces noms. Capturant le contenu conceptuel des noms « Hesperus » et « Phosphorus » en lien avec une analyse contextuelle, on explique ainsi l'échec de la substitution des identiques dans la portée de l'opérateur « croyaient que ».

Une telle distinction entre extension et intension se manifeste également au niveau de l'usage des prédicats. L'extension donne la référence des prédicats relativement à un contexte unique, l'intension est définie relativement à une pluralité de contextes différents. Un exemple notoire pour illustrer cette distinction est la différence entre les prédicats « être une créature avec un cœur » et « être une créature avec un foie ». Dans notre monde, le monde actuel, ces deux prédicats ont la même extension. Dans un langage extensionnel, ils sont donc substituables l'un à l'autre *salva veritate*. Cependant, rien n'empêcherait de concevoir d'autres mondes possibles dans lesquels ils n'ont pas la même extension, des mondes dans lesquels certaines créatures qui auraient un foie n'auraient pas de cœur. Il n'y a en effet pas de nécessité logique à ce que les créatures qui ont un foie aient également un cœur et inversement. Ces deux prédicats n'ont pas la même intension et ne sont pas toujours substituables l'un à l'autre.

Les notions de sens et d'intension permettent donc d'expliquer des caractéristiques du langage comme l'indépendance du sens à l'existence de référence concrète, l'échec de la substitution des identiques ou encore la contextualité de la signification. Ces caractéristiques problématiques constituent un point de convergence entre les préoccupations des phénoménologues et des philosophes analytiques. L'analyse des énoncés intentionnels renvoie en effet inévitablement à l'analyse de l'intensionalité dans le langage. Certains auteurs comme Jacob [2010] se sont toutefois interrogés sur les rapports entre intentionalité et intensionalité, posant notamment la question de savoir si les états intentionnels renvoyaient nécessairement à des contextes intensionnels et inversement. Il ne semble pas y avoir d'évidence en faveur de cette thèse. En effet, les énoncés qui mettent en relation un agent à un objet comme en (1)-(3) expriment apparemment des relations de premier ordre standard.[22] Toujours est-il qu'une compréhension approfondie de l'intensionalité du langage en permettra une meilleure explication.

---

[22] On revient plus en détail sur ce point dans la troisième partie, chapitre 8, section 8.1.

Chapitre 3 - Intensionalité explicite

On a précédemment expliqué de façon intuitive la nécessité de compléter la théorie du langage par les notions de sens et d'intension, faisant ainsi le lien entre des problématiques de la phénoménologie et de la philosophie analytique. On va définir plus précisément et plus formellement ces notions dans le contexte des logiques intensionnelles, des logiques fondées sur des langages qui étendent les langages extensionnels au moyen d'opérateurs tels que « nécessairement », « possiblement », « croire que », etc. Par souci de clarté, on va commencer par exposer la logique intensionnelle propositionnelle afin de se concentrer sur la signification des opérateurs. On en donnera également la signification dialogique, qui permet d'en saisir certains aspects en termes de pratiques argumentatives, au sein desquelles est notamment révélée l'importance de la notion de choix.[23]

3.1. Opérateurs intensionnels

On rend une logique explicitement *intensionnelle* en enrichissant le langage pour la logique propositionnelle au moyen d'opérateurs. La fonction des opérateurs intensionnels est de modifier la signification des expressions qui sont dans leur portée. En effet, la signification des expressions qui sont dans la portée d'opérateurs intensionnels n'est plus donnée de façon univoque, mais est relativisée à chacun des mondes possibles considérés. On peut au moyen des opérateurs intensionnels représenter formellement des opérateurs modaux du langage naturel comme *nécessairement* ou *possiblement*. On notera $\Box\varphi$ pour « nécessairement φ » et $\Diamond\varphi$ pour « possiblement φ ». Suivant Kripke [1959, 1963], on interprète ces opérateurs en termes de quantification sur les mondes possibles : « nécessairement φ » signifie que φ est vraie dans tous les mondes possibles, alors que « possiblement φ » signifie que φ est vraie dans au moins un monde possible. Dès lors qu'on a introduit ces opérateurs, la valeur de vérité d'une proposition n'est plus donnée de façon uniforme, mais doit être relativisée à chacun des mondes possibles considérés. Relativement aux problématiques plus générales qui nous occupent, les logiques intensionnelles doivent permettre de capturer les phénomènes de sensibilité au contexte mais aussi d'analyser plus finement les questions d'identité (conformément aux difficultés qui ont été discutées précédemment).

---

[23] Dans ce qui suit, on présuppose le langage pour la logique propositionnelle, sa sémantique ainsi que les règles de la logique dialogique propositionnelle tels que définis dans l'Annexe 1.

On cherchera par la suite à étendre l'ensemble des opérateurs, de façon à représenter formellement certains usages des verbes intentionnels tels que *croire que*, *savoir que*, *espérer que*, etc., s'inspirant alors des travaux de Hintikka [1969, 2005]. On parlera alors d'opérateurs intentionnels. L'idée sera de rendre compte des états intentionnels en termes de mondes compatibles avec ce que *croit*, *sait* ou *espère* un agent donné. Hintikka parle alors d'alternatives compatibles avec ce que *croit*, *sait* ou *espère* un agent. Dans de tels mondes, tout ce que l'agent croit, sait ou espère est vrai, le reste pouvant varier en fonction du contexte. Si un agent croit par exemple que φ est vraie, alors dans tous les mondes compatibles avec ses croyances, φ est vraie. Si le même agent n'a aucune croyance au sujet de ψ, il y aura des mondes compatibles avec ses croyances dans lesquels ψ est vraie, d'autres où elle est fausse. Hintikka a également proposé une interprétation similaire pour les opérateurs déontiques tels que *obligatoirement*. Dans une telle approche, les mondes possibles peuvent être compris de façon similaire à ce que Kant appelait dans *Fondements de la métaphysique des mœurs* le « Règne des fins », des mondes où la loi (ou règle morale) est parfaitement appliquée. Ce qui motive plus généralement le choix des logiques intensionnelles est qu'elles doivent permettre une représentation formelle des verbes intentionnels. L'extension aux opérateurs intentionnels proprement dits ne pourra cependant être envisagée qu'après avoir développé certaines problématiques inhérentes aux logiques modales qui apparaissent au premier ordre.

Pour l'instant, on introduit les opérateurs intensionnels en ajoutant la clause suivante à la définition de la syntaxe[24]:

Si φ est une formule, alors □φ et ◊φ sont des formules.

Par la suite, on adaptera cette clause pour les verbes intentionnels. On notera par exemple Kφ pour *on sait que φ*. On introduira également des opérateurs moins conventionnels. On notera [Φ] (avec force universelle) et <Φ> (avec force existentielle), Φ pouvant tenir pour n'importe quel verbe intentionnel. On aura par exemple *selon la fiction* φ ([F]φ) ou *il est compatible avec la fiction que* φ (<F> φ).

3.2. Structures et modèles

La sémantique des mondes possibles est définie relativement à une structure <W,R>, W étant un ensemble de mondes possibles w et R une relation (binaire) d'accessibilité entre ces mondes. La relation d'accessibilité spécifie les mondes pertinents pour évaluer une formule intensionnelle. En effet, en fonction de la modalité envisagée, il se pourrait que certains mondes ne soient pas pertinents, ou simplement qu'on n'y ait pas accès. On peut caractériser différents types de

---

[24] Voir Annexe 1, section A1.1.

structures par le biais de leurs relations d'accessibilité : une structure réflexive est par exemple une structure où tout monde w est tel que wRw, une structure symétrique une structure où pour tous w et w' tels que wRw', on a aussi w'Rw, etc.

Sur base d'une structure, on obtient un modèle en ajoutant une valuation V telle que pour toute lettre de proposition p, V(p) est un sous-ensemble de W. V(p) donne en fait l'ensemble des mondes où p est vraie.

- (i) $M,w \vDash p$ Ssi. $w \in V(p)$.
- (ii) $M,w \vDash \neg\varphi$ Ssi. $M,w \nvDash \varphi$.
- (iii) $M,w \vDash \varphi \land \psi$ Ssi. $M,w \vDash \varphi$ et $M,w \vDash \psi$.
- (iv) $M,w \vDash \varphi \lor \psi$ Ssi. $M,w \vDash \varphi$ ou $M,w \vDash \psi$.
- (v) $M,w \vDash \varphi \rightarrow \psi$ Ssi. $M,w \nvDash \varphi$ ou $M,w \vDash \psi$.
- (vi) $M, w, \vDash \Diamond\varphi$ Ssi. $M, w' \vDash \varphi$ pour au moins un w' tel que wRw'.
- (vii) $M, w, \vDash \Box\varphi$ Ssi. $M, w' \vDash \varphi$ pour tout w' tel que wRw'.

Une formule est *valide* si et seulement si elle est vraie à tout point de n'importe quel modèle. Elle est *valide dans un modèle* donné si et seulement si elle est vraie à tout point de ce modèle. Etant données certaines caractéristiques des structures, capturées au niveau des relations d'accessibilité, on peut aussi parler de validité sur une structure, une formule étant valide sur une structure de type R Ssi. elle est vraie en tout point d'un modèle qui a les caractéristiques R. A titre d'exemple, une formule du type $\Box p \rightarrow p$ est valide sur une structure réflexive, où tout w est tel que wRw, mais n'est pas valide sur une structure qui n'est pas réflexive.

Les logiques intensionnelles permettent de tenir compte naturellement et directement de la sensibilité au contexte qu'on a évoquée dans les deux premiers chapitres. On peut aussi expliquer pourquoi on ne peut pas substituer « Hesperus est Hesperus » à « Hesperus est Phosphorus » dans la portée d'un opérateur intensionnel : bien qu'elles aient la même valeur de vérité au monde actuel, il y a des mondes dans lesquels ce n'est pas le cas. Si la première semble devoir être toujours vraie[25], la seconde peut parfois être fausse. On donne ci-dessous un contre-modèle :

- W = {w,w'}, R = {<wRw'>}.
- Hesperus est Phosphorus : h = p
- Hesperus est Hesperus : h = h

---

[25] Ce qu'on ne peut pas détailler au niveau propositionnel, mais qui peut être supposé dans un modèle.

- $M,w \vDash h = h, M,w \vDash h = p$
- $M,w' \vDash h = h, M,w' \nvDash h = p$

On a donc $M,w \vDash h = h$, $M,w \vDash h = p$ et $M,w \vDash \Box h = h$, mais on n'a pas $M,w \vDash \Box h = p$. Il n'y a pas substitution *salva veritate* entre h et p dans la portée de l'opérateur de nécessité. Pour analyser la signification de l'identité est rendre compte de la différence entre h = h et h = p, il sera toutefois nécessaire de passer au premier ordre, ce qu'on fera par la suite.

3.3. Logique dialogique modale propositionnelle

La signification des opérateurs modaux peut être donnée dans le contexte d'une sémantique interactive, en l'occurrence de la logique dialogique. L'analyse ne porte plus sur la vérité dans un modèle, mais plutôt au niveau de jeux qui suivent certaines règles bien définies. La signification locale des connecteurs est donnée par les règles de particules en termes d'attaques et de défenses. On capture ainsi des aspects différents de la sémantique, notamment la notion de choix inhérente à la signification des opérateurs modaux. L'organisation générale d'un dialogue est régie par les règles structurelles. En faisant varier ces règles structurelles, on peut produire des logiques différentes.

On donne ici les règles de particules pour les opérateurs modaux, puis on adapte les règles structurelles. Cette deuxième tâche consiste surtout à restreindre les possibilités pour les choix qui induisent l'introduction de nouveaux contextes et à relativiser la règle formelle à des concessions dans un contexte. On doit en effet tenir compte du fait qu'une assertion se fait toujours relativement à un contexte donné et que tous les coups (attaques et défenses) sont effectués dans un contexte. Du point de vue de la présentation des dialogues, on ajoutera deux colonnes externes qui stipulent le contexte dans lequel on se trouve. Les autres règles sont les mêmes que celles définie dans l'annexe 1, bien que les coups des joueurs soient maintenant relativisés à un contexte.

On donne dans le tableau ci-dessous les règles de particules :

	Assertion	Attaque	défense
$\Box$	$X\text{-!-}\Box A - w_i$	$Y\text{-?- ?}\Box w_j - w_i$	$X\text{-!-}A - w_j$
$\Diamond$	$X\text{-!-}\Diamond A - w_i$	$Y\text{-? - ?}\Diamond - w_i$	$X\text{-!-}A - w_j$

Chaque coup est, comme on l'a indiqué, relativisé à un contexte (w_i, w_j, ...). L'attaque d'un opérateur de nécessité consiste à ouvrir un nouveau contexte, tout comme la défense de l'opérateur de possibilité. On note sur ce point l'importance de la notion de choix dans la sémantique de tels opérateurs. Quand on asserte une nécessité, on s'engage à défendre la proposition qui est dans la portée de l'opérateur dans n'importe quel contexte accessible. C'est donc l'adversaire qui choisit le contexte relativement auquel on doit défendre la proposition pertinente. En revanche, dans le cas de la possibilité, c'est celui qui défend la possibilité qui choisit le contexte dans lequel il justifiera la proposition pertinente. On notera que dans la logique dialogique, les accessibilités sont déterminées par ces coups, mais doivent être concédées par l'opposant. Cela ne relève toutefois pas règles de particules (qui sont toujours symétriques), mais des règles structurelles qu'on formule ci-dessous : on modifie la règle formelle [RS-3] et on ajoute une règle pour les choix de contextes :

[RS-3M] [USAGE FORMEL DES FORMULES ATOMIQUES DANS UNE STRUCTURE MODALE] P ne peut jouer une formule atomique dans un contexte w_i que si la même formule atomique a déjà été concédée dans le même contexte w_i par O. On ne peut pas attaquer les formules atomiques.

[RS-3W] [REGLE FORMELLE POUR LES CONTEXTES] Seul O peut introduire de nouveaux contextes à chaque fois que les autres règles le lui permettent. P ne peut pas introduire de nouveau contexte, il ne peut que choisir des contextes déjà introduits par O.

Ce que signifie cette dernière règle, c'est que c'est l'opposant qui décide des mondes qui sont accessibles depuis un contexte donné. C'est pourquoi, pour attaquer une nécessité, le proposant ne peut choisir que les mondes qui ont déjà été introduits par l'opposant, comme cela est illustré dans l'exemple suivant :

	O			P		
				$\Box p \to \Diamond p$	0	0
0	1	$\Box p$	0	$\Diamond p$	2	0
0	3	?$\Diamond$				

Explication : Les dialogues modaux contiennent deux colonnes externes supplémentaires dans lesquelles on indique le contexte dans lequel un coup est joué. O attaque la thèse de P en concédant l'antécédent (coup 1) et P répond en affirmant le conséquent (coup 2). O attaque alors l'opérateur de possibilité en demandant à P de justifier p dans le contexte de son choix (coup 3). P ne peut pas se défendre puisqu'il ne peut pas introduire de contexte accessible et qu'il ne dispose pas non plus de p. P ne peut pas non plus contre-attaquer le coup 1 puisqu'il aurait pour cela besoin d'un contexte accessible introduit par O. P ne peut plus jouer et il perd.

Pour comparaison, le proposant aura une stratégie gagnante pour $\Box(p \to q) \to (\Box p \to \Box q)$:

		O			P		
					$\Box(p \to q) \to (\Box p \to \Box q)$	0	0
0	1	$\Box(p \to q)$	0		$\Box p \to \Box q$	2	0
0	3	$\Box p$	2		$\Box q$	4	0
0	5	? $\Box w_1$	4		q	12	1
1	7	$p \to q$		1	? $\Box w_1$	6	0
1	9	p		3	? $\Box w_1$	8	0
1	11	q		7	p	10	1

Explication : Si P peut gagner ce dialogue, c'est parce qu'il peut user d'une stratégie qui force O à attaquer en premier l'opérateur de nécessité et à introduire un contexte accessible (coup 5). P se sert ensuite de cette concession pour contre-attaquer (coup 6), jusqu'à obtenir les atomes dont il a besoin dans w_1 pour répondre à l'attaque 5 (coup 12). Le dialogue est terminé et clos, P gagne : la thèse est valide.

On notera qu'en général, quand l'opposant à le choix, il choisit toujours un nouveau contexte, tandis que le proposant devra répéter les mêmes choix que l'opposant. Cela n'est cependant pas lié à la signification des opérateurs, mais plutôt à des considérations stratégiques. En effet, le proposant use généralement de la stratégie du *copy-cat*, qui consiste à laisser choisir l'opposant en premier chaque fois qu'il le peut et ce, de façon à pouvoir se servir de ses concessions en temps voulu. Il est généralement préférable pour le proposant de retarder au maximum les choix qu'il doit faire. En revanche, l'opposant choisirait génralement un nouveau contexte de façon à empêcher son adversaire d'utiliser les concessions qu'il aurait pu faire dans un premier contexte.

En fonction de la structure considérée, on peut ajuster les règles en assouplissant les restrictions qui s'imposent sur les choix du proposant. En effet, on peut par exemple caractériser une structure comme étant réflexive. Ce que cela veut dire, c'est que c'est une structure où tous les mondes sont accessibles depuis eux-mêmes : pour tout contexte w on a wRw. Dans ce cas, on peut donner une règle qui autorise le proposant à introduire depuis w la relation à w quand bien même l'opposant ne lui a pas préalablement concédé.

[RS-T] [REGLE POUR UNE STRUCTURE T] Quand c'est à P de choisir un contexte, P peut choisir soit le même contexte dialogique que celui dans lequel à lieu l'attaque, soit un contexte dont l'accessibilité a été concédée par O.

Ainsi, dans une structure réflexive où tous les contextes sont accessibles depuis eux-mêmes, on peut prouver que $\Box p \rightarrow p$ est valide :

		O			P		
					$\Box p \rightarrow p$	0	0
0	1	$\Box p$	0		p	4	0
0	3	p		1	? $\Box w_0$	2	0

Explication : P asserte la thèse $\Box p \rightarrow p$ au contexte 0 (coup 0). O attaque en concédant l'antécédent au contexte 0 (coup 1). P ne peut pas répondre directement et contre-attaque en demandant à O de justifier p dans un contexte choisi par P (coup 2), ce à quoi O répond en concédant p au contexte 0 (coup 3). P peut alors jouer p dans le contexte 0 et se défendre (coup 4). Le dialogue est terminé et clos : la thèse de P est valide. On notera qu'en l'absence de la règle [RS-T] la contre-attaque de P (coup 2) n'aurait pas été possible puisque O n'a pas concédé $w_0 R w_0$ et P aurait alors perdu.

On peut donner le même type de règle pour d'autres types de structures et ainsi définir une notion de validité sur une structure. Une formule φ est valide dans une structure Φ donnée si et seulement il y a une stratégie gagnante pour P étant données les règles pour Φ ([RS-T] pour une structure réflexive).

DEUXIEME PARTIE :
LOGIQUES INTENSIONNELLES DE PREMIER ORDRE

Chapitre 4 - Objets intensionnels : le problème de l'identité transmonde

La logique intensionnelle propositionnelle donne un aperçu de la façon dont on envisage le traitement de la contextualité. Les questions ayant trait à l'engagement ontologique et à l'identité supposent cependant un passage au premier ordre où les interactions entre opérateurs et quantificateurs sont à l'origine de nombreuses difficultés. Des interrogations d'ordres ontologique et métaphysique émergent : Quelles sont ces entités dont on parle lorsqu'est considérée une pluralité de mondes possibles ? De quoi le domaine du discours est-il constitué ? Est-il le même pour tous les mondes possibles ? Peut-il varier en fonction du contexte ? Les mêmes objets peuvent-ils apparaître dans différents mondes possibles ? Si oui, quel est le critère d'identité pour ces objets ? Autant de questions qui furent source de scepticisme pour des auteurs comme Quine pour qui les contextes intensionnels sont peuplés de « créatures de l'obscur »[26], lesquelles défient les lois de la logique classique comme la généralisation existentielle et la substitution des identiques.

L'échec de ces lois de la logique classique est selon Quine [1953, VIII] symptomatique de l'opacité référentielle des contextes générés par les opérateurs intensionnels, des contextes dans lesquels la quantification ne fait pas sens. Face à la difficulté, si ce n'est l'impossibilité, de définir des critères d'identité pour des objets qui apparaitraient dans différents contextes et à travers différentes propriétés, il suspecte d'essentialisme ceux qui prétendent que la quantification dans les contextes intensionnels est intelligible. Ce qu'on appelle communément le *problème de l'identité transmonde* risque de mettre en péril toute l'entreprise dans laquelle on s'est jusqu'ici engagé, ruinant toute possibilité d'utiliser la logique intensionnelle de premier ordre comme contexte d'analyse.

L'enjeu de ce chapitre est de surmonter ce scepticisme, montrer comment la quantification et la désignation peuvent faire sens dans les contextes intensionnels.[27] On va tout d'abord, suivant Kripke [1982], montrer que ce problème de l'identité transmonde est un faux problème qui repose sur une mauvaise compréhension des mondes possibles et une mauvaise interprétation des opérateurs modaux, dues notamment à une confusion entre modalités épistémique et métaphysique. Revenir sur les arguments de Kripke sera l'occasion de préciser certains concepts et la façon dont on comprend la signification des opérateurs

---

[26] Voir Quine [1956, 180] : « Intensions are creatures of darkness. »

[27] On présupposera à partir de maintenant le langage pour la logique de premier ordre tel qu'il est défini dans l'Annexe 2 et qu'on enrichira au moyen des opérateurs intensionnels.

modaux. On reprend avant cela les sources du scepticisme de Quine en lien avec les problèmes de la non-existence et de l'identité des objets intensionnels, ces objets parfois simplement possibles qui peupleraient les différents mondes d'une structure.

4.1. Non-existence et objets possibles

On a précédemment évoqué le problème des noms dépourvus de référence existante qui peuvent pourtant apparaître de façon intelligible dans les phrases déclaratives. On va revenir sur cette difficulté non seulement pour exposer la thèse descriptiviste dont on reparlera par la suite, mais aussi pour revenir sur la façon dont émerge le scepticisme de Quine autour de la question de l'identité des objets non existants ou simplement possibles.

La distinction entre le sens et la dénotation permettait à Frege [1971] d'apporter une explication à la façon dont on comprenait des énoncés contenant un nom dépourvu de référence existante. Cela n'est cependant pas suffisant pour produire une sémantique (ce qu'il n'envisageait pas). Afin de préserver les fondamentaux de sa logique extensionnelle, il proposait d'interpréter un nom comme « Pégase » en référence à une entité nulle, comme tous les noms fictionnels. Les phrases les contenant ne pouvaient jamais être vraies. Cette explication apparaît d'emblée comme *ad-hoc* et insuffisante. En effet, de quoi nie-t-on l'existence quand on dit « Pégase n'existe pas » ? D'une entité nulle ? Devrait-on *a contrario* présupposer tel Platon dans *Parménide* que Pégase soit, d'une certaine manière, pour pouvoir ensuite en nier l'existence ? S'il n'y avait pas de Pégase, que le nom « Pégase » n'avait pas de référence, de quoi dirait-on qu'il n'existe pas quand on dit « Pégase n'existe pas » ? Si rien n'était Pégase, il ne pourrait s'agir de Pégase. Russell [1905], puis Quine de façon encore plus virulente dans « On What There Is ? » [1953, I], attaquent cette conception et défendent la thèse selon laquelle lorsqu'on dit « Pégase n'existe pas », on veut dire que rien n'est Pégase, que « Pégase » n'a pas de référence.

Dans « On Denoting », Russell [1905] attaque la position meinongienne qui permet de nier aisément l'existence d'un objet tel que Pégase.[28] Dans une perspective meinongienne, où des objets non existants sont admis dans l'ontologie, il suffit pour expliquer les existentiels négatifs de considérer que « Pégase » désigne bien un objet, mais que cet objet n'existe pas. En fait, Pégase n'aurait pas la propriété d'exister. On peut quantifier sur les non-existants, leurs conditions d'individuation et d'identité étant déterminées par les principes de compréhension et de

---

[28] Certains auteurs comme Priest [2005, 105-6] prétendent que la vue que Russell critique est en fait la position de Russell [1903] lui-même, plutôt que celles de Meinong.

caractérisation.[29] Cependant, à supposer une caractérisation contradictoire, comme la « coupole ronde carrée de Berkeley College », on sera forcé d'admettre des contradictions vraies dans la mesure où un objet satisfait ces propriétés. Dès lors, par application de la règle d'*ex falso sequitur quodlibet*[30], on pourra dériver tout et n'importe quoi : la logique devient triviale. Par ailleurs, si l'on admet que l'existence est un prédicat, alors on pourra très bien caractériser un objet au moyen de l'existence. Ainsi, si l'on parle de « la montagne d'or existante », alors par application des principes de compréhension et de caractérisation, il y a un objet qui est une montagne, d'or et qui existe. De même, si Dieu est caractérisé comme nécessairement existant, alors un objet nécessairement existant doit correspondre. Dans le royaume des objets meinongiens, le principe de compréhension confère au langage et à l'intentionalité le pouvoir de produire une preuve ontologique de ce que l'on veut.

Quine [1953, I] fait quant à lui porter sa critique au niveau des conditions d'identité des objets non existants et prête ce genre de thèse à un opposant imaginaire, qu'il appelle Wyman. Pour Wyman, un nom comme « Pégase » désigne un objet qui a son être dans un possible non réalisé. Quine tourne en dérision les thèses défendues par Wyman et lui objecte l'impossibilité de donner des conditions d'identité suffisantes pour les objets simplement possibles. En effet, à supposer qu'on voie au loin le porche d'une porte : Il est possible qu'il y ait un homme sous le porche. Cet homme possible pourrait très bien être un homme chauve, ou un homme gros mais pas chauve, voire un homme gros et chauve, etc. Quel est alors cet homme possible sous le porche ? Le chauve ? Le gros ? Le gros et chauve ? Tous ? Sont-ils les mêmes, sont-ils différents ? Comment décider ? Sans même faire l'examen des réponses que son opposant imaginaire pourrait apporter, Quine voit en ces questions des raisons suffisantes pour douter de la pertinence des objets possibles. En effet, de tels objets pour lesquels on ne pourrait formuler des conditions d'identité ne peuvent être admis dans l'ontologie. On ne saurait plus de quoi on parle.

Qu'il s'agisse de Russell ou de Quine, la cible des objections aux conceptions meinongiennes, c'est le fait qu'elles engagent à admettre une référence, qu'elle soit actuelle ou simplement possible, pour tout désignateur grammaticalement correct. L'usage des noms propres ne doit pas être un critère d'engagement ontologique, bien qu'on comprenne les phrases qui contiennent des noms dépourvus de référence existante. L'explication qu'ils donnent repose sur une conception descriptiviste des noms propres grammaticaux. C'est-à-dire qu'ils considèrent que

---

[29] Voir première partie, chapitre 1, section 1.4 et quatrième partie, chapitre 15.
[30] Littéralement *du faux, on tire ce que l'on veut*. C'est-à-dire que si l'on a un schéma d'argument dont les prémisses sont contradictoires, alors quelle que soit la conclusion l'argument sera valide puisqu'on ne pourrait pas construire de contre-modèle.

les noms propres grammaticaux ne sont pas d'authentiques noms propres, mais qu'ils sont des descriptions définies abrégées. Or on peut comprendre le sens de telles descriptions définies indépendamment de la question de savoir si elles ont une référence. Les phrases grammaticalement correctes sont parfois trompeuses, on doit en révéler la structure logique. Pour ce faire, on doit notamment éliminer les noms propres au profit de descriptions définies qui expriment le sens du nom et ce, au moyen des quantificateurs de la logique de premier ordre. Un nom propre comme « Aristote » est ainsi une abréviation pour une description comme « celui qui a été le précepteur d'Alexandre » et qui a pour référence l'unique individu satisfaisant le prédicat « x a été le précepteur d'Alexandre ».

Plus formellement, on fait d'une description définie un terme singulier au moyen de l'opérateur iota « ι ». Par exemple, on utilise (ιx)(Px) pour « le précepteur d'Alexandre » et on lui attribue un prédicat A quelconque : A(ιx)(Px). Si l'on veut détailler la forme logique de cette formule, on doit éliminer la description définie au moyen d'une formule qui exprime l'unicité de l'objet qui satisfait la description :

(1) $\exists y(\forall x(Px \leftrightarrow x = y) \wedge Ay))$

La description définie donne le sens du nom, elle donne un moyen de déterminer sa référence. Ce qu'on dit c'est alors qu'il existe un unique objet qui satisfait Px et que cet objet satisfait aussi Ax. Si la description définie n'est satisfaite par aucun individu, alors la proposition est fausse. En effet, à supposer que « Px » tienne pour « x est un cheval ailé » et « Ax » pour « x est monté par Bellérophon », la formule en (1) sera fausse. Ce qui engage ontologiquement, c'est l'usage d'une expression quantifiée comme en (1) et non l'usage d'un nom propre grammatical. On peut ainsi nier l'existence sans s'engager ontologiquement, simplement en niant le fait qu'une description donnée soit satisfaite par quelque entité que ce soit. Par exemple, la véritable structure logique de « Pégase n'existe pas » est une phrase comme « il n'est pas le cas qu'il existe un (unique) individu qui est un cheval ailé ». On aura la formulation suivante :

(2) $\neg \exists y(\forall x(Px \leftrightarrow x = y))$

En fait, si une telle proposition peut être comprise, c'est parce qu'on comprend les expressions qui la constituent. Russell précise son explication en jouant sur la portée de la négation par rapport à la description définie. Si l'on n'élimine pas les termes singuliers libres, alors la négation est ambiguë. Le célèbre exemple de Russell met en jeu l'ambiguïté de portée de la négation dans « le roi de France n'est pas chauve ». Une telle phrase est en effet formalisée comme (3) :

(3) ¬B(ιxFx)

Quand on élimine la description définie, on peut soit restreindre la portée de la négation au prédicat Bx, soit l'étendre à toute la formule, comme en (4) et (5) respectivement :

(4) $\exists x(\forall y(Fy \leftrightarrow x = y) \land \neg Bx)$
(5) $\neg \exists x(\forall y(Fy \leftrightarrow x = y) \land Bx)$

La première formulation est fausse si rien n'est le Roi de France. Dans une telle formule, la description définie a une *occurrence première*, on dit de sa référence qu'elle ne satisfait pas Bx. Dans la seconde, la description définie a une *occurrence seconde* et on ne comprend la formule que par la compréhension qu'on a des expressions qui la constituent. Cette formulation est vraie, puisqu'elle est simplement la négation de $\exists x(\forall y(Fy \leftrightarrow x = y) \land Bx)$ qui est fausse. Plus généralement, les formules contenant une description définie dépourvue de référence existante mais apparaissant avec une occurrence première seront toujours fausses. Seule la négation avec portée large d'une proposition contenant un terme singulier vide peut être vraie.

Quine [1953, 8] considérera quant à lui que si l'on ne dispose pas d'une description suffisamment précise, on peut se contenter d'une description triviale telle que « celui qui *pégasise* » pour « Pégase ». Il objecte à son opposant imaginaire Wyman qu'il déduit qu'un terme singulier a une dénotation du simple fait qu'on le comprenne. L'usage des noms propres grammaticaux n'est cependant pas un critère d'engagement ontologique puisqu'ils peuvent ne pas avoir de dénotation. Ce qui engage ontologiquement, c'est l'usage de variables liées, ce qui est étant ce sur quoi on peut quantifier. De là le célèbre slogan de Quine [1953, 15] : « *To be is to be the value of a variable* ». Il n'y a selon Quine pas d'objet simplement possible puisque de tels objets ne peuvent pas être la valeur d'une variable liée. En effet, quelle serait par exemple la valeur de la variable correspondant à l'homme-possible-sous-le-porche étant donné la multiplicité de tels individus satisfaisant cette description ?

Pour qu'une entité soit admise dans le domaine du discours, on doit pouvoir quantifier sur cette entité. Ce slogan de Quine demeure cependant obscur, tout au moins tant qu'on n'a pas établi plus précisément le lien avec la question de l'identité. En effet, les objets possibles ne peuvent être la valeur d'une variable liée puisqu'on n'est pas en mesure de définir leur identité. Mais que peut-on accepter comme valeur d'une variable ? Ne peut-on formuler des conditions d'identité pour des objets comme Pégase qui seraient au moins aussi claires que celles qu'on donne habituellement pour les objets concrets ? Quelles sont les lois de l'identité auxquelles doit répondre un objet pour être la valeur d'une variable ?

4.2. Identité et objets possibles

Qu'est-ce qui peut être la valeur d'une variable liée ? En quoi les objets desquels on parle dans les contextes intensionnels ne peuvent-ils pas être utilisés comme valeur de ces variables ? Selon Quine, les termes singuliers du langage doivent satisfaire les lois de l'identité. Or, ces termes singuliers ont un comportement étrange dans les contextes intensionnels puisqu'ils ne satisfont pas les lois de l'identité et plus précisément la substitution des identiques. D'où le scepticisme de Quine à l'égard des contextes intensionnels : les conditions d'identité des objets desquels on parle ne sont pas bien définies et les processus de référence et de quantification y deviennent obscurs. Les contextes intensionnels sont en fait, selon Quine, des contextes référentiellement opaques.

Tout d'abord, se pose la question de savoir comment la référence d'un nom peut-elle être fixée. Suivant Russell, on pourrait affirmer qu'elle est fixée par description ou ostension. Mais comment de telles descriptions ou ostensions peuvent-elles suffire à fixer la référence du nom ? Dans « Identity, Ostension, and Hypostasis », Quine [1953, IV] part de la question de savoir ce qui pourrait bien assurer l'identité d'un être, à travers le temps par exemple. Tel Héraclite, doit-on affirmer qu'« on ne se baigne jamais deux fois dans le même fleuve » ? Qu'est-ce qui permettrait par exemple de fixer la référence du nom « la Seine » si chaque fois qu'on désigne le fleuve qui est censé être sa référence on désigne quelque chose de différent ? En effet, à chaque instant, ce qui satisfait la description ou qui est désigné par ostension change. Ce qu'on a sous les yeux quand on essaie de fixer la référence de « la Seine » est instable, à chaque instant ce sont des échantillons d'eau différents. Qu'est-ce donc qui permet d'établir l'identité de ce fleuve qu'on désigne par « la Seine » si c'est bien au fleuve qu'on fait référence en utilisant ce nom ?

Ce qui va permettre de fixer la référence d'un nom, ce sont les affirmations d'identité. Lors des différentes ostensions, on peut stipuler qu'on parle du même objet. On dit alors que ce qui est désigné à l'instant t_0 est le même que ce qui est désigné à l'instant t_1, à l'instant t_2, etc. En affirmant qu'on parle du même objet, on fixe la référence du terme singulier comme une entité plus large contenant les différents échantillons. C'est donc l'imputation de l'identité qui permet de fixer la référence par ostension. C'est l'affirmation de l'identité qui permet de désigner l'objet plus large, qui contient les parties momentanées. Par conséquent, si un objet ne répond pas à des conditions d'identité déterminées, on ne peut pas admettre cet objet dans l'ontologie. En effet, comment désignerait-on un objet sous différentes apparitions si cet objet ne satisfait pas les lois de l'identité ? Les entités sont généralement des réductions d'une multiplicité d'entités (parties temporelles) à une seule. Maintenant, si l'on parle de la multiplicité des parties momentanées comme des objets séparés, comme dans le cas des échantillons d'eau de la Seine, alors il n'y a pas substitution *salva veritate* (entre l'échantillon à t_0 et l'échantillon à t_1 par exemple). En revanche, si l'on parle de l'entité plus large qu'est effectivement la Seine, il doit y avoir substitution des identiques.

Ce que cela signifie, c'est que la substitution des identiques donne un critère d'identité pour les objets qu'on peut admettre dans l'ontologie. La maxime d'identification est selon Quine relative à un discours. Quand on dit « ceci est la Seine », on exprime l'association des parties concrètes en un tout concret. Par les énoncés d'identité, on désigne plusieurs objets dont on dit qu'ils sont les mêmes. Par conséquent, si l'on a des noms qui ne satisfont pas les lois de l'identité, on ne sait plus de quoi on parle. C'est ce qui mènera Quine par ailleurs [1969, 23] à poser un second slogan notoire dans la tradition analytique : « No entity without identity. »

L'échec de la substitution des identiques dans les contextes intensionnels est précisément ce qui rend de tels contextes référentiellement opaques. Elle est la principale source du scepticisme de Quine : Pour que la quantification (et l'usage des noms) fasse sens, les lois de généralisation existentielle et de substitution des identiques doivent être valides. Or, les contextes intensionnels invalident ces principes. Par conséquent, la référence dans ces contextes est obscure et la quantification n'y fait pas sens. Tel est l'argument de Quine [1953, VIII] : dans de tels contextes, on ne sait plus de quoi on parle, à moins de présupposer une certaine forme d'essentialisme. Il donne des exemples intensionnels de toutes sortes, jusqu'au célèbre exemple du nombre de planètes dans les contextes modaux et à partir duquel il dérive une conclusion paradoxale par application du principe de substitution des identiques, et ce de façon similaire aux exemples qu'on a déjà évoqués :

(6) Nécessairement, neuf est supérieur à sept.
(7) Neuf est le nombre de planètes.
(8) Nécessairement, le nombre de planètes est supérieur à sept.

Bien que « neuf » et « le nombre de planète », qui donne le sens de « neuf », désignent en fait la même chose, l'apparition de l'opérateur modal génère un contexte opaque dans lequel on ne peut plus les substituer l'un à l'autre *salva veritate*. On perd donc les lois de l'identité. On pourrait toutefois bloquer la dérivation du paradoxe en distinguant lectures *de re* et *de dicto* comme suit :

(9) $\exists x(x = $ le nombre de planètes $\land \Box\ x$ est supérieur à 7)
(10) $\Box \exists x(x = $ le nombre de planètes $\land x$ est supérieur à 7)

Si on lit la conclusion selon une lecture *de re* comme en (9), on ne dérive pas de paradoxe. En effet, on parle de l'objet qui est en fait le nombre de planète indépendamment de la façon dont on s'y réfère, c'est-à-dire indépendamment de la question de savoir ce qui satisfait la description « le nombre de planètes » dans les différents contextes. La modalité concerne la propriété attribuée à l'objet dont on parle, en l'occurrence le fait d'être supérieur à sept. Le paradoxe n'est dérivé que si l'on donne une lecture *de dicto* comme en (10) puisqu'on doit tenir compte non pas du nombre qui effectivement le nombre de planète, mais de ce qui satisfait la description dans tous les contextes. En d'autres termes, on ne dérive la conclusion paradoxale que si l'on opère la substitution dans la portée de l'opérateur intensionnel de nécessité. Dans la lecture *de re*, et hors de portée de l'opérateur de nécessité, la substitution des identiques peut s'appliquer.

Le fait qu'on doive opter pour une modalité *de re* afin d'éviter une lecture paradoxale suscite toujours plus la défiance de Quine qui va maintenant suspecter les logiques intensionnelles de reposer une forme d'essentialisme. Tout d'abord, la lecture *de re* présuppose en effet une distinction entre propriétés accidentelles et essentielles. Mais comment distinguer ces différents types de propriétés ? Peut-on reconnaître des essences ? Comment ? Ensuite, admettre une lecture *de re* supposerait une hypostase des individus dont on parle lesquels auraient une existence, un être, caché derrière les propriétés qui apparaissent. Mais quels sont ces objets « cachés » ? Si l'on n'est pas en mesure de donner une explication convenable de ces objets qui seraient donnés autrement qu'au moyen des propriétés à travers lesquelles ils apparaissent, on voit difficilement comment la lecture *de re* pourrait faire sens. Plus concrètement, la généralisation existentielle qui consiste à inférer $\exists x \Box (x > sept)$ de $\Box(neuf > sept)$ n'est pas envisageable : Quelle serait la valeur de la variable liée x si ce n'est pas l'objet qui satisfait la description « le nombre de planètes » ? Comment identifier la valeur d'une telle variable si l'on fait abstraction de toutes ses propriétés ? On dit qu'il y a un x qui est nécessairement supérieur à sept, mais quel sera le nombre en question si ce n'est pas le nombre de planète ? Le nombre en question doit dépendre de la façon de s'y référer. Si l'on n'y fait plus référence comme étant le nombre de planète, qu'est-il ?[31] De même, s'il est possible qu'Aristote ne soit pas le précepteur d'Alexandre, quel serait l'individu qui possiblement n'est pas le précepteur d'Alexandre ? C'est là une raison pour Quine de considérer que la quantification *de re* ne fait pas sens.[32]

---

[31] Voir Quine [1953, 148] : « In a word, to be necessarily greater than 7 is not a trait of a number, but depends on the manner of referring to the number. »
[32] Voir Quine [1953, 148] : « In a word, we cannot in general properly quantify into referentially opaque contexts. »

On ne peut pas inférer correctement $\exists x \Box Ax$ de $\Box Ak_1$ puisqu'un objet est donné par les propriétés à travers lesquelles il apparaît. Si ses propriétés changent, de quel objet parlerait-on ? A moins de supposer l'identification d'une essence ou quelque hypostase mystérieuse, la quantification dans les contextes intensionnels ne fait pas sens. De même, n'ayant pas de critère d'identité clair et précis pour les objets simplement possibles, on ne peut pas appliquer la généralisation existentielle à nos hommes possibles sous le porche qui rechignent à obéir aux lois de l'identité. De quel homme possible parlerait-on ? Combien y en aurait-il ? On notera par ailleurs que la lecture *de dicto* est acceptable. On va cependant retrouver les conclusions paradoxales qu'on avait précédemment dérivées.

L'opacité référentielle dépend en partie de l'ontologie acceptée, c'est-à-dire des objets admis comme possibles objets de référence. Dans le cas de la planète Vénus, qui a trois noms, on devrait en fait dans les contextes référentiellement opaques considérer qu'il y a trois objets (peut-être trois concepts). La lecture *de re* supposerait de quantifier sur des objets intensionnels, objets à l'égard desquels Quine émet de sérieux doutes. Le seul moyen de faire sens de cette quantification, c'est un essentialisme. Si l'on refuse l'essentialisme, la seule modalité acceptable est une modalité qui porte sur la proposition et sur la façon dont on décrit le monde, une modalité *de dicto*. Mais dans ce cas, la nécessité et la possibilité sont des notions redondantes avec celles de validité et de satisfiabilité. La modalité ne servirait donc à rien.

4.3. Théories de la référence directe[33]

Le scepticisme de Quine est fondé sur l'opacité référentielle des contextes intensionnels qui se manifeste au niveau de l'échec de la généralisation existentielle et de la substitution des identiques. En l'absence de critère d'identification suffisant pour les objets dont on parle, le discours modal ne fait pas sens. Cette difficulté renvoie à ce qu'on appelle généralement le problème de l'identification transmonde : si les propriétés au moyen desquelles on identifie un individu peuvent varier, alors comment peut-on identifier des individus qui apparaissent dans différents mondes comme étant *les mêmes* ? En effet, si l'on peut affirmer que « Aristote aurait pu ne pas être le précepteur d'Alexandre » est vraie, c'est parce qu'on peut montrer un monde possible dans lequel Aristote n'a pas été précepteur d'Alexandre. Cependant, si l'on identifie Aristote comme étant celui qui a été précepteur d'Alexandre, comment va-t-on identifier cet individu dans un monde où il n'est plus le précepteur d'Alexandre ?

Ravivant la conception millienne selon laquelle les noms propres n'ont pas de sens, seulement une dénotation, Kripke [1982] critique la posture de Quine en récusant

---

[33] Cette expression regroupe sous cette dénomination les théories de Barcan puis de Kripke.

la prétendue synonymie entre noms propres et descriptions définies. Il défend la thèse selon laquelle les noms propres sont des désignateurs rigides, c'est-à-dire qu'ils désignent le même individu dans tous les mondes et dissout ainsi le problème de l'identification transmonde. Par contraste, la dénotation d'une description définie est fonction du contexte d'usage et est déterminée par la propriété identifiante pertinente. Selon Kripke, la tendance à exiger des critères d'identification pour l'usage des noms propres dans les contextes intensionnels relève d'une confusion entre les modalités métaphysique et épistémique d'une part, une mauvaise conception des mondes possibles d'autre part.

Tout d'abord, la prétendue ambiguïté de lecture des formules modales contenant un terme singulier libre n'est pas liée à une ambiguïté de portée de l'opérateur, mais plutôt à une ambiguïté de modalité. Quand on dit « sous certaines circonstances, Aristote n'aurait pas été le précepteur d'Alexandre », il s'agit d'une modalité métaphysique. C'est-à-dire qu'on parle des propriétés de l'individu Aristote tel qu'on le désigne par le nom « Aristote » au monde actuel. Demander comment on en viendrait à identifier la dénotation du nom « Aristote » dans un tel monde supposerait une modalité épistémique. Ne pas distinguer ces modalités revient à faire la confusion entre les notions de *nécessaire* et d'*a priori*. *A priori* est une notion relative à la façon dont on reconnaît la vérité d'un énoncé. On reconnaît la vérité d'un énoncé *a priori* si cela peut être fait indépendamment de l'expérience. *A priori* est donc une notion épistémique. Ce qui est *nécessaire* est en revanche ce qui est toujours vrai, vrai dans tous les mondes possibles et ce, indépendamment de la façon dont on identifierait cette vérité. La nécessité est une notion métaphysique. Les deux notions ne sont donc pas équivalentes. On verra par la suite que Kripke illustre cette distinction avec des exemples d'énoncés qui sont *a priori* contingents et d'autres qui sont *a posteriori* nécessaires.

Parallèlement à la confusion des modalités, l'exigence de critères d'identification transmonde relève selon Kripke [1982, 29] de « la conception d'un homme aux intuitions perverties ». Dans cette mauvaise conception, un platonisme modal, on considère les mondes possibles comme des mondes qui existeraient indépendamment du nôtre, des mondes étrangers qu'on devrait « observer à l'aide de puissants télescopes », ironise Kripke [1982, 32]. En effet, ne disposant pas de ce « puissants télescopes », si les mondes possibles étaient tels, on ne pourrait pas les connaître. Contre cette vue, Kripke explique que les mondes possibles sont simplement des descriptions contrefactuelles de ce que le monde aurait pu être. Et ces mondes possibles ne sont pas découverts, ils sont stipulés. En effet, pour qu'un énoncé tel que « sous certaines circonstances, Aristote n'aurait pas été le précepteur d'Alexandre » soit vrai, on ne doit pas chercher un monde dans lequel on devrait identifier la dénotation d'« Aristote » et montrer qu'elle n'est pas précepteur d'Alexandre, mais plutôt décrire une situation cohérente dans laquelle Aristote lui-même n'est pas précepteur d'Alexandre. Quand on conçoit un monde dans lequel c'est Philippe qui a été précepteur de son fils, on conçoit un monde possible dans lequel Aristote n'est pas précepteur d'Alexandre.

Maintenant, si les mondes possibles sont stipulés, alors un énoncé comme « Aristote aurait pu ne pas avoir été le précepteur d'Aristote » porte sur Aristote (le même individu qu'au monde actuel) par stipulation. Le fait qu'un tel monde contienne Aristote est une donnée et ce, quelle que soit la façon dont on décrirait Aristote. On n'a donc pas à identifier l'individu nommé « Aristote » dans ce monde. On sait à quoi on fait référence par « Aristote » au monde actuel et c'est autour de cet individu qu'on décrit une situation possible. Et Kripke [1982, 41] de remettre les choses dans le bon ordre : « Nous ne commençons donc pas avec les mondes possibles [...] pour, ensuite, nous enquérir des critères d'identification à travers les mondes ; au contraire, nous commençons avec les objets, que nous *avons* et que nous pouvons identifier dans le monde réel. » Dit autrement, on dispose d'abord d'un ensemble d'individus desquels on parle et on décrit ensuite des mondes autour des ces individus. De tels mondes contiennent ces mêmes individus par stipulation.

Ayant clairement distingué les modalités et défini ce qu'est un monde possible, Kripke est alors en mesure de défendre une interprétation rigide des noms propres. Si le nom désigne rigidement le même individu, c'est parce qu'il est utilisé pour désigner directement un individu autour duquel on peut être amené à décrire des situations possibles. La désignation est rigide car le nom propre renvoie directement au référent indépendamment de quelque critère d'identification qualitatif que ce soit et indépendamment des mondes possibles. « Ceux qui considèrent que la notion de désignateur rigide présuppose celle de « critère d'identification à travers les mondes » mettent la charrue avant les bœufs : c'est parce que nous parlons de *lui* [Aristote] et de ce qui aurait pu lui arriver à *lui*, que les « identifications à travers les mondes » ne posent pas de problèmes », conclut Kripke [1982, 37], qui dissout le problème de l'identification transmonde. C'est parce que les mondes possibles sont stipulés qu'on peut, *de jure*, utiliser les noms propres de façon rigide et qu'on n'a pas besoin de reconnaître des essences.

C'est dans ce contexte que Kripke pose son célèbre argument modal qui récuse la synonymie entre nom propre et description définie. Les noms propres sont des désignateurs rigides, les descriptions définies sont des désignateurs non rigides puisque leur dénotation est déterminée par une propriété identifiante. Cette distinction sémantique est justifiée par Kripke [1982, 36] dans un test intuitif auquel il attache beaucoup d'importance : « bien qu'il eût été possible que quelqu'un d'autre que celui qui est en fait le président des Etats-Unis en 1970 (par exemple, Humphrey aurait pu l'être), personne d'autre que Nixon n'aurait pu être Nixon ». Dans les contextes intensionnels, on ne peut donc pas substituer « Nixon » à « le Président des Etats-Unis en 1970 » *salva veritate*. En effet, si l'on substitue « le Président des Etats-Unis » à « Nixon » dans la phrase (11), on obtient une contradiction comme en (12) :

(11) Sous certaines circonstances, Nixon n'aurait pas été Président des Etats-Unis en 1970.

(12) Sous certaines circonstances, le Président des Etats-Unis en 1970 n'aurait pas été le Président des Etats-Unis en 1970.

Le problème de l'identification transmonde est donc fondamentalement lié à une confusion des modalités et au platonisme modal qui empêchent de saisir correctement l'usage des noms propres. En fait, la confusion des modalités est elle-même liée à une confusion entre le fait de fixer la référence d'un nom au moyen d'une description et le fait d'en donner le sens par la même description. Si l'on peut effectivement baptiser un objet au moyen d'une description définie, cette description ne donne plus par la suite le sens du nom. Par ailleurs, si l'on veut reconnaître la référence du nom dans tous les mondes possibles par la description qui a servi lors du baptême, c'est parce que l'on confond la nécessité et l'*a priori*. En effet, la vérité des énoncés qui servent à fixer la référence d'un nom par description est connue *a priori*, bien que cette description puisse contenir des propriétés contingentes de l'objet qu'on baptise. Selon Kripke [1982, 46], « Frege doit être blâmé pour avoir utilisé le mot « sens » dans deux sens. Le sens d'un désignateur, pour lui, c'est sa signification, mais c'est aussi la façon dont sa référence est fixée ». On peut fixer le sens d'un nom au moyen d'une propriété accidentelle, cette façon dont la référence est fixée ne donnant plus la référence du nom par la suite.

De tels énoncés par lesquels on fixe la référence d'un nom de façon descriptive sont en fait généralement ce que Kripke appelle des *a priori* contingents. Il donne à ce sujet l'exemple « le mètre-étalon mesure un mètre ». Le mètre étalon - la barre qui a servi pour fixer la référence de l'unité de mesure métrique - est ce qui a fixé la référence de « mètre ». Lors du baptême, on savait donc *a priori* que l'étalon mesurerait un mètre. On n'avait pas besoin de recherche empirique pour découvrir la vérité de cet énoncé puisqu'une telle vérité était établie par stipulation. En revanche, la barre qui a servi d'étalon n'est pas nécessairement de la même taille dans tous les mondes possibles. Dans un autre monde, la température pourrait être telle que cette barre ce serait dilatée. C'est que la référence de « mètre » étant fixée, la barre qui sert d'étalon ne donne plus la référence du mot « mètre ». « Mètre » devient un désignateur rigide pour cette longueur en tant que telle dans tous les mondes possibles et ce, quelle que soit la longueur de la barre qui a initialement servi d'étalon dans ces mondes. Bien que l'on sache *a priori*, par stipulation, que « le mètre-étalon mesure un mètre » est vraie, c'est une propriété contingente du mètre-étalon que de mesurer un mètre. Si l'on croit que parce que l'on connaît *a priori* la vérité de « le mètre étalon mesure un mètre » on peut en déduire sa nécessité, c'est parce que l'on confond le fait de fixer la référence et donner le sens du nom.

Kripke donnera d'autres arguments pour expliquer qu'aucune considération descriptive n'entre dans l'usage des noms propres. Leur référence peut être fixée, lors d'un baptême, au moyen d'une description, mais ensuite l'usage du nom ne dépend pas de cette description. Le nom ne peut même pas être associé à une description pour être utilisé pour la simple raison que « nous utilisons un nom sur la base d'un nombre considérable d'informations erronées », argumente Kripke [1982, 72]. En effet, si l'on demandait aux membres de notre communauté linguistique qui est Einstein, ils répondraient quelque chose comme « le père de la théorie de la relativité ». Mais si on leur demandait qu'est-ce que la théorie de la relativité, ils répondraient sûrement « la théorie fondée par Einstein ». L'explication deviendrait circulaire. Il n'en demeure pas moins qu'ils peuvent être des usagers compétents de ce nom, s'ils ont effectivement l'intention de désigner Einstein quand ils utilisent ce nom. Si l'on devait associer au nom une description, de nombreux noms seraient tout simplement inutilisables.

Ce qui fait que l'on sait utiliser un nom propre peut être expliqué en invoquant une chaîne de transmission de la référence. Ce n'est pas grâce à quelque faisceau de description singularisant que l'on se trouve en mesure d'utiliser un nom propre ou de faire référence à quelqu'un en particulier. Si l'on sait utiliser les noms propres, c'est « grâce à notre interaction avec la communauté, interaction en vertu de laquelle nous sommes reliés au référent lui-même »[34]. Il y aurait en fait une chaîne causale de transmission de la référence. J'ai entendu parler de quelqu'un et, ayant l'intention d'utiliser ce nom comme il m'a été appris, je conserve la référence. Mon intention est affectée par la personne de qui je tire la référence, et je n'ai plus besoin de me souvenir de cette personne, seulement de garder cette intention d'utiliser le nom avec la même référence. Il y a donc une chaîne, où chaque maillon a l'intention de se servir du nom propre avec la même référence que la personne de qui il la tire. Il y a donc une chaîne effective qui, *in fine*, relie les usagers à la référence dans un baptême initial.

On retiendra donc ici la distinction essentielle entre les modalités d'une part et celle entre désignateurs rigides et non rigides d'autre part. Une formule du type $\Diamond Pk$ n'est pas susceptible d'ambiguïtés de lectures puisque « Aristote » ne signifie rien d'autre que la référence qu'il dénote. Une fois ces notions éclaircies, le problème de l'identification transmonde, source du scepticisme de Quine, est dissout. La quantification dans les contextes intensionnels fait de nouveau sens. D'autres conséquences problématiques émergent cependant, qui plus est si l'on

---

[34] Voir Kripke [1982, 82].

cherche à faire le lien avec l'intentionalité. Avant de revenir sur ces difficultés, on va définir précisément la sémantique pour une telle approche de la logique intensionnelle. On l'appellera logique intensionnelle de premier-ordre avec domaine constant et désignateurs rigides.

Chapitre 5 - Structures à domaine constant

Dans ce chapitre, on va définir une sémantique pour la logique intensionnelle de premier ordre dans laquelle les constantes individuelles sont interprétées rigidement. Le domaine de la structure sera constant, c'est-à-dire qu'il est le même pour tous les mondes possibles. On commence sans l'identité qu'on introduira dans la section 5.2. On donnera également les règles pour les dialogues dans des structures à domaine constant.

5.1. Sémantique

La syntaxe est définie sur base du langage pour la logique de premier ordre[35] auquel on ajoute les opérateurs comme cela a été défini dans le chapitre 3. La sémantique est définie sur une structure S = <W,R,D>, où W et R sont comme dans la logique intensionnelle propositionnelle et où D est un domaine, le même pour tous les mondes possibles. On dit que le domaine est constant :

[DOMAINE CONSTANT] On dit que le domaine de la structure <W,R,D> est *constant* si D est un ensemble non vide, appelé domaine de la structure, sur lequel portent les quantificateurs quel que soit le monde.

On définit un modèle en ajoutant une interprétation à la structure. Un modèle M est donc un quadruplet <W,R,D,I> où I est définie comme suit :

[INTERPRETATION] Une fonction I d'interprétation satisfait les clauses suivantes :

- Si t est un terme singulier, l'interprétation $\|t\|_{M,g}$ de t dans le modèle M est :
  Si t est une constante, $\|t\|_{M,g} = I(t)$ - et $I(t) \in D$.
  Si t est une variable, $\|t\|_{M,g} = g(t)$ - et $g(t) \in D$.[36]
- Si P est un prédicat n-aire de L, alors $I_w(P) \subseteq D^n$.

On définit maintenant la sémantique sur un modèle M :

(i) $M,w \vDash Pt_1\ldots t_n$ Ssi. $<\|t_1\|_{M,g}, \ldots, \|t_n\|_{M,g}> \in I_w(P)$.

---

[35] Voir Annexe 2.
[36] La fonction d'assignation est ici la même que celle définie en annexe 2 (A2.2).

(ii)   M,w ⊨ ∃xφ Ssi. M,w, $g_{[x/d]}$ ⊨ φ pour au moins un d ∈ D.

(iii)   M,w ⊨ ∀xφ Ssi. M,w, $g_{[x/d]}$ ⊨ φ pour tout d ∈ D.

(iv)   M,w ⊨ □φ Ssi. M,w' ⊨ φ pour tout w' tel que wRw'.

(v)   M,w ⊨ ◊φ Ssi. M,w' ⊨ φ pour au moins un w' tel que wRw'.

Les clauses pour les autres connecteurs sont définies comme en logique propositionnelle.

5.2. Identité

L'identité peut être comprise de deux façons. L'identité qualitative tout d'abord concerne l'identité ou l'équivalence de propriétés. On dit que deux objets sont *les mêmes* qualitativement en ce sens qu'ils ont les mêmes propriétés. On aurait par exemple dit à la sortie de l'usine Piquette en 1908 au sujet de la Ford T que toutes les voitures qui sortaient de la chaîne de montage étaient *les mêmes*, qu'elles ne pouvaient pas être distinguées relativement à un certain ensemble de propriétés. L'identité qualitative n'implique pas l'identité quantitative (ou numérique), qui est la relation que tout objet entretient à lui-même. Dire de deux Ford T qu'elles sont quantitativement identiques, ce serait dire qu'il n'y en a qu'une seule. Les Ford T qui sortent de l'usine sont qualitativement les mêmes, mais ne sont quantitativement pas les mêmes. Dans ce qui suit, on parlera d'*identité quantitative*, à moins qu'on ne précise le contraire.

Plus formellement, une identité peut être considérée comme la plus petite relation d'équivalence, une relation d'équivalence étant définie comme suit :

[RELATION D'ÉQUIVALENCE] Une relation ~ sur un ensemble d'objets Δ est une relation d'équivalence si et seulement si pour tout x, y, z ∈ Δ :

(i)   x ~ x (réflexivité)
(ii)   Si x ~ y, alors y ~ x (symétrie)
(iii)   Si x ~ y et y ~ z, alors x ~ z (transitivité)

Une relation d'équivalence caractérise un sous-ensemble d'objets qui sont indiscernables relativement à certaines propriétés. On parle alors de classe d'équivalence. Chacune des Ford T de l'exemple précédent partagent une même classe d'équivalence, elles sont indiscernables relativement à nombre de leurs propriétés. Précisant toujours plus les propriétés, on ne trouverait au final plus qu'un seul objet, ce qui définira l'identité numérique comme suit :

[IDENTITE] L'identité est la plus petite classe d'équivalence (un singleton).

Etant un cas particulier de la relation d'équivalence, l'identité satisfait les mêmes propriétés (réflexivité, symétrie et transitivité). L'interprétation du symbole d'identité étant l'ensemble $\{<d,d> : d \in D\}$, on peut ajouter la clause suivante pour l'identité entre deux termes singuliers à la sémantique :

- $M, w \vDash t_1 = t_2$ Ssi. $\|t_1\|_{M,g} = \|t_2\|_{M,g}$

Les paradoxes de l'identité qu'on a discutés précédemment sont fondés sur une telle compréhension de l'identité et sur les lois de la logique comme la loi de l'indiscernabilité des identiques :

(II) $x = y \rightarrow (Px \leftrightarrow Py)$ Indiscernabilité des identiques

C'est la violation de ces principes par les noms propres dans les contextes intensionnels qui était, comme on l'a vu, l'une des sources du scepticisme de Quine. Mais dès lors qu'on contextualise les propriétés, on ne peut plus dériver de tel paradoxe. Du reste, étant donnée la rigidité, il n'y a pas de problème à la substitution de noms coréférentiels dans les contextes intensionnels puisque l'identité devient nécessaire. En effet, une conséquence remarquable des thèses de Kripke, c'est que k_1 et k_2 étant deux désignateurs rigides, on pourra inférer $\Box k_1 = k_2$ de $k_1 = k_2$. Les schémas suivants sont valides :

(NI) $\vDash a = b \rightarrow \Box a = b$ Nécessité de l'identité

(SI) $((a = b) \wedge \Box Pa) \vDash \Box Pb$ Substitution des identiques

On notera que si l'on interprète rigidement les constantes individuelles, alors la généralisation existentielle ($Ak_1 \vDash \exists x Ax$) est également valide dans les contextes intensionnels ($\Box Ak_1 \vDash \exists x \Box Ax$). On rappelle que la modalité doit ici s'entendre en un sens métaphysique et que l'identité est donc tout simplement à comprendre comme une identité d'objet et non une relation entre des noms. On ne peut certes substituer « Hesperus » à « Phosphorus » dans la phrase « les Babyloniens savent que Phosphorus est Phosphorus », mais c'est parce qu'on ne s'intéresserait pas dans ce cas à une modalité métaphysique. Le fait que « Hesperus est Phosphorus » ait une portée empirique n'affecte pas la nécessité métaphysique qu'est l'identité de Vénus à elle-même.

5.4. Dialogique intensionnelle de premier ordre

La dialogique intensionnelle de premier ordre pour laquelle on donne maintenant les règles est fondée sur les mêmes présuppositions que la sémantique, à savoir celle d'un domaine constant et d'une interprétation rigide des constantes individuelles. Outre l'identité, il suffit en fait de combiner les règles pour la logique dialogique de premier ordre[37] et celles pour les opérateurs modaux[38]. On commence par introduire les règles pour l'identité au premier ordre.

5.4.1. Identité dans les dialogues non modaux

L'identité est la relation que tout objet entretient à lui-même. Si l'on fait cette présupposition, bien qu'une formule telle que $k_i = k_i$ soit atomique, on devrait l'admettre sans justification supplémentaire dans un dialogue. Autrement dit, la règle formelle s'applique pour toutes les formules atomiques à l'exclusion des identités réflexives.

[R= A] $k_i = k_i$ est une formule atomique qui ne peut pas être attaquée et n'a pas besoin de justification, c'est-à-dire que le proposant peut l'énoncer sans qu'elle ait été concédée auparavant par l'opposant.

Si l'on préfère préserver l'intégrité de la règle formelle, on peut introduire l'identité sous forme d'axiome, concédé par l'opposant en début de chaque dialogue. Dans ce cas, on utilise la règle suivante au lieu de [R=A] :

[R= B] Au début de chaque dialogue, l'opposant concède $\forall x(x = x)$, qui peut ensuite être attaquée par l'application des règles pertinentes pour $\forall$.

Le problème se pose si l'on veut prouver $k_1 = k_1$. On peut alors introduire la règle sous une autre forme, c'est-à-dire en utilisant le *turnstile* :

[R= C] Toute thèse du proposant est de la forme $\forall x \; x = x \vdash \varphi$, qui s'attaque en concédant les prémisses.

5.4.2. Substitution dans les dialogues non modaux

La règle de substitution est ici implémentée comme une règle de particule, c'est-à-dire qu'on peut attaquer certains énoncés d'identité et ce comme suit :

---

[37] Voir Annexe 2.
[38] Voir chapitre 3, section 3.3.

CHAPITRE 5 - STRUCTURES A DOMAINE CONSTANT   65

Assertion	Attaque	Défense
X - ! - $k_i = k_j$		
-		
X - ! – $\varphi[k_i]$	Y - ? – k_i/k_j [1…n]	X - ! – $\varphi[k_j]$

L'attaque est de la forme k_j/k_i [1…n] où l'attaquant demande au défenseur de remplacer k_j par k_i aux occurrences 1…n.

A titre d'illustration, on peut prouver la symétrie ($\forall x \forall y(x = y \rightarrow y = x)$) et la transitivité de l'identité ($\forall x \forall y \forall z((x = y \land y = z) \rightarrow x = z)$), respectivement :

	O			P	
Σ	$\forall x(x = x)$			$\forall x \forall y(x = y \rightarrow y = x)$	0
1	$?k_1$	0		$\forall y(k_1 = y \rightarrow y = k_1)$	2
3	$?k_2$	2		$k_1 = k_2 \rightarrow k_2 = k_1$	4
5	$k_1 = k_2$	4		$k_2 = k_1$	10
7	$k_2 = k_2$		Σ	$?k_2$	6
9	$k_2 = k_1$		7-5	$?k_2\backslash k_1$ [2]	8

Explication : Au coup 6, P attaque la concession initiale de O. Au coup 8, P demande à O de substituer la seconde occurrence de k_2 par k_1 en attaquant les identités concédées en 5 et 7. O est alors contraint de concéder $k_2 = k_2$, que P utilise pour répondre à l'attaque 5 en 10. P gagne, la symétrie de l'identité est valide.

	O			P	
Σ	$\forall x(x = x)$			$\forall x \forall y \forall z((x = y \land y = z) \rightarrow x = z)$	0

1	?k_1	0		$\forall y \forall z((k_1 = y \land y = z) \to k_1 = z)$	2
3	?k_2	2		$\forall z((k_1 = k_2 \land k_2 = z) \to k_1 = z)$	4
5	?k_3	4		$((k_1 = k_2 \land k_2 = k_3) \to k_1 = k_3$	6
7	$k_1 = k_2 \land k_2 = k_3$	6		$k_1 = k_3$	14
9	$k_1 = k_2$		7	?$\land_1$	8
11	$k_2 = k_3$		7	?$\land_2$	10
13	$k_1 = k_3$		9-11	?$k_2 \backslash k_3$	12

Explication : Au coup 12, P demande à O de substituer k_2 par k_3 en attaquant les identités concédées aux coups 9 et 11. O est forcé de se défendre en affirmant $k_1 = k_3$, dont P se sert pour répondre, au coup 14, à l'attaque 7. P gagne, la transitivité de l'identité est valide.

5.4.3. Dialogique intensionnelle de premier ordre avec identité nécessaire

Maintenant, à la réflexivité, la symétrie et la transitivité, s'ajoute la nécessité aux caractéristiques de l'identité. En fait, l'implémentation de l'identité est assez directe, il suffit d'autoriser l'utilisation de la règle de substitution pour attaquer une identité qui a été concédée dans un autre contexte. Autrement dit, toute identité concédée dans un contexte w_i est concédée pour n'importe quel contexte w_j.

On donne tout d'abord un exemple de dialogue, qui montre que la formule de Barcan - $\Diamond \exists xAx \to \exists x \Diamond Ax$ - est valide. On reviendra par la suite sur l'importance d'une telle formule dont la validité permet justement de caractériser une structure à domaine décroissant. Pour l'instant, il s'agit juste d'illustrer comment se combinent les règles pertinentes pour produire une logique dialogique intensionnelle de premier ordre :

		O			P		
					$\Diamond \exists xAx \to \exists x \Diamond Ax$	0	0
0	1	$\Diamond \exists xAx$	0		$\exists x \Diamond Ax$	2	0
0	3	?$\exists$	2		$\Diamond Ak_1$	8	0

1	5	$\exists x Ax$	1	$?\Diamond$	4	0
1	7	Ak_1	5	$?\exists$	6	1
0	9	$?\Diamond$	8	Ak_1	10	1

Explication : Au coup 3, O attaque l'existentielle jouée par P (coup 2). P pourrait répondre immédiatement, mais ce ne serait stratégiquement pas un bon choix. C'est pourquoi il contre-attaque la concession de O (coup 4). Il va ainsi progressivement forcer O à choisir en premier un contexte (coup 5) et un individu (coup 7) de façon à se servir de ses concessions pour se défendre de façon optimale. Ensuite seulement il répond à l'attaque (coup 8) jusqu'à affirmer Ak_1 dans le contexte w_1. Le dialogue est terminé et clos, P gagne.

Pour implémenter l'identité, on se trouve face aux mêmes choix que pour le premier ordre. On donne ci-dessous leurs alternatives, respectivement :

[R=$_M$A] $k_i = k_i$ est une formule atomique qui ne peut pas être attaquée et n'a pas besoin de justification, c'est-à-dire que le proposant peut l'énoncer sans qu'elle ait été concédée auparavant par l'opposant et ce quel que soit le contexte.

[R=$_M$ B] Au début de chaque contexte w_i du dialogue, l'opposant concède $\forall x(x = x)$ dans w_i, cette concession pouvant ensuite être attaquée par l'application des règles pertinentes pour $\forall$.

On donne maintenant la règle de substitution qui traduit l'idée qu'une identité est nécessaire et qu'elle est concédée pour tous les contextes[39] :

Assertion	Attaque	Défense
X - ! - $k_i = k_j$ - w_i		
-		
X - ! – $\varphi[k_i]$ - w_j	Y - ? – k_i/k_j [1…n] - w_j	X - ! – $\varphi[k_j]$ - w_j

---

[39] Si l'on voulait produire une logique dialogique avec identité contingente, et ainsi traduire l'idée que les noms propres ne sont pas rigides (comme on le verra par la suite), alors on n'autoriserait la substitution que dans les contextes où l'identité a elle-même été concédée. Autrement dit, on ne pourrait demander la substitution de k_j à k_i dans un contexte w_1 si l'identité de k_i et k_j n'a pas été concédée à w_1 ou simplement dans un contexte w_2 différent de w_1.

Etant donnée cette règle de substitution, on peut prouver la validité du principe de la nécessité des identités ($k_1 = k_2 \rightarrow \Box\, k_1 = k_2$) - ce qui est direct - mais aussi de la substitution des identique comme suit :

		O			P		
					$(k_1 = k_2 \land \Box Pk_1) \rightarrow \Box Pk_2$	0	0
0	1	$k_1 = k_2 \land \Box Pk_1$	0		$\Box Pk_2$	2	0
0	3	$?w_1$	2		Pk_2	12	1
0	5	$k_1 = k_2$	1		$?\land_1$	4	0
0	7	$\Box Pk_1$	1		$?\land_2$	6	0
1	9	Pk_1	7		$?w_1$	8	0
1	11	Pk_2	9-5		$?k_1\backslash k_2$	10	1

Explication : O a concédé l'identité entre k_1 et k_2 (coup 5). Etant donné que l'identité entre des termes singuliers est nécessaire, on admet qu'il la concède pour tous les contextes accessibles. Ainsi, ayant concédé Pk_1 au contexte w_1 (coup 9), P peut attaquer en lui demandant de substituer k_1 à k_2 (coup 10), même si l'identité n'a pas été concédée dans ce contexte. O est forcé de concéder Pk_2 à w_1 (coup 11), ce qui permet à P de jouer le coup 12 et de gagner. La substitution des identiques est valide.

Dans cette conception de la logique intensionnelle de premier-ordre, d'autres principes sont valides. Tel est notamment le cas de la généralisation existentielle qui est rendue possible par la rigidité des constantes individuelles. En effet, si l'on a $\Box Pk_1$ et que k_1 est un désignateur rigide, on peut inférer qu'il y a un individu qui satisfait Px dans tous les mondes accessibles, autrement dit $\exists x \Box Px$. Il en est de même pour la formule de Barcan qu'on a donnée en exemple ou sa converse ($\exists x \Diamond Px \rightarrow \Diamond \exists x Px$).

Dans cette approche de la logique intensionnelle, on a ainsi un seul domaine pour toute la structure et tous les objets existants existent nécessairement. Cette présupposition est très forte est limite considérablement la portée de cette approche. En effet, un attrait de la logique intensionnelle de premier-ordre devrait être de discuter la contingence de l'existence. Cette limite est d'autant plus contraignante si l'on s'intéresse aux opérateurs intentionnels autres que la modalité métaphysique, malgré la distinction des modalités de Kripke. L'usage des noms propres dans les contextes intensionnels et la quantification *de re* font maintenant sens et échappent au scepticisme de Quine, mais à quel prix ? Bien que facile à manipuler techniquement, cette logique intensionnelle présente des complications dès lors qu'on cherche à la mettre en lien avec la réflexion philosophique.

Chapitre 6 - Logiques libres d'engagement ontologique

Les structures avec domaines constants sont techniquement simples à manipuler, mais elles ne permettent pas d'approfondir les questions d'ordre philosophique qu'on s'est proposé d'aborder ici. Un des enjeux des logiques intensionnelles de premier ordre est de pouvoir exprimer des choses ayant trait à la contingence de l'existence, à savoir que certaines choses qui existent pourraient ne pas exister ou inversement que certaines choses qui n'existent pas pourraient avoir existé. Bien que Napoléon ait existé, il aurait pu ne pas exister. En fait, on devrait définir une structure à domaines variables, c'est-à-dire dans laquelle chaque monde possible w se voit attribuer son propre domaine D_w, le domaine de ce qui existe à w. Si de telles structures sont philosophiquement attrayantes, elles n'en demeurent pas moins techniquement plus compliquées à manipuler. On va voir dans ce qui suit que les logiques intensionnelles gagneraient à ne pas être fondées sur la logique classique, mais sur des logiques libres. Développant ces logiques libres dans le contexte de la logique dialogique, on montrera comment l'engagement ontologique peut être saisi de façon dynamique, en termes de choix effectués au cours d'un dialogue.

6.1. Domaines variables

On définit de nouveau une structure comme un triplet $<W,R,D>$, mais où chaque monde w se voit attribuer un domaine D_w tel que $D_w \subseteq D$. Les domaines variables peuvent être caractérisés de trois façons :

[DOMAINE GLOBALEMENT VARIABLE] On dit que le domaine de la structure $<W,R,D>$ est *globalement variable* si D est un ensemble non vide, tel que pour tout w,w' $\in$ W, il n'est pas toujours le cas que $D_w = D_{w'}$.

[DOMAINE CROISSANT] On dit que le domaine de la structure $<W,R,D>$ est *croissant* si D est un ensemble non vide, tel que pour tout w,w' $\in$ W tels que wRw' : $D_w \subseteq D_{w'}$.

[DOMAINE DECROISSANT] On dit que le domaine de la structure $<W,R,D>$ est *décroissant* si D est un ensemble non vide, tel que pour tout w,w' $\in$ W tels que wRw' : $D_{w'} \subseteq D_w$.

On verra par la suite que les différences entre ces domaines peuvent être exprimées au moyen des formules de Barcan et de leur converse :

(1) *Formules de Barcan* : $\forall x \Box Ax \rightarrow \Box \forall x Ax$ / $\Diamond \exists x Ax \rightarrow \exists x \Diamond Ax$

(2) *Converses des formules de Barcan* : $\Box \forall x Ax \rightarrow \forall x \Box Ax$ / $\exists x \Diamond Ax \rightarrow \Diamond \exists x Ax$

Intuitivement les formules de (1) disent que tout ce qui existe dans les mondes w_j accessibles depuis w_i existe à w_i. Elle peuvent donc caractériser les structures à domaines décroissants puisque le domaine d'un monde accessible est toujours un sous-ensemble du domaine duquel on part. Inversement, les formules de (2) disent que tout ce qui existe, existe dans tous les mondes accessibles. On peut donc caractériser une structure à domaine croissant au moyen de ces formules puisqu'elles ne sont valides que si le domaine est au moins croissant (si ce n'est constant). Les structures à domaine globalement variable invalident les deux.

De même, l'instanciation universelle ($\forall x Px \vDash Pk_1$), classiquement valide, ne l'est plus dans une structure à domaine variable. En effet, $\forall x Px$ peut très bien être vraie dans un monde sans que Pk_1 le soit puisque k_1 pourrait ne pas exister dans les mondes où $\forall x Px$ est vraie. Une question se pose cependant : comment va-t-on interpréter des formules comme Pk_1 ou $k_1 = k_1$ dans les mondes où k_1 n'existe pas ? On trouve différentes réponses à ces questions parmi les *logiques libres*, des logiques qui ne font pas la présupposition que tous les termes singuliers réfèrent à une entité existante. Ces logiques sont appelées ainsi suivant Lambert [1960] qui introduisait cette expression pour « logiques libres d'engagement ontologique ». On va voir dans ce qui suit que pour définir des structures à domaines variables, on peut considérer les logiques intensionnelles de premier ordre comme des extensions des logiques libres. On va tout d'abord détailler ce que sont ces logiques libres, revenant alors sur les présuppositions ontologiques implicites de la logique classique dont on a déjà rendu certains aspects quand on a discuté les thèses de Frege, Russell et Quine dans le chapitre précédent. On verra ensuite comment implémenter ces considérations dans le contexte de la logique dialogique, ce qui mènera à une approche différente de l'engagement ontologique, défini en termes de choix. On sera alors en mesure, dans le chapitre de suivant, de définir les logiques intensionnelles de premier ordre avec domaines variables.

6.2. Présuppositions ontologiques dans la logique classique

Selon un point de vue standard de la logique traditionnelle, il n'y a pas de prédicat vide. Tout prédicat doit avoir une extension, c'est-à-dire qu'il doit toujours y avoir au moins un objet qui l'exemplifie. Par exemple, si l'énoncé « pour tout individu, s'il est un homme, alors il est mortel » est vrai, alors on peut en déduire que « il existe au moins un individu qui est un homme et qui est mortel » est vrai aussi. Cet exemple s'appuie sur le principe de subalternation, lequel est exprimé formellement dans la logique moderne par la conditionnelle suivante[40] :

(3) $\forall x (Ax \rightarrow Bx) \rightarrow \exists x (Ax \wedge Bx)$ (subalternation)

Dans la logique moderne, ce principe ainsi formulé n'est pas valide, à moins de présupposer qu'il n'y ait pas de prédicat vide. La logique moderne classique est une logique libre de présupposition ontologique à l'égard des termes généraux. C'est du reste par un usage subtil de ces prédicats vides que Russell [1905] proposait une explication aux existentiels négatifs fondée sur sa théorie des descriptions définies.[41] On peut montrer par le dialogue suivant que cette formule n'est pas valide :

	O			P	
				$\forall x(Ax \rightarrow Bx) \rightarrow \exists x(Ax \wedge Bx)$	0
1	$\forall x(Ax \rightarrow Bx)$	0		$\exists x(Ax \wedge Bx)$	2
3	?$\exists$	2		$Ak_1 \wedge Bk_1$	4
5	? $\wedge_1$				
7	$Ak_1 \rightarrow Bk_1$	1		? - $\forall \backslash k_1$	6

Le proposant ne peut pas répondre à l'attaque 5 de l'opposant et il perd. On peut maintenant rendre explicite la présupposition de la logique traditionnelle selon laquelle il n'y a pas de prédicat vide par une formule du type $\exists x Ax$. On aurait alors le dialogue suivant dont la thèse est valide :

---

[40] On notera que parmi les spécialistes, des discussions subsistent sur la question de savoir si Aristote notamment aurait réellement admis un principe de subalternation exprimé comme ici sous forme d'une conditionnelle. C'est néanmoins un principe dont la validité est clairement mise en cause par l'usage des quantificateurs dans la logique moderne.
[41] Voir deuxième partie, chapitre 4, section 4.4.

	O			P	
				$(\forall x(Ax \to Bx) \land \exists xAx) \to \exists x(Ax \land Bx)$	0
1	$\forall x(Ax \to Bx) \land \exists xAx$	0		$\exists x(Ax \land Bx)$	2
3	?∃	2		$Ak_1 \land Bk_1$	14
5	$\forall x(Ax \to Bx)$	1		$?\land_1$	4
7	$\exists xAx$	1		$?\land_2$	6
9	Ak_1	7		?∃	8
11	$Ak_1 \to Bk_1$	5		$?\text{-}\forall/k_1$	10
13	Bk_1	11		Ak_1	12
15	$?\land_1$	14		Ak_1	16
17	$?\land_2$	14		Bk_1	18

Explication : Cette fois-ci, le proposant gagne en rendant explicite dans sa thèse la présupposition d'engagement ontologique à l'égard des termes généraux. On notera au passage que d'un point de vue stratégique, il est essentiel pour le proposant de retarder sa défense de l'attaque du coup 3 de façon à laisser l'opposant choisir en défendant l'existentiel au coup 9.

Par l'usage des quantificateurs, des présuppositions tacites à l'égard des prédicats peuvent être rendues explicites. La logique moderne classique conserve pourtant présuppositions ontologiques à l'égard des termes singuliers libres.[42] En effet, la thèse de Russell [1905] concernant la signification des phrases contenant un nom dépourvu de référence existante est que de telles phrases sont toujours fausses, à

---

[42] Cette présupposition tacite de la logique moderne classique fut mise en évidence par Henry S. Leonard [1956] dont le propos « *The modern logic has made explicit the logic of general existence, but it has retained a tacit presupposition of singular existence* » peut être vu comme un point de départ historique et théorique au développement des logiques libres.

part leur négation avec portée large. Par exemple, « Pégase a deux ailes » est fausse, de même que « Pégase est noir », puisque la description qui serait abrégée par « Pégase » est vide.[43] Une conséquence en est la validité de schémas d'arguments que sont la généralisation existentielle et l'instanciation universelle.

En effet, si une formule de la forme Pk est vraie, alors on peut en inférer $\exists xPx$. Si k devait ne pas exister, alors Pk serait fausse et ne donnerait pas de contre-exemple à ce schéma d'argument.

Ce type de présupposition est inacceptable si l'on vise la définition d'une sémantique pour les énoncés intentionnels. En effet, une telle approche empêcherait d'expliquer les similarités qu'il pourrait y avoir entre « le cheval de Bellérophon a deux ailes » et « Pégase a deux ailes », similarités qu'il n'y aurait pas entre « le cheval de Bellérophon a deux ailes » et « Holmes a deux ailes ». Toutes ces phrases seraient tout simplement fausses.

Qui plus est, en quoi devrait-on admettre la validité de telles inférences qui présupposent des considérations d'ordre métaphysique qu'on ne peut pas logiquement justifier ? Il n'y a rien d'incohérent ni de contradictoire à supposer des noms qui n'aient pas de référence existante. Les logiques libres sont des logiques qui ne font pas cette présupposition. K. Lambert [1960] en distingue sémantiquement trois types relativement à la façon dont elles traitent les propositions atomiques contenant un terme singulier dépourvu de référence existante : les logiques libres négative, positive et neutre.

6.3. Logique libre négative

L'approche négative de la logique libre consiste à considérer les termes singuliers dépourvus de référence existante comme des termes singuliers vides, qui ne dénotent rien. Un terme singulier comme « Pégase » n'ayant pas de référence, des phrases comme « Pégase a deux ailes » ou « Pégase est Pégase » sont toutes les deux fausses, comme toutes les phrases contenant un tel nom, à part leur négation.

Syntaxiquement, rien de nouveau dans les logiques libres par rapport aux logiques de premier ordre standard, si ce n'est qu'on ajoute parfois un prédicat d'existence, noté E!.[44] Sémantiquement, on définit la vérité sur un modèle <D,I> où D est le domaine du discours et I la fonction d'interprétation. La fonction d'interprétation est partielle, c'est-à-dire que pour certains termes singuliers (les noms vides) elle n'est pas définie.

---

[43] Voir deuxième partie, chapitre 4, section 4.4.
[44] On peut en fait exprimer ce prédicat d'existence au moyen des quantificateurs, comme le fait Jaakko Hintikka [1966] : $E!k_1 =_{DEF} \exists x(x = k_1)$.

[INTERPRETATION] Une fonction I d'interprétation satisfait les clauses suivantes :

- Si t est un terme singulier, l'interprétation $\|t\|_{M,g}$ de t dans le modèle M est :

    Si t est une constante, $\|t\|_{M,g} = I(t)$ - soit $I(t) \in D$, soit $I(t)$ n'est pas définie.

    Si t est une variable, $\|t\|_{M,g} = g(t)$ - et $g(t) \in D$.

- Si P est un prédicat n-aire de L, alors $I(P) \subseteq D^n$.

[SEMANTIQUE] Soit un modèle M de la logique libre négative :

(i) $M \vDash Pt_1,\ldots,t_n$ Ssi. $\|t_1\|_{M,g}, \ldots, \|t_n\|_{M,g}$ sont définies et $<\|t_1\|_{M,g}, \ldots, \|t_n\|_{M,g}> \in I(P)$.

(ii) $M \vDash t_i = t_j$ Ssi. $\|t_1\|_{M,g}, \ldots, \|t_n\|_{M,g}$ sont définies et que $\|t_i\|_{M,g}$ est le même que $\|t_j\|_{M,g}$.

(iii) $M \vDash E!t_i$ Ssi. $\|t_i\|_{M,g} \in D$.

(iv) $M \vDash \forall x\varphi$ Ssi. $M, g_{[x/d]} \vDash \varphi$ pour tout $d \in D$.

(v) $M \vDash \exists x\varphi$ Ssi. $M, g_{[x/d]} \vDash \varphi$ pour au moins un $d \in D$.

Les autres connecteurs sont définis de façon habituelle. Une conséquence immédiate de cette sémantique est que, si elles contiennent au moins un terme singulier vide, les formules du type $k_1 = k_1$, $k_1 = k_2$ ou Pk_1 seront systématiquement fausses. Cependant, si l'on n'élimine pas les termes singuliers, cette logique va être moins expressive que celle de Russell et cette clause (i) va devenir source de difficultés.

En effet, il ne faudrait pas que les choix faits pour l'interprétation des formules avec variable libre aient pour conséquence un changement de signification des opérateurs propositionnels comme la négation par exemple. Comme le remarquait déjà Kripke [1963, 66, note 11], soit on doit réviser la logique propositionnelle, soit on doit remettre en cause la substitution uniforme. Il ne faudrait par ailleurs pas que cette clause donne l'illusion que la spécification est valide. En effet, bien que $Ak_1 \rightarrow \exists xAx$ serait toujours vraie pour le cas purement atomique, il n'en serait de même si l'on substituait à Ax le prédicat $\neg Bx$.

Enfin, un dernier point qui repose toujours sur les conditions de vérité des formules atomiques concerne la traduction formelles des prédicats du langage naturel. On aurait par exemple la situation contre-intuitive dans laquelle « le roi de France est chauve » est fausse et dans laquelle « le roi de France est chevelu » est fausse également. On ne pourrait plus définir « être chevelu » comme « être non chauve » et réciproquement, au risque de voir la négation adopter un comportement tout à fait anarchique.

6.4. Logique libre positive

La logique libre positive se distingue fondamentalement de la logique libre négative de par sa position à l'égard de l'identité. Dans cette approche, les énoncés d'identité réflexifs de la forme $k_i = k_i$ sont des vérités analytiques : ils sont toujours vrais et ce, indépendamment du statut ontologique de k_i. Ainsi, si « Pégase est Pégase » est fausse dans la logique libre négative (en supposant que Pégase n'existe pas), elle est forcément vraie dans la logique libre positive. Le point sémantique de la logique libre positive est qu'il n'y aura en fait pas de restriction relative à l'existence pour la vérité des formules et que les noms peuvent avoir une référence non-existante. Techniquement, il suffit pour cela de scinder le domaine en deux : d'une part les existants, d'autre part les non-existants. Il conviendra cependant de s'expliquer à un moment ou un autre sur les conditions d'individuation de ces non-existants.[45]

Pour définir une logique libre positive, on scinde le domaine du discours en deux : d'une part le *domaine interne* est constitué par l'ensemble des entités existantes, d'autre part le *domaine externe* est constitué par l'ensemble des entités non existantes. Les termes dépourvus de référence existante comme « Pégase » ont leur référence dans le domaine externe. Les quantificateurs, ontologiquement chargés, portent quant à eux sur le domaine interne.[46]

Un modèle est donc maintenant une séquence $<D_I, D_O, I>$ avec D_I pour le domaine interne et D_O pour le domaine externe. I est une interprétation définie comme suit :

[INTERPRÉTATION] Une interprétation I pour un modèle de la logique libre positive est définie sur $D_I \cup D_O$ comme suit :

---

[45] D'un point de vue philosophique, la logique libre positive et son domaine d'entités non existantes peuvent être compris de différentes façons. Sur ce point, on verra qu'on peut comme Kripke [1963] considérer que les termes singuliers dépourvus de référence existante ont leur signification dans un autre monde, c'est-à-dire qu'on les interprète de façon *possibiliste*. Une autre façon d'admettre les non-existants et de les admettre dans tous les mondes en se fondant sur les principes meinongiens. Telle est la position *nonéiste* de Priest [2005] qui considère un domaine constant et prédicat d'existence. On aura l'occasion de revenir de façon plus détaillée sur ces aspects philosophiques par la suite.

[46] On pourrait également définir des quantificateurs ontologiquement neutres de façon à quantifier sur les non-existants. On reviendra sur ce point quand on s'intéressera à l'approche nonéiste de Priest [2005].

- Si t est un terme singulier, l'interprétation $\|t\|_{M,g}$ de t dans le modèle M est :

    Si t est une constante, $\|t\|_{M,g}$ = I(t) - et I(t) $\in D_I \cup D_O$.

    Si t est une variable, $\|t\|_{M,g}$ = g(t) - et g(t) $\in D_I \cup D_O$.

- Si P est un prédicat n-aire de L, alors I (P) $\subseteq (D_I \cup D_O)^n$.

[SEMANTIQUE] Soit un modèle M pour la logique libre positive :

(i) $M \vDash Pt_1,...,t_n$ Ssi. $<\|t_1\|_{M,g}, ..., \|t_n\|_{M,g}> \in I(P)$.

(ii) $M \vDash k_i = k_j$ Ssi. $\|t_i\|_{M,g}$ est le même que $\|t_j\|_{M,g}$.

(iii) $M \vDash E!k_i$ Ssi. $\|t_i\|_{M,g} \in D_I$.

(iv) $M \vDash \forall x\varphi$ Ssi. $M,g_{[x/d]} \vDash \varphi$ pour tout $d \in D_I$.

(v) $M \vDash \exists x\varphi$ Ssi. $M,g_{[x/d]} \vDash \varphi$ pour au moins un $d \in D_I$.

Comme on l'avait évoqué en début de chapitre, ces logiques libres (positive et négative) invalident l'instanciation universelle ($\forall xPx \vDash Pk_1$) et la généralisation existentielle ($Pk_1 \vDash \exists xPx$). Sémantiquement, cela s'explique par le fait que la portée des quantificateurs est restreinte au domaine interne, tandis que les constantes individuelles prennent leurs valeurs sur les deux domaines. La différence entre les approches négative et positive repose sur l'interprétation des termes singuliers et sur l'identité. Alors que pour les logiciens libres positifs, l'identité est analytiquement vraie, l'identité est synthétique et dépend de l'existence pour les logiciens libres négatifs. Outre ces différences, ces deux logiques valident les mêmes principes. Ces deux façons d'aborder la logique libre ont l'avantage de rendre explicite l'existence dans le langage objet et ainsi de remettre en cause certains principes de la logique classique qui s'appuyaient sur des présuppositions existentielles implicites. Ainsi, en faisant usage du prédicat « E! » qui rend explicite l'existence dans le langage objet, on peut aborder les présuppositions existentielles au niveau des assertions elles-mêmes.

6.5. Logique libre neutre et supervaluations

La dernière façon d'interpréter des formules atomiques qui contiennent un terme singulier dépourvu de référence existante est de ne pas leur attribuer de valeur de vérité déterminée. On retiendrait alors les intuitions de Frege [1971] selon lesquelles certaines phrases ont un sens, mais pas de valeur de vérité. La sémantique est la même que celle pour la logique libre négative, sauf qu'on remplace (i) par la clause suivante :

(i) $M \vDash Pt_1,\ldots,t_n$ Ssi. $\|t_1\|_{M,g}, \ldots, \|t_n\|_{M,g}$ sont définies et $<\|t_1\|_{M,g}, \ldots, \|t_n\|_{M,g}> \in I(P)$.

(ii) $M \nvDash Pt_1,\ldots,t_n$ Ssi. $\|t_1\|_{M,g}, \ldots, \|t_n\|_{M,g}$ sont définies et $<\|t_1\|_{M,g}, \ldots, \|t_n\|_{M,g}> \notin I(P)$.

Dans la logique libre neutre, certains termes singuliers sont vides et les formules qui les contiennent n'ont pas de valeur de vérité déterminée. Une première difficulté repose dès lors sur les existentiels négatifs :

(4) Pégase n'existe pas.

Si Pégase n'existe pas, alors $\exists x(x = p)$ est indéterminée et $\neg \exists x(x = p)$ l'est également, tout comme E!p et ¬E!p. Pour que ces formules aient une valeur de vérité, on devrait présupposer que « Pégase » ait une référence. Le problème s'étend du reste à tous les connecteurs propositionnels. Un choix d'interprétation des termes singuliers et des quantificateurs vient contaminer la signification des connecteurs propositionnels, ce qui est une conséquence inacceptable. En effet, à supposer que k_i soit un terme vide, on perdrait la validité de $\neg(\varphi[x/k_i] \wedge \neg\varphi[x/k_i])$ (le principe de contradiction). Mais en quoi abandonner la présupposition ontologique des termes singuliers devrait-elle se faire au prix de la perte de ce principe ?

Pour résoudre ce problème, Bencinvenga [1983] s'inspire des *supervaluations* de van Fraassen [1966]. L'enjeu de cette solution est de préserver la validité de certains principes en tenant compte de situation où l'on fait *comme si* le terme singulier réfère et ce, en tenant compte de toutes les extensions possibles du modèle initial. Quand on s'intéressera à la fictionalité par la suite, on pourra faire le lien avec la théorie des assertions feintes de Searle [1975]. Selon Searle, les affirmations qui contiennent un terme singulier fictionnel ne sont pas d'authentiques assertions puisqu'on ne cherche pas à les faire accepter comme vraies. On les comprend cependant en faisant *comme si*, en faisant semblant que, le terme singulier réfère. Les énoncés fictionnels ne sont donc pas d'authentiques assertions, mais plutôt des pseudo-assertions, où l'on feint de parler de quelque chose. Dans ce contexte, les lois logiques peuvent être préservées au niveau des assertions feintes. On reviendra plus en détail par la suite sur cette théorie, qui n'est une explication philosophique possible de la façon dont on pourrait comprendre cette sémantique de Bencivenga.

Un modèle est maintenant défini au moyen d'une *valuation partielle*, une valuation qui ne donne pas de valeur de vérité déterminée pour certains atomes. On a donc maintenant pour le cas atomique trois possibilités : vrai (1), faux (0) ou indétermination (#). On peut ainsi construire une matrice pour le principe de contradiction comme suit :

	φ	¬φ	¬(φ ∧ ¬φ)
1	1	0	1
2	#	#	#
3	0	1	1

A partir de là, on va étendre la valuation partielle avec une *extension classique*, laquelle assigne arbitrairement toutes les valeurs possibles parmi {0,1} aux formules atomiques qui n'ont pas de valeur de vérité. Autrement dit, étendre la valuation consiste à tenir compte du produit logique des différentes conventions possibles (positive ou négative). On tiendra compte ici de la ligne 2, celle où φ n'a pas de valeur déterminée. Deux possibilités : φ est vraie, φ est fausse. On ajoute donc deux valuations à la matrice avec les lignes 4 et 5 ci-dessous :

	φ	¬φ	¬(φ ∧ ¬φ)
1	1	0	1
2	#	#	#
3	0	1	1
4	**1**	**0**	**1**
5	**0**	**1**	**1**

La validité est maintenant définie comme la vérité sous toutes les valuations qui donnent une valeur à la formule. Ici c'est le cas et ¬(φ ∧ ¬φ) est donc *supervaluationnellement valide*. On redéfinit ainsi la notion de validité dans le contexte des supervaluations :

[**Validite^{SV} (ou Verite logique^{SV}**)] : Une proposition est valide (une vérité logique) selon la supervaluation s'il n'y a pas d'interprétation partielle dont l'extension classique la rendrait fausse.

En fait, on construit ici une sémantique en deux temps. En effet, dans la valuation initiale, on peut considérer que l'on est dans une logique libre neutre puisque les formules contenant un terme singulier vide ont une valeur indéterminée. Quand on passe au point de vue de l'extension de la valuation, on se place dans une forme de logique libre positive puisque des formules contenant un terme singulier vide peuvent être vraies.

Le passage à une logique libre positive au niveau de la supervaluation est plus facile à comprendre si l'on suit les développements de Bencinvenga [1986], qui adapte la méthode de van Fraassen pour le premier ordre. En effet, van Fraassen utilise les supervaluations pour préserver les théorèmes de la logique classique et s'en tient à un niveau propositionnel (en attribuant des valeurs de vérité arbitraires aux propositions atomiques). Néanmoins, si van Fraassen peut de la sorte préserver le principe de contradiction ou le tiers exclu (entre autres), il perd les identités de la forme « $k_i = k_i$ » qui contiennent un terme singulier vide et la substitution des identiques[47]. Dès lors, soit on poursuit avec une forme de logique libre négative, qui considère que de tels énoncés d'identités sont synthétiques et faux dans le cas des individus non existants, soit on poursuit avec une forme de logique libre positive en ajoutant la restriction *ad hoc* que « $k_i = k_i$ » est toujours vraie, même pour les entités non existantes. Les développements de Bencinvenga permettront de préserver l'identité et la substitution des identiques. En effet, plutôt que d'étendre la valuation initiale, Bencivenga propose d'étendre la fonction d'interprétation pour les termes singuliers qui n'ont pas de valeur dans l'interprétation initiale. Soit une formule $\phi[x/k_i]$, il s'agit dès lors de l'évaluer en se demandant « qu'en serait-il si k_i avait une interprétation définie ? ».

Plus précisément, pour adapter la méthode des supervaluations à la logique libre, on considère une structure partielle U constituée d'un domaine et d'une interprétation partielle. Autrement-dit, certains termes singuliers n'ont pas de référence dans le domaine du discours. On considère ensuite une extension de cette structure, U', qui adjoint à l'interprétation partielle I une extension I' qui attribue une valeur arbitraire aux termes singuliers vides.

Soit par exemple $\neg(Pk_1 \wedge \neg Pk_1)$, si $I(k_1) = \#$, alors $V(Pk_1) = \#$ et $V(\neg(Pk1 \wedge \neg Pk_1)) = \#$. Pour valider $\neg(Pk_1 \wedge \neg Pk_1)$, on considère une extension I' de

---

[47] Si $I(k_j)$ est vide dans l'interprétation initiale, alors rien n'empêche une supervaluation telle que $k_i = k_j$ et Fk_i soient vraies, mais telle que Fk_j soit fausse.

l'interprétation partielle I, laquelle extension attribue une valeur arbitraire à k_1. I' permet de valider $\neg(Pk_1 \wedge \neg Pk_1)$ puisqu'on considère que si k_1 dénotait, quoi que ce soit, alors $\neg(Pk_1 \wedge \neg Pk_1)$ serait forcément vraie. Il en est de même pour $k_1 = k_1$. Si k_1 dénotait, quoi que ce soit, alors k_1 serait identique à lui-même. De la même manière, on gagne de nouveau la validité des principes de substitution des identiques. Ce qui demeure néanmoins problématique, c'est qu'avec une telle sémantique, la spécification et la particularisation redeviennent valides[48].

Bencivenga préconise la solution suivante : Il assigne une dénotation arbitraire à « k_1 » dans l'extension U' du modèle U, mais il considère que les valeurs de vérités qui relèvent de U ont priorité sur les valuations données par U'. Plus concrètement en ce qui concerne la spécification, on a toujours $V_U(\forall x Px) = 1$ et $V_U(Pk_1) = \#$ d'une part, $V_{U'}(\forall x Px) = 0$ et $V_{U'}(Pk_1) = 0$ d'autre part. Mais comme on évalue $\forall x Px \rightarrow Pk_1$ dans U et non pas dans U', on doit tenir compte des valeurs que U attribue, si elle en attribue, même quand on se sert de U' pour les valeurs indéterminées. Dans le cas de la spécification, si l'interprétation de k_1 est indéterminée, on tient compte de la valeur donnée par U pour $\forall x Px$ (puisque U est prioritaire sur U'), mais de la valeur donnée par U' pour Pk_1 (puisque Pk_1 est indéterminée dans U). Par conséquent, quelle que soit l'extension, on garde $V_U(\forall x Px) = 1$ et donc si dans U' on a I' telle que $I'(k_1) \notin P$, la spécification tombe[49].

A travers une méthode qui offre ainsi la possibilité de poursuivre une procédure d'évaluation malgré l'indétermination de certaines formules, Bencivenga semble également suggérer l'idée d'admettre une certaine dynamique de la sémantique. En effet, comme le montre la solution qu'il propose pour faire tomber la spécification, afin d'évaluer une formule dans le modèle U, on doit opérer un mouvement dans son extension U'. La valeur des formules dans l'un ou l'autre des modèles peut changer. Mais quand on veut évaluer la formule, on se replace du point de vue de U, et les expressions qui étaient déjà déterminées dans U retrouvent leur valeur

---

[48] En effet, si $I(k_1)$ est indéterminé dans U, alors dans U', soit $I'(k_1)$ est déterminée telle que $I'(k_1) \in I'(P)$ et alors $V_{U'}(\forall x Px) = 1$, soit $I'(k_1)$ est déterminée telle que $I'(k_1) \notin I'(P)$ et dans ce cas $V_{U'}(\forall x Px) = 0$. L'explication pour la particularisation est similaire.

[49] D'autres approches telles que celles de Woodruff [1971]* ou Read [1995] sont possibles. Elles consistent à considérer une *extension libre* (pour logique libre) de l'interprétation qui donne une référence aux termes singuliers vides mais dans le domaine externe. On fait alors tomber les principes de spécification et de particularisation de la même manière qu'en logique libre positive, mais en considérant que le modèle initial est partiel. Ce point sera probablement plus clair quand on implémentera les supervaluations dans la logique dialogique.

* Woodruff [1971] est cité par Bencivenga [1986], mais il s'agit d'un manuscrit non publié.

initiale. Parallèlement, du point de vue de l'interprétation des constantes individuelles, on part d'un contexte dans lequel l'interprétation d'une constante n'est pas définie, puis on passe à un contexte hypothétique où l'on fait la supposition de l'existence de la référence de cette constante.

Maintenant, pour les existentiels négatifs, on doit feindre la référence du terme singulier pour pouvoir en nier l'existence. Même si $\neg\exists x(x = p)$ peut être vraie selon une superinterprétation, le fait qu'elle ne puisse l'être dans l'interprétation partielle initiale demeure quelque peu étrange. La négation de l'existence relève toujours du *faire comme si*. Les approches libres neutres sont toujours confrontées à ce type de difficultés.

Malgré leur capacité à rendre explicites les présuppositions ontologiques de la logique classique, les logiques libres modèles-théoriques manquent certains aspects de la notion de quantification, la notion de choix notamment. Dans un processus argumentatif comme ceux de la logique dialogique, on peut aborder la signification des quantificateurs en termes de choix et donner un aperçu différent de la notion d'engagement ontologique. C'est ce qui motive la reconstruction dialogique de ces logiques libres : que signifie la notion d'engagement ontologique dans les pratiques argumentatives ?

Dans ce qui suit, on montre que la solution à ce problème passe par des considérations pragmatiques, notamment la notion de choix qui intervient dans l'interprétation des quantificateurs. Et si l'existence doit dépendre de cette notion de choix, alors l'existence doit être comprise du point de vue de l'action. Autrement dit, il s'agit de tenir compte de la relation entre action et proposition pour comprendre la notion de quantificateur, et plus précisément la relation entre le choix d'une constante de substitution et l'assertion résultant de ce choix. L'enjeu est donc de proposer une dialogique libre où les présuppositions existentielles ne sont pas exprimées au moyen du prédicat d'existence mais déterminées par l'application de règle logique.

6.6. Choix et existence

On trouve une première tentative pour rendre les choix explicites dans le système de déduction naturelle de Jaśkowski [1934]. Ce système a pour objet une application à des logiques inclusives, c'est-à-dire des logiques dans lesquelles le domaine de quantification peut être vide. Et si le domaine est vide, se pose le problème du choix des termes singuliers qui vont servir à instancier les quantificateurs. En effet, si le domaine est vide, alors on doit faire la supposition d'un terme singulier si l'on veut pouvoir choisir ce même terme. C'est précisément pour refléter ce choix d'un terme singulier que Jaśkowski préconise de rendre explicites différents types de suppositions par l'introduction de nouveaux symboles et ce, de la manière suivante :

(i) La *supposition d'une formule* en préfixant la formule par le symbole $\mathcal{F}$.

(ii) La *supposition d'un terme singulier* en préfixant le terme par le symbole $\mathcal{T}$.

Jaśkowski rend ainsi compte explicitement de l'action d'avoir choisi un terme singulier, ou du moins d'en avoir fait la supposition, pour interpréter le quantificateur. On notera que pour les règles de tableau qu'on donne ci-dessous, la supposition d'une formule et le symbole $\mathcal{F}$ sont superflus. En effet, il n'avait de pertinence que dans le contexte de la déduction naturelle où l'on doit parfois faire l'hypothèse de formules pour construire une preuve, ce qui n'est pas le cas lors de la construction d'un tableau. En conservant le symbole pour la supposition d'un terme $\mathcal{T}$, les règles pour la construction des tableaux peuvent être reformulées de la façon suivante :

Règles de type δ ki est nouvelle		Règles de type γ ki est quelconque	
T $\exists x\varphi$	F $\forall x\varphi$	T $\forall x\varphi$	F $\exists x\varphi$
		T $\mathcal{T}k_i$	T $\mathcal{T}k_i$
—	—	—	—
T $\mathcal{T}k_i$	T $\mathcal{T}k_i$	T $\varphi[x/k_i]$	F $\varphi[x/k_i]$
T $\varphi[x/k_i]$	F $\varphi[x/k_i]$		

Dans ce système, on doit explicitement ajouter la supposition d'un terme singulier si l'on veut pouvoir valider une formule de la forme $\forall x\varphi \rightarrow \exists x\varphi$:

F ($\forall x\varphi \rightarrow \exists x\varphi$)

T $\forall x\varphi$

F $\exists x\varphi$

T $\mathcal{T}k_1$ Sans cette supposition, la preuve est bloquée.

T $\varphi[x/k_1]$

F $\varphi[x/k_1]$

On rend ici explicite le fait que $\varphi[x/k_1]$ résulte de $\forall x\varphi$ et de la supposition $\mathcal{T}k_1$. Si l'on voulait exprimer cela dans le langage objet, on devrait introduire une contrepartie $\mathcal{T}^*$ de $\mathcal{T}$ dans le langage objet. On retrouverait ainsi des conséquences similaires à celles qu'on avait dans la logique libre avec prédicat d'existence puisque la preuve de la spécification - $\forall x\varphi \rightarrow \varphi[x/k_1]$ - est bloquée si l'on ne fait pas l'hypothèse d'un terme, tandis que $(\forall x\varphi \land \mathcal{T}^* k_1) \rightarrow \varphi[x/k_1]$ est valide. La particularisation tombe de la même manière. Néanmoins, ces symboles ne font que rendre explicite le résultat d'un choix et ne rendent pas clairement compte du choix en lui-même. Malgré des choix rendus explicites, l'existence reste néanmoins comprise en termes de relations entre propositions et non en termes de choix en tant que tels. C'est pourquoi les règles pour la construction des tableaux restent finalement identiques à celles pour la logique libre avec prédicat d'existence, bien que le prédicat « E! » soit traduit en terme de choix par le marqueur $\mathcal{T}^*$. Cependant, et c'est là le point essentiel du système de Jaśkowski, c'est qu'il montre que le choix et l'existence sont d'une certaine manière redondants. En effet, dans ces règles, le choix de Jaśkowski intervient précisément au moment même où la présupposition existentielle est exprimée au moyen du prédicat d'existence dans les logiques libres.

Comment envisager une logique qui reflète plus finement la relation entre le choix d'un terme singulier et l'assertion d'une proposition résultant de ce choix ? De notre point de vue, « faites-le en dialogique ! » est la maxime à adopter comme premier pas vers la résolution de ce problème. En effet, de par sa dimension pragmatique, la logique dialogique présente un cadre idéal pour rendre compte de ces choix et relever le défi de développer une logique de la fiction dans le contexte de la théorie de la preuve. On verra alors comment, par une approche *dynamique*, il est possible de faire varier la charge ontologique des quantificateurs et constantes individuelles relativement à des choix régis par des règles logiques.

6.7. Logique dialogique libre – Être, c'est être choisi !

En cherchant à aborder la logique libre dans le contexte de la logique dialogique, notre objectif n'est pas seulement de proposer un système de décision supplémentaire pour la validité des formules. Il s'agit plutôt de montrer comment un tel système de décision, qui présente les preuves selon un processus argumentatif, permet d'appréhender la notion de l'existence en fonction de l'application de règles logiques plutôt que relativement à une sémantique donnée de façon *statique*. Rahman [2001][50] propose ainsi la première dialogique libre qui rende compte de cette relation entre l'action de choisir une constante pour l'interprétation du quantificateur et l'assertion qui en découle.

Tout comme dans les logiques libres qu'on a vues précédemment, on interprète les quantificateurs comme étant ontologiquement chargés [51], sans faire la même supposition pour les constantes individuelles. Les distinctions ontologiques ne sont cependant plus données par un modèle et un domaine préexistant au dialogue, mais sont le résultat des choix des joueurs qui interagissent dans un enchaînement d'attaques et de défenses, conformément aux règles en vigueur. La dialogique libre repose fondamentalement sur l'introduction d'une nouvelle règle structurelle, la *règle d'introduction*, qui contraint les choix du proposant dans les attaques et défenses des quantificateurs. Pour énoncer cette règle, on définit tout d'abord la notion d'introduction :

[**INTRODUCTION**] : On dit qu'un terme singulier k_i joué par X est *introduit* Ssi. :

- X asserte la formule $\varphi[x/k_i]$ pour défendre une formule existentielle $\exists x\varphi$, k_i n'ayant pas été utilisé précédemment pour attaquer un $\forall$ ou défendre un $\exists$, ou
- X attaque une formule $\forall x\phi$ avec $< ?\text{-}x/k_i >$, k_i n'ayant pas été utilisé précédemment pour attaquer un $\forall$ ou défendre un $\exists$.

[**RS-I**] Seul O peut *introduire* des termes singuliers.

Intuitivement, cela signifie que l'existence est concédée par l'opposant quand il introduit une constante individuelle. Le proposant ne peut pas introduire de constante, c'est-à-dire qu'il ne peut présupposer l'existence de quoi que ce soit pour défendre sa thèse. La charge ontologique dépend maintenant de l'application de la règle d'introduction : seules les constantes introduites par l'application de cette règle sont chargées ontologiquement. « Être, c'est être choisi ! », tel sera le

---

[50] Voir aussi Rahman et al. [1997].
[51] Rahman [2001] utilise deux paires de quantificateurs : l'une ontologiquement neutre, l'autre ontologiquement chargée. On se contentera ici des quantificateurs ontologiquement chargés, les règles pour des quantificateurs neutres ne requérant pas d'adaptation par rapport à la dialogique de premier ordre.

critère d'engagement ontologique dans le contexte d'un dialogue, donnant ainsi une tournure dynamique au fameux slogan de Quine.

Cette règle suffit à définir les dialogues pour les logiques libres positive et négative. La logique libre neutre suppose des ajustements sur lesquels on revient juste après. Les mêmes principes sont invalidés du fait de l'implémentation de [RS-I] dans la dialogique, notamment la spécification et la particularisation, comme le prouvent les dialogues ci-dessous :

	O			P	
				$Ak_1 \to \exists xAx$	0
1	Ak1	0		$\exists xAx$	2
3	?$\exists$	2			

Explication : Bien que Ak_1 ait été concédée par O (coup 1), P ne peut pas se défendre en utilisant la constante k_1 puisque O ne l'a pas introduite. Et P n'ayant pas le droit d'introduire une constante, il ne peut pas se défendre de l'attaque sur l'existentielle (coup 3). C'est donc O qui gagne le dialogue et la particularisation n'est pas valide.

	O			P	
				$\forall xAx \to Ak_1$	0
1	$\forall xAx$	0			

Explication : P ne peut attaquer l'universelle jouée par O (coup 1), puisque aucune constante n'a été introduite.

On a vu précédemment que les logiques libres négatives et positives avaient une conception différente de l'identité. On doit pour ce faire adapter les règles qu'on a données pour la logique dialogique de premier ordre. Pour la logique libre négative, il suffit d'introduire l'identité comme une concession et on introduit directement la règle [RS-FL.] :

[RS-FL.] Au commencement de chaque dialogue, O concède $\forall x(x = x)$ que P peut attaquer selon les règles habituelles.

Les choses sont un peu plus complexe pour la logique libre positive. On doit pour ce faire implémenter l'identité sous forme d'un axiome[52] par l'addition de la règle suivante :

[RS-FL$_+$] Au début de chaque dialogue de la dialogique libre positive, O concède $k_i = k_i$.

L'opposant concède ainsi que l'identité vaut pour toutes les constantes individuelles qui apparaissent dans un dialogue. Dès lors, P peut affirmer sans justification que $k_j = k_j$ pour toutes les constantes k_j qui apparaissent dans le dialogue, y compris celles qui n'ont pas été introduites. Ou on peut la considérer comme n'étant pas soumise à la règle formelle :

[R= A] $k_i = k_i$ est une formule atomique qui ne peut pas être attaquée et n'a pas besoin de justification, c'est-à-dire que le proposant peut l'énoncer sans qu'elle ait été concédée auparavant par l'opposant.

La logique libre neutre repose finalement quant à elle sur une dialogique libre négative (règle d'introduction [RS-I] et [RS-FL.]), mais dans laquelle on remplace la règle [RS-4] de gain de partie par la règle suivante :

[RS-4-FLn] *[Gain de partie]*

P gagne le dialogue Ssi. les deux conditions suivantes sont remplies :

- le dialogue est terminé et clos selon les règles pour la dialogique libre négative,
- tous les k_i qui ont été joués au cours du dialogue par O et par P ont été introduits ou sont identiques avec un k_j qui a été introduit.

O gagne le dialogue Ssi. les deux conditions suivantes sont remplies :

- le dialogue est terminé et ouvert selon les règles pour la dialogique négative,
- tous les k_i qui ont été joués au cours du dialogue par O et par P ont été introduits ou sont identiques avec un k_j qui a été introduit.

---

[52] Dans ce qui suit, et quelle que soit la dialogique abordée (positive, neutre, négative ou supervaluationnelle), on suppose également une règle pour la substitution des constantes dont l'identité a été concédée par l'opposant (voir deuxième partie, chapitre 5, section 5.4.2 pour la règle de substitution).

Dans tous les autres cas, il n'y a pas de gagnant et la formule en jeu est déclarée invalide.

Dans la logique libre neutre, les formules qui contiennent une constante individuelle dont l'interprétation est indéterminée ont une valeur indéterminée. Cela a pour effet de rendre indéterminées certaines formules qui étaient classiquement valides. En dialogique libre neutre, cela se traduit par le fait que si une formule contient une constante qui n'a pas été introduite par l'opposant, il n'y a pas de stratégie gagnante pour le proposant ni pour l'opposant. En appliquant cette règle, et contrairement aux dialogiques libres négative et positive, le dialogue ci-dessous pour la particularisation est indéterminé, il n'y a pas de gagnant :

	O		P	
			$Ak_1 \to \exists xAx$	0
1	Ak_1	0	$\exists xAx$	2
3	?∃	2		

Explication : Le dialogue est terminé et ouvert selon les règles pour la dialogique libre négative puisque O a posé la dernière attaque possible et P ne peut y répondre (coup 3). Cependant, dans le dialogue, apparaît un k_1 qui n'a pas été introduit, et par conséquent ni O ni P ne gagne. La formule est indéterminée.

On notera que la règle contient la précision « tous les k_i qui ont été joués au cours du dialogue par O et par P ont été introduits ou sont identiques avec un k_j qui a été introduit ». Cette précision est nécessaire puisque si k_i est identique à un k_j existant (introduit), alors il doit exister. Cela est nécessaire tant par souci de pertinence que pour faire tenir la substitution des identiques. Sans entrer dans les détails, le dialogue ci-dessous donne la preuve pour la validité d'une formule malgré l'apparition d'une constante k_i qui ne résulte pas d'un choix par application de la règle d'introduction :

	O		P	
Σ	$\forall x(x = x)$		$\exists x(x = k_1) \to \exists x(x = x)$	0

1	$\exists x(x = k_1)$	0		$\exists x(x = x)$	2
3	$?\exists$			$k_2 = k_2$	8
5	$k_2 = k_1$	3		$?\exists$	4
7	$k_2 = k_2$	Σ		$? k_2$	6

Explication : Ici apparaît un k_1 qui n'est pas introduit. Mais O concède que ce k_1 est identique avec un k_2 qu'il a introduit (coup 5). Par substitution des identiques, k_1 doit donc exister puisqu'il est identique avec un existant. En attaquant la concession initiale de O (coup 6), P force ainsi à concéder l'identité dont il a besoin.

Pour comparaison, le tableau ci-dessous prouve la validité de la formule $\exists xAx \rightarrow (\exists xAx \vee Ak_1)$ dans les dialogiques libres positive et négative, mais pas dans la neutre où elle reste indéterminée :

	O			P	
				$\exists xAx \rightarrow (\exists xAx \vee Ak_1)$	0
1	$\exists xAx$	0		$\exists xAx \vee Ak_1$	2
3	$? \vee$			$\exists xAx$	4
5	$?\exists$	4		Ak_2	8
7	Ak_2	1		$?\exists$	6

Explication : En dialogique libre positive ou négative, la formule est valide et ce, peu importe le statut ontologique de k1. En revanche, en dialogique libre neutre, il n'y a pas de gagnant puisque k_1 est indéterminé (coups 0 et 2). Le dialogue est terminé est clos, mais il y a une constante non introduite et non identique à un kj introduit, et donc ni O, ni P, ne gagne. La thèse est indéterminée[53].

On a maintenant tous les dispositifs adéquats pour implémenter les supervaluations dans la logique dialogique. En effet, dans le point de vue de la dialogique libre, les supervaluations peuvent être implémentées en s'appuyant sur les dialogiques neutre et positive. Plus précisément, on ajoute les règles suivantes :

[RS-SV-1] On commence un dialogue avec les règles de la dialogique libre neutre.

[RS-SV-2] Si le dialogue est terminé avec les règles de la dialogique libre neutre et que ni O, ni P, ne gagne, alors on recommence le dialogue avec les règles pour la dialogique libre positive.

Une conséquence de ces règles est la validité de $\exists xAx \rightarrow (\exists xAx \vee Ak1)$, qui était indéterminée dans la dialogique libre neutre :

	O			P	
				$\exists xAx \rightarrow (\exists xAx \vee Ak_1)$	0
1	$\exists xAx$	0		$\exists xAx \vee Ak_1$	2
3	? $\vee$			$\exists xAx$	4
5	?$\exists$	4		Ak_2	8
7	Ak_2	1		?$\exists$	6
				$\exists xAx \rightarrow (\exists xAx \vee Ak_1)$	0'
1'	$\exists xAx$	0		$\exists xAx \vee Ak_1$	2'

---

[53] On s'en tient ici à une interprétation forte de l'indétermination en considérant qu'elle contamine toute la formule. On pourrait opter pour une interprétation faible, c'est-à-dire que malgré l'indétermination de Ak_1, si l'on peut gagner la formule sans qu'aucun joueur n'ait à jouer Ak_1 comme formule atomique, alors elle peut être valide. Néanmoins, cela revient à jouer avec les règles pour la dialogique libre négative.

3'	? ∨			$\exists x Ax$	4'
5'	?∃	4		Ak_2	8'
7'	Ak_2	1		?∃	6'

Explication : Par application de [RS-SV-1], P énonce la thèse (coup 0) et on joue avec les règles pour la dialogique libre neutre. Le dialogue est terminé est clos selon les règles pour la dialogique négative, mais apparaît un k_1 qui n'a pas été introduit et qui n'est pas identique à un k_i introduit. Par conséquent, ni O, ni P, ne gagne. Par application de [RS-SV-2], P énoncé à nouveau la thèse (coup 0') et le dialogue se poursuit avec les règles pour la dialogique libre positive. P gagne dans la seconde partie du dialogue.

Plutôt que de *supervaluation*, et étant donné que la dialogique ne traite pas de valuation, il conviendrait ici de parler de *supervalidité* ou de *superdialogue*. En effet, la deuxième partie du dialogue (coups n'), est en fait un superdialogue, un dialogue dans un contexte hypothétique où l'on admet l'usage des constantes qui apparaissent dans la thèse initiale et qui n'ont pas été introduites par l'opposant. On doit insister sur le fait que ce superdialogue se déroule selon les règles de la dialogique positive et que, par conséquent, le proposant ne peut introduire de constante pour défendre un quantificateur existentiel ou attaquer un quantificateur universel. On conserve ainsi la validité des théorèmes de la dialogique libre malgré l'apparition de constantes indéterminées grâce à un dialogue où l'on fait l'hypothèse d'une détermination quelconque pour cette constante. De même, en appliquant ces règles, on (super)valide de nouveaux des théorèmes de la logique classique qui étaient rendus indéterminés dans la dialogique libre neutre - $\neg(\varphi[x/k_1] \wedge \neg\varphi[x/k_1])$ notamment. Inversement, la spécification et la particularisation, indéterminées en dialogique libre neutre, sont maintenant invalidées. En effet, dans le contexte de la dialogique de la supervalidité, une formule est *valide* si et seulement s'il y a une stratégie gagnante pour le proposant dans le dialogue initial. Une formule est *supervalide* si et seulement s'il y a une stratégie gagnante pour le proposant dans le *superdialogue*.

6.8. Dialogique libre dynamique

Une conséquence de la règle d'introduction est qu'aucune formule dont le connecteur principal est un quantificateur existentiel n'est valide. Cela est directement lié au fait que le domaine puisse être vide. Dans certains contextes, on pourrait trouver cela trop contraignant, admettant par exemple l'idée que l'existence puisse être concédée dans la suite du processus argumentatif. On procéderait alors d'un mouvement symbolique, puis les choix du proposant rendraient en quelque sorte possible une mise à jour le domaine du discours en y acceptant certains individus.

Plus formellement, les logiques dialogiques libres sont de ce fait confrontées à un problème de pertinence. En effet, une formule telle que $\exists x(Ax \rightarrow \forall xAx)$ ne peut pas être valide puisque le proposant devrait introduire une constante pour la défendre. Or la formule $\exists x \neg Ax \lor \forall xAx$ qui devrait lui être équivalente demeure valide, comme le montre le dialogue suivant :

	O			P	
				$\exists x \neg Ax \lor \forall xAx$	0
1	? $\lor$	0		$\forall xAx$	2
3	?k1	2		Ak_1	8
				$\exists x \neg Ax$	4
5	?$\exists$	4		$\neg Ak_1$	6
7	Ak_1				

Explication : Le fait que P puisse d'abord jouer le disjoint quantifié universellement (coup 2) et forcer O à introduire une constante (coup 3) d'une part, et qu'il mette ensuite son choix à jour en répétant sa défense du coup 1 (coup 4) d'autre part, offre à P une stratégie gagnante pour la formule.

Ce qui est apparent dans ce dialogue, c'est que le proposant doit d'abord laisser l'opposant introduire une constante individuelle. La stratégie gagnante qu'il a pour cette formule l'oblige à s'engager sur le deuxième disjoint (coup 2) pour forcer l'opposant à introduire la constante dont il a besoin pour ensuite défendre le premier disjoint (coup 6) et enfin forcer l'opposant à lui concéder la formule atomique dont il a besoin. Afin d'éviter ces méandres stratégiques, un mouvement symbolique pourrait être autorisé dans le dialogue, jusqu'à ce que l'opposant rende une mise à jour possible par l'introduction d'une constante individuelle. De la même manière, pour les formules existentiellement quantifiées, le proposant pourrait défendre un existentiel au moyen d'une constante symbolique, au statut ontologique indéterminé. C'est ce que rend possible la dialogique libre dynamique.

Dans la dialogique libre dynamique, le statut ontologique des constantes jouées est toujours fonction de certains choix, conformément à la règle d'introduction. Cependant, la règle d'introduction est telle qu'elle manque une dimension essentielle de la relation entre choix et interprétation du quantificateur : de par son caractère encore partiellement statique, elle occulte le fait que dans certains contextes les choix opérés puissent non seulement déterminer le statut ontologique des constantes jouées au cours d'une preuve mais que, de plus, ils puissent aussi faire varier ce statut.

Le fondement de la dialogique libre dynamique repose sur un affaiblissement de la règle d'introduction [RS-I]. Cet affaiblissement doit permettre au proposant d'interpréter les quantificateurs avec des constantes dont le statut ontologique peut être indéterminé et varier au cours de la preuve : on appellera ces constantes *symboliques*[54]. Plus précisément, on implémente la règle suivante, qui donne la possibilité au proposant de défendre une existentielle ou d'attaquer une universelle au moyen de ces constantes symboliques[55] :

[RS-FL$_D$] Le proposant défend un quantificateur existentiel ou attaque un quantificateur universel uniquement avec des constantes *totalement nouvelles* ou déjà *introduites* par l'opposant.

[CONSTANTE TOTALEMENT NOUVELLE] On dit qu'une constante est *totalement nouvelle* si et seulement si elle n'apparaît pas dans la thèse du proposant et si elle n'a pas été introduite.

On peut maintenant définir plus précisément la notion de *constante symbolique* qu'on utilise :

[CONSTANTE SYMBOLIQUE] On appelle *symbolique* une constante totalement nouvelle jouée par P ou une constante qui apparaît dans la thèse initiale.

Avec cette règle, la particularisation (de même que la spécification) est invalidée, comme le montre le dialogue suivant :

---

[54] Bien qu'elle soit ici comprise en un sens quelque peu différent, la notion de « symbolique » trouve ses origines dans la philosophie de Hugh MacColl. Pour plus de détails à ce sujet voir Rahman & Redmond [2008, 27], 1.2.1. Le domaine symbolique et sa dynamique.
[55] Une conséquence directe de cette règle est que la notion d'*introduction* ne concerne en fait que les constantes choisies par l'opposant, tout en ajoutant la notion de constante *totalement nouvelle*.

	O		P	
			$Ak_1 \to \exists xAx$	0
1	Ak_1	0	$\exists xAx$	2
3	$?\exists$	2		

Explication : Avec [RS-FL$_D$], P peut défendre une existentielle uniquement avec une constante totalement nouvelle ou une constante introduite. Or le k_1 dont P a ici besoin apparaît dans la thèse et n'est donc pas une constante totalement nouvelle. Cette constante n'est pas non plus introduite par O qui ne fait que jouer Ak_1 au coup 1. Par conséquent, P ne peut répondre à l'attaque sur l'existentielle (coup 3). O gagne et la particularisation n'est pas valide.

La dialogique dynamique se différencie de la dialogique libre statique de Rahman [2001] de par le fait qu'on puisse interpréter les quantificateurs au moyen de constantes symboliques et ce, afin de ne pas rompre le processus de la preuve. Une constante symbolique, c'est une constante dont le statut ontologique est indéterminé à certains moments de la preuve mais qui peut être déterminé par l'application de règles logiques. Une première conséquence de l'usage de ces constantes symboliques et de l'implémentation de la règle [RS-FL$_D$] est la possibilité, dans le contexte de la dialogique libre dynamique, de valider des formules quantifiées existentiellement. On avait précédemment évoqué un problème de pertinence à ce sujet, notamment de l'équivalence perdue entre $\exists x(Ax \to \forall xAx)$ et $\exists x\neg Ax \lor \forall xAx$[56] puisqu'on invalidait la première tout en validant la seconde. On voit dans le dialogue ci-dessous comment la dialogique libre dynamique résout ce problème en permettant un passage par le symbolique dans le processus de raisonnement :

	O		P	
			$\exists x(Ax \to \forall xAx)$	0

---

[56] La preuve de cette $\exists x\neg Ax \lor \forall xAx$ reste la même que dans la dialogique libre statique de Rahman [2001].

1	?∃	0		$Ak_1 \to \forall xAx$	2
3	Ak_1			$\forall xAx$	4
5	$?k_2$	2		Ak_2	8
				$Ak_2 \to \forall xAx$	6
7	Ak_2	6			

Explication : Dans la dialogique libre dynamique, par application de [RS-FL$_D$], P peut défendre un quantificateur existentiel avec un k_1 qui n'a pas été introduit si tant est que ce soit une constante totalement nouvelle (coup 2). O introduit ensuite k_2 en attaquant l'universelle (coup 5). P répète la défense de l'existentielle en utilisant k_2 (coup 6) et met ainsi à jour la constante qu'il utilise dans la preuve. Le dialogue se termine avec les règles habituelles et P gagne.

Un fait intéressant de la dialogique libre dynamique, et qui est reflété dans le dialogue pour la formule ci-dessus, est qu'on peut poursuivre la preuve malgré un moment d'indétermination. Une caractéristique essentielle de la dialogique libre dynamique, c'est cette possibilité de *mise à jour* d'une constante de substitution qui est fonction des choix de l'opposant et comment, dans certains processus de preuve, un mouvement symbolique peut permettre au proposant de développer une stratégie gagnante. Dans la *mise à jour* ci-dessus, on voit que ce n'est pas la charge ontologique de la constante k_1 jouée par le proposant qui est pertinente pour la validité de la preuve, mais celle de la constante k_2 introduite par l'opposant et qui sert à clore le dialogue. Suite à un mouvement symbolique, le proposant met à jour les constantes qu'il joue en fonction des choix de l'opposant[57].

---

[57] On doit remarquer que le mouvement symbolique n'est pas exactement le même que celui qui a lieu dans le passage d'un dialogue neutre à un superdialogue positif dans la dialogique libre. En effet, l'enjeu n'est pas de poursuivre une preuve malgré l'indétermination sémantique de certains atomes propositionnels, mais plutôt de poursuivre la preuve malgré une indétermination quant au statut ontologique des constantes jouées. Le problème n'est donc pas ici de préserver la validité des formules de premier ordre qui contiendraient des constantes dont l'interprétation est indéterminée, puisqu'on ne s'intéresse pas à l'interprétation proprement dite en dialogique. Pour comparaison, on pourrait considérer en termes sémantiques qu'une constante symbolique a bien une référence, mais qu'on n'est pas en mesure d'affirmer si elle est dans le domaine interne ou dans le domaine externe. En bref, on a un mouvement inverse de ce qui se passe dans les superdialogues : on est ici par défaut dans un dialogue symbolique, ce sont les choix de l'opposant qui permettent de mettre à jour le dialogue. Il n'y a cependant pas, comme on le

On notera par ailleurs que le dialogue ci-dessus n'est pas intuitionniste puisque dans cette dialogique, on ne peut pas répéter une défense. Néanmoins, cela ne pose pas de problème de pertinence puisqu'il n'y a pas non plus de stratégie gagnante pour le proposant dans le cas $\exists x \neg Ax \lor \forall x Ax$. L'exemple ci-dessous montre comment il peut y avoir des mises à jours de constantes individuelles dans la dialogique intuitionniste à travers une répétition d'attaque :

	O			P	
				$\neg\neg\exists x(Ax \to (\exists x Ax \lor \forall x \neg Ax))$	0
1	$\neg\exists x(Ax \to (\exists x Ax \lor \forall x \neg Ax))$	0		—	
	—		1	$\exists x(Ax \to (\exists x Ax \lor \forall x \neg Ax))$	2
3	?∃	2		$Ak_1 \to (\exists x Ax \lor \forall x \neg Ax)$	4
5	Ak_1	4		$\exists x Ax \lor \forall x \neg Ax$	6
7	?∨	6		$\forall x \neg Ax$	8
9	$?k_2$	8		$\neg Ak_1$	10
11	Ak_1	10		—	
	—		1	$\exists x(Ax \to (\exists x Ax \lor \forall x \neg Ax))$	12
13	?∃	12		$Ak_2 \to (\exists x Ax \lor \forall x \neg Ax)$	14
15	Ak_2	14		$\exists x Ax \lor \forall x \neg Ax$	16
17	?∨	16		$\exists x Ax$	18

verra ici, de véritable dynamique dans l'interprétation des quantificateurs dans les superdialogues, c'est-à-dire qu'il n'y a pas de mise à jour rendue possible par les choix.

| 19 | | ?∃ | | 18 | | Ak$_2$ | 20 |

Explication : P répète l'attaque de la négation (coup 12) après que O a introduit la constante k$_2$ (coup 9). Le dialogue se poursuit ensuite avec un k$_2$ introduit et seul le statut ontologique de ce dernier est pertinent pour clore le dialogue (coup 20).

Dans les dialogues qui suivent, on montre comment cette dialogique dynamique rend le statut ontologique des constantes jouées entièrement dépendant des choix, mais surtout comment ces choix et les stratégies de l'opposant peuvent être décisifs dans les variations de statut ontologique. On notera que la formule ci-dessous est valide, quels que soient les choix de l'opposant même si des choix différents déterminent différents statuts ontologiques pour les constantes en jeu :

	O				P	
					(Ak$_1$ ∧ ∃xAx) → ∃xAx	0
1	Ak$_1$ ∧ ∃xAx	0			∃xAx	2
3	?∃	2			Ak$_1$	8
5	∃xAx	1			? ∧2	4
7	Ak$_1$	5			?∃	6

	O				P	
					(Ak$_1$ ∧ ∃xAx) → ∃xAx	0
1	Ak$_1$ ∧ ∃xAx	0			∃xAx	2
3	?∃	2			Ak$_2$	8

5	$\exists x Ax$	1	? ∧2	4
7	Ak_2	5	?∃	6

Explication : A gauche, O choisit le k_1 qui apparaît dans la thèse initiale (coup 7). C'est ainsi que la constante k_1 qui apparaît dans la thèse est symbolique jusqu'au moment de son introduction (coups 0 à 7). P clôt le dialogue conformément aux choix stratégiques de O et avec un k_1 dont la charge ontologique n'est pas déterminée au début du dialogue. A droite, O choisit un k_2 différent du k_1 qui apparaît dans la thèse. Dans ce dialogue, le statut ontologique de k_1 n'est pas pertinent pour la validité de la formule. Le dialogue clôt avec k_2 un introduit par O.

Outre une flexibilité de la règle d'introduction, à travers l'usage des constantes symboliques, la dialogique dynamique permet ainsi de comprendre l'existence du point de vue de l'action, relativement à la notion de choix et ce de façon plus subtile que dans la dialogique libre de Rahman [2001]. Le premier pas qu'y avait fait Rahman consistait à relativiser la notion d'existence à la relation entre le choix d'une constante et l'assertion qui en découle en s'appuyant sur la règle structurelle dite d'*introduction*. La détermination de la charge ontologique des constantes jouées était ainsi déterminée relativement à l'application d'une règle logique. Dans la logique libre dynamique, on peut parfois retarder la justification requise pour l'introduction d'une constante.

Certains problèmes d'ordre plus conceptuel demeurent cependant. Comment définir les conditions de stratégie gagnante pour le proposant et comment appréhender la notion de validité dans la dialogique dynamique ? On se trouve ici face à une alternative. La première explication consisterait à admettre que l'import existentiel des quantificateurs varie effectivement au cours de la preuve. Au commencement du dialogue, leur import existentiel n'est pas déterminé et est en quelque sorte symbolique. Si les constantes décisives pour clore le dialogue ont été introduites (par l'opposant), on considère que les quantificateurs ont pris une charge ontologique. Cela vaut notamment pour le cas 11 ci-dessus puisque le k_2 décisif pour clore le dialogue a été introduit. Dans les premiers coups, les quantificateurs ont une portée symbolique, mais ils concernent des individus finalement existants. On a ainsi un mouvement symbolique, fictionnel, dans le processus d'une preuve qui porte finalement sur des constantes chargées ontologiquement. Dans d'autres cas, le proposant pourrait clore et gagner un dialogue avec des constantes symboliques. On dirait alors que l'import existentiel des quantificateurs est resté symbolique, comme c'est le cas dans le dialogue ci-dessous :

	O			P	
				$\exists x(Ax \to Ax)$	0
1	?∃	0		$Ak_1 \to Ak_1$	2
3	Ak_1	2		Ak_1	4

Explication : La constante k_1, jouée par P afin de défendre une existentielle (coups 2), n'a pas été introduite. Pourtant, le dialogue est terminé et clos. Les quantificateurs de la thèse sont possibilistes.

On pourrait cependant aborder le mouvement symbolique autrement et l'expliquer en termes d'indétermination épistémique. Il ne s'agirait plus d'admettre que l'import existentiel des quantificateurs puisse varier, mais d'autoriser un passage par le symbolique au cours du dialogue. Ce passage symbolique consisterait à poursuivre le dialogue sans se poser la question de la charge ontologique de la constante jouée. Ce statut devrait quand même être élucidé à la fin de la preuve. Dans ce cas, on considère des quantificateurs chargés ontologiquement qu'on peut temporairement interpréter de façon symbolique. Cela a une conséquence du point de vue de la définition de stratégie gagnante puisqu'on doit dans ce cas préciser que le proposant n'a de stratégie gagnante pour une formule existentiellement quantifiée que s'il clôt le dialogue avec une formule atomique qui ne contient pas de constante symbolique. Ainsi, bien qu'il y aurait une stratégie gagnante pour P dans le cas 11, il n'y en aurait dans le cas 16 puisque la formule Ak_1 avec laquelle P clôt le dialogue contient un Ak_1 symbolique (coup 6).

On ne s'étendra pas plus sur cette discussion de la définition de la validité – ou de la validité *symbolique*[58] - en dialogique libre dynamique. En effet, face à cette difficulté, force est de constater qu'au final, la dialogique libre dynamique n'est pas encore achevée et manque encore sa cible. En effet, alors que l'enjeu est de construire un système dans lequel on peut tenir compte des fictions et autres entités non existantes, l'exemple ci-dessus montre l'incapacité à déterminer le caractère fictionnel d'une constante dans le contexte de la dialogique libre dynamique. En

---

[58] Le parallèle entre validité et *super*validité dans les *superdialogues* est tentant. Cependant, les *superdialogues* n'intègrent pas l'idée d'une interprétation symbolique des quantificateurs et ne s'intéressent qu'à l'indétermination des constantes qui apparaissent dans la thèse. C'est en cela que la *validité symbolique* ne peut pas être ici considérée comme la *supervalidité*.

effet, tout ce qui peut être déterminé, c'est l'existence des constantes choisies par l'opposant, en l'occurrence des constantes *introduites*. On ne peut jamais déterminer la non-existence. Cela est un signe qu'il faut poursuivre le développement de la dialogique libre dynamique de façon à permettre ce passage du symbolique au non-existant, au fictionnel. Mais pour ce faire, on doit approfondir la compréhension de la notion de fiction et surtout, comment on va la considérer.

Chapitre 7 - Logiques intensionnelles de premier ordre avec domaines variables

La question qui se posait précédemment était celle de savoir comment évaluer, à un contexte w donné, une formule contenant un terme singulier dont la valeur ne ferait pas partie de D_w. Si l'on veut produire une logique intensionnelle de premier ordre avec des domaines variables, il suffit en fait de fonder cette logique sur les logiques libres qu'on vient de définir. D'un point de vue dialogique, la règle d'introduction devra simplement être relativisée aux contextes dans lesquels sont opérés les choix pertinents. Une question se posera finalement quant aux choix qu'on a faits jusqu'à présent : dans quelle mesure une interprétation rigide des noms propres est-elle compatible avec des domaines variables ?

7.1. Logiques intensionnelles à domaines variables

Dans les logiques libres qu'on a définies précédemment, on a restreint la portée des quantificateurs aux objets existants. Dans les logiques intensionnelles de premier ordre, relativement à un w donné, on va restreindre la portée des quantificateurs au domaine D_w de w. Une structure modale reste en effet de la forme <W,R,D>, où chaque monde w se voit attribuer un domaine D_w tel que $D_w \subseteq D$. On commence donc par remplacer les clauses pour les quantificateurs par :

(i) M,w ⊨ ∃xφ Ssi. M,w,g[x/d] ⊨ φ pour au moins un d ∈ D_w.
(ii) M,w ⊨ ∀xφ Ssi. M,w,g[x/d] ⊨ φ pour tout terme singulier d ∈ D_w.

Bien qu'on puisse ensuite fonder la sémantique sur n'importe laquelle des logiques libres qu'on a précédemment définies, on inclinera au final à opter pour une approche positive. On va en effet voir que, outre les considérations philosophiques qui suivront, fonder les logiques intensionnelles avec domaines variables sur une logique libre négative ou neutre est techniquement problématique.

7.1.1. Négative :
Pour implémenter ces conditions dans une sémantique intensionnelle, on doit adapter la définition des modèles, en relativisant l'interprétation aux mondes possibles[59] et en adaptant les clauses pour la définition

---

[59] On notera que l'interprétation partielle semble difficilement compatible avec l'interprétation rigide des noms propres. En effet, s'il y a des mondes où l'interprétation de certains noms n'est pas définie, alors on pourrait considérer que la référence est différente. Par ailleurs, l'interprétation rigide semble encore plus incompatible avec l'idée que certains noms qui ne réfèrent pas à une entité existante le pourraient relativement à d'autres mondes. On revient sur cette difficulté, justement relevée par Kripke [1982], juste après. Pour l'instant, on se contente de voir comment faire varier les domaines.

de la vérité. L'extension du prédicat d'existence, pour tout $w \in W$, coïncide avec D_w. L'identité est l'ensemble $\{<d,d> : d \in D_w\}$. On ajoute alors la clause suivante :

- $M, w \vDash Pk_1$ Ssi. $I(k_1) \in D_w$ et $k_1 \in I_w(P)$

Cette clause ne peut cependant valoir, on le rappelle, que pour le cas atomique et pose alors des problèmes quant à la substitution uniforme.

7.1.2. Neutre
: Selon l'approche neutre maintenant, Pk_1 est indéterminée à w si $k_1 \notin D_w$ – tel serait par exemple le cas d'une phrase telle que « Holmes est un détective » ou « Phileas Fogg est Phileas Fogg ». Pour obtenir une sémantique fondée sur celle de la logique libre neutre, on ajoute donc la clause suivante :

- $M, w \vDash Pk_1$ Ssi. $I(k_1) \in D_w$ et $k_1 \in I_w(P)$
  $M, w \nvDash Pk_1$ Ssi. $I(k_1) \in D_w$ et $k_1 \notin I_w(P)$

Cette approche neutre est cependant la source de nombreuses difficultés quant à l'interprétation des opérateurs modaux. Si la valeur de certaines formules atomiques peut être indéterminée, on doit également préciser les clauses pour la négation et la conditionnelle. En effet, ces connecteurs sont sensibles à la contagion de l'indétermination. On doit par conséquent modifier les clauses pour la négation et le conditionnel comme suit :

- $M, w \vDash \neg Pk_1$ Ssi. $M, w \nvDash Pk_1$
- $M, w \nvDash \neg Pk_1$ Ssi. $M, w \vDash Pk_1$
- $M, w \nvDash \varphi \to \psi$ Ssi. $M, w \vDash \varphi$ et $M, w \nvDash \psi$
  $M, w \vDash \varphi \to \psi$ Ssi. $M, w \vDash \varphi$ et $w \vDash \psi$

  ou $M, w \nvDash \varphi$ et $M, w \vDash \psi$

  ou $M, w \nvDash \varphi$ et $M, w \nvDash \psi$

Maintenant, à quelles conditions sera vraie une formule comme $\Box\varphi$? Etant donnée la possibilité d'avoir une valeur de vérité indéterminée, on est de nouveau confronté à un choix à faire pour les conditions de vérité pour les opérateurs modaux et plus précisément la nécessité confrontent à un autre choix encore. Faut-il que :

- φ soit vraie dans tous les mondes accessibles ?

- φ ne soit fausse dans aucun monde accessible ?

Si l'on opte pour la première alternative, la clause pour la sémantique de l'opérateur de nécessité □ peut être énoncée comme suit :

- M, w ⊨ □φ Ssi. ∀w' w'∈W tel que wRw' : w' ⊨ φ
  M, w ⊭ □φ Ssi. ∃w' w'∈W tel que wRw' et w ⊭ φ

On voit directement les limites de ce choix puisqu'une formule ne serait nécessairement vraie que si les objets dont on parle existent nécessairement. En effet, « Jules Verne est Jules Verne » ou « Si Jules Verne a écrit *Vingt mille lieues sous les mers*, alors Jules Verne a écrit *Vingt mille lieues sous les mers* » ne seront plus nécessairement vraies puisque Jules Verne pourrait très bien ne pas avoir existé et que ces deux phrases pourraient être dépourvues de valeur de vérité déterminée. Cette condition est donc trop forte pour une sémantique à domaines variables puisqu'un des enjeux majeurs est précisément de parler d'objets dont l'existence est contingente.

La deuxième alternative, qui consiste à admettre la vérité de □φ si et seulement si φ n'est fausse dans aucun monde accessible force à réviser la clause (iv), qu'on remplace par (iv') :

(iv')   M, w ⊨ □φ Ssi. ∀w' w'∈W tel que wRw' et tel que φ est déterminée : w ⊨ φ
        M, w ⊭ □φ Ssi. ∃w' w'∈W tel que wRw' w ⊭ φ

Cette solution a l'avantage de préserver la validité de □ a = a ou encore □(Pa → Pa) sans avoir à présupposer quelque nécessité existentielle que ce soit. En effet, les mondes où a est dépourvue de référence existante et où les formules φ qui contiennent a peuvent dès lors être indéterminées ne sont pas pris en compte pour la vérité de □φ. On n'est toutefois pas à l'abri de voir surgir d'autres difficultés. Certains principes de la logique modale propositionnelle doivent encore être révisés, à moins de suggérer toujours plus de clauses *ad-hoc*. Une structure réflexive par exemple est en effet caractérisée par la validité du schéma propositionnel □A → A. Mais si A devait tenir pour « Holmes est mortel » par exemple, il se pourrait que ce soit vrai dans tous les mondes accessibles sans que cela le soit au monde actuel (étant donné que Holmes n'existe pas).

Une autre façon de solutionner ces problèmes consisterait à imposer des conditions sur la taille des domaines dans la structure. Si le domaine est croissant, c'est-à-dire que tous les objets qui existent au monde actuel sont nécessairement disponibles, alors il en est de même dans tous les mondes accessibles. Pour ce faire, on ajoute la restriction suivante aux domaines de la structure :

Si wRw', alors $D_w \subseteq D_{w'}$.

On validerait alors la converse de la formule de Barcan. Mais les conséquences sont toujours aussi contre-intuitives : Tout ce qui existe, existe nécessairement. Une autre solution consisterait finalement à ne pas faire le choix de fonder la logique intensionnelle de premier ordre sur la logique libre neutre.

7.1.3.Positive : La dernière solution reposerait donc sur la logique libre positive, sans imposer de restriction ontologique quant à aux conditions de vérité des formules qui contiennent un terme singulier dépourvu de référence existante. C'est la solution proposée par Kripke [1963] dont la sémantique invalide les formules de Barcan et sa converse, les domaines sont variables, mais où les termes singuliers peuvent être interprétés de façon *possibiliste*, c'est-à-dire qu'ils peuvent avoir pour référence une entité qui n'existe pas dans le contexte d'usage mais seulement dans des mondes accessibles.

Les quantificateurs sont toujours interprétés de façon actualiste, c'est-à-dire qu'à un w donné, ils ne portent que sur ce qui existe à w, ce qui fait partie de D_w. On pourrait, comme dans la logique libre, introduire une paire de quantificateurs ontologiquement neutres qui porteraient sur D plutôt que sur D_w et restreindre leur portée au moyen du prédicat d'existence.[60] Dans cette sémantique, on n'a pas de restriction concernant la vérité des formules qui contiennent un terme singulier dépourvu de référence existante. La seule chose qui change par rapport à une sémantique à domaine constant, c'est le fait que chaque monde reçoive son propre domaine, un sous-ensemble de D.[61]

La sémantique de Kripke [1963] est ainsi fondée sur la sémantique pour la logique libre positive où l'*outerdomain* serait constitué de l'ensemble des objets qui existent seulement relativement à d'autres mondes possibles, qui n'existent pas au contexte de référence. Une conséquence formelle en est l'invalidation de la formule de Barcan et sa converse, mais aussi de la généralisation existentielle. Formellement, cela se traduit par une clause pour les formules atomiques qui ne

---

[60] Kripke [1963] conclut son article en discutant cette possibilité d'introduire un prédicat d'existence dont l'extension à chaque monde w coïnciderait avec le domaine D_w de ce monde. On revient sur cette possibilité par la suite.
[61] Voir Kripke [1963, 65] : « *Intuitively ψ(H) is the set of all individuals existing in H. Notice, of course, that ψ(H) need not be the same for different arguments H, just as, intuitively, in worlds other than the real one, some actually existing individuals may be abstent, while new individuals, like Pegasus, may appear.* »

contient pas de restriction et une identité qui tient pour tous les objets du domaine de la structure, quel que soit le monde considéré[62] :

- M, w ⊨ Pk$_1$ Ssi. I(k$_1$) ∈ I$_w$(P)

Le point est que si k$_1$ n'existe pas à w, on doit interpréter la constante relativement à un monde où il existe. C'est une interprétation possibiliste des constantes individuelles.

7.2. Dialogiques dans une structure à domaines variables

Pour implémenter ces considérations dans l'approche dialogique et déterminer la validité d'une formule dans des structures à domaines variables, on adapte le slogan de la section 6.7 du chapitre précédent pour tenir compte de la pluralité des mondes et de l'existence contingente : *être dans un contexte, c'est être choisi dans ce contexte*. Cela se traduit par l'adaptation de la définition de la notion d'introduction et de la règle d'introduction, qu'on ajoutera aux règles pour la dialogique modale à domaines constants :

[INTRODUCTION DANS UN CONTEXTE] On dit qu'un terme singulier k$_i$ joué par X est *introduit au contexte w* Ssi.

- X énonce la formule φ[x/k$_i$] à w pour défendre une formule existentielle ∃xφ à w, k$_i$ n'ayant pas été utilisé précédemment pour attaquer un ∀ ou défendre un ∃ à w, ou
- X attaque une formule ∀xφ à w avec < ?-∀$_{ki}$>, k$_i$ n'ayant pas été utilisé précédemment pour attaquer un ∀ ou défendre un ∃ à w.

[RS-II] [**Règle d'introduction dans un contexte**] Seul **O** peut *introduire* des termes singuliers dans un contexte w.

On peut montrer que si l'on joue avec ces règles, alors la converse de la formule de Barcan par exemple, ainsi que la généralisation existentielle ne sont pas valides :

---

[62]Voir Kripke [1963, 67] « *For an atomic formula $P^n(x_1, ..., x_n)$, where P^n is an n-adic predicate letter and $n \geq 1$, given an assignment of elements $a_1, ..., a_n$ of U to $x_1, ..., x_n$, we define $\varphi(P^n(x_1, ..., x_n), H) = T$ if the n-tuple $(a_1, ..., a_n)$ is a member of $\varphi(P^n, H)$, otherwise, $\varphi(P^n(x_1, ..., x_n), H) = F$. [...] we quantify only over the objects actually existing in H.* »

		O			P		
					$\Diamond\exists xAx \to \exists x\Diamond Ax$	0	0
0	1	$\Diamond\exists xAx$	0		$\exists x\Diamond Ax$	2	0
0	3	$?\exists$	2				
1	5	$\exists xAx$	1		$?\Diamond$	4	0
1	7	Ak_1	5		$?\exists$	6	1

Explication : P ne peut pas répondre au coup 3 puisque aucune constante individuelle n'a été introduite à w_0. Il va donc contre-attaquer au coup 4 de façon à forcer O à introduire une constante individuelle, ce qu'il fera au coup 7. Cependant, cette constante a été introduite dans le contexte w_1 et O n'en a donc pas concédé l'existence à w_0. P ne peut toujours pas instancier le quantificateur existentiel à w_0 et il perd.

		O			P		
					$\Box Ak_1 \to \exists x\Box Ax$	0	0
0	1	$\Box Ak_1$	0		$\exists x\Box Ax$	2	0
0	3	$?\exists$	2				

Explication : P ne peut même pas contre-attaquer puisque O n'a pas préalablement concédé de relation d'accessibilité. Il perd.

La règles d'introduction est pertinente pour une structure à domaine globalement variable. Elle est cependant trop contraignante si l'on veut permettre aux joueurs de dialoguer dans une structure à domaine croissant ou décroissant. En effet, à supposer que l'on joue dans une structure à domaine croissant, il doit être légitime pour P d'introduire à un contexte w_i tel que w_jRw_i une constante qui a été introduite par O dans le contexte w_j. En d'autres termes, quand O introduit un k_i dans un contexte w_i, il concède l'existence de k_i dans tous les contextes w_j tels que w_iRw_j. Une façon de relâcher la règle d'introduction consiste à autoriser P à introduire des constantes dans certains contextes et en fonction de certaines circonstances déterminées.[63] On donne également la règle inverse pour les domaines décroissants :

[RS-II+] [Introduction dans une structure à domaine (localement) croissant] P ne peut introduire une constante k_i dans un contexte w_i que si O a préalablement introduit k_i dans un contexte w_j tel que w_jRw_i.

[RS-II-] [Introduction dans une structure à domaine (localement) décroissant] P ne peut introduire une constante k_i dans un contexte w_i que si O a préalablement introduit k_i dans un contexte w_j tel que w_iRw_j.

Si l'on joue avec [RS-II+], alors le proposant a une stratégie gagnante pour la converse de la formule de Barcan, mais pas pour la formule de Barcan. Inversement si l'on joue avec [RS-II] :

		O			P		
					$\Diamond\exists xAx \rightarrow \exists x\Diamond Ax$	0	0
0	1	$\Diamond\exists xAx$	0		$\exists x\Diamond Ax$	2	0
0	3	?∃	2		$\Diamond Ak_1$	8	0
1	5	$\exists xAx$	1		?◊	4	0
1	7	Ak_1	5		?∃	6	1
1	9	?◊	8		Ak_1	10	1

---

[63] Une autre solution consisterait à indexer les constantes sur les contextes et de restreindre les choix de quantificateurs à des ensembles de paramètres propres à chaque contexte. Cette méthode de Rahman, reprise par Fontaine et al. [2011], a l'avantage de garder une trace syntaxique du contexte dans lequel a été introduite une constante. Cela présuppose cependant de considérer des ensembles de constantes propres à chaque monde et sur lesquels les choix sont relativisés. Cela traduirait aussi l'idée que chaque monde a véritablement son propre domaine, distinct de tous les autres, mais semble quelque peu contre-intuitif avec l'idée qu'on est toujours ici dans des dialogues avec désignateurs rigides et où la règle de substitution s'applique sans restriction, si ce n'est relativement aux règles propres à la logique libre positive et à la logique libre négative.

Explication : Si l'on joue avec [RS-II-], P peut maintenant jouer le coup 8 et défendre l'attaque sur le quantificateur existentiel en utilisant une constante introduite à w_1. En effet, O a concédé w_0Rw_1 au coup 5 et a concédé l'existence de k_1 à w_1 au coup 7. Comme les domaines sont décroissants, O concède l'existence de k_1 pour tous les w_i tels que w_iRw_1, ce qui est le cas de w_1. P gagne et la formule est valide. Si l'on joue avec [RS-II+], le coup 8 n'est pas autorisé puisque P ne peut pas introduire de constante à w_0. Le dialogue s'arrête dans ce cas au coup 7 comme précédemment.

		O			P		
					$\exists x \Diamond Ax \rightarrow \Diamond \exists xAx$	0	0
0	1	$\exists x \Diamond Ax$	0		$\Diamond \exists xAx$	2	0
0	3	?$\Diamond$	2		$\exists xAx$	8	0
0	5	$\Diamond Ak_1$		1	?$\exists$	4	0
1	7	Ak_1		5	?$\Diamond$	6	1
1	9	?$\exists$	8		Ak_1	10	1

Explication : Cette fois, P a une stratégie gagnante si l'on joue avec [RS-II+], mais pas si l'on joue avec [RS-II-]. En effet, O introduit k_1 à w_0 et P ne pourra la réintroduire à w_1 que si w_0Rw_1 et surtout que si le domaine est croissant.

On peut aussi distinguer les attitudes libres négatives et positives par rapport à l'identité en adaptant les règles pour l'identité au cas modal :

[R=$_M$ B] Au début de chaque contexte w_i du dialogue, l'opposant concède $\forall x(x = x)$ dans w_i, cette concession pouvant ensuite être attaquée par l'application des règles pertinentes pour $\forall$.

[RS-FL$_+$] Au début de chaque contexte w_i, O concède $k_i = k_i$.

ou sa variante :

[RS-FL$_+$] Bien qu'étant un atome, $k_i = k_i$ peut être assertée sans justification.

7.3. Kripke Vs. Kripke - Rigidité et domaines variables

L'interprétation rigide des noms propres présuppose que les noms aient la même référence dans tous les contextes et donc que les mêmes objets apparaissent dans différents mondes. C'est pourquoi on n'a pas véritablement un domaine propre pour chaque monde, mais plutôt un sous-ensemble de l'union de tous les domaines. Alors que l'approche positive de Kripke avec une interprétation possibiliste des constantes est techniquement simple et efficace, les choses demeurent plus complexes d'un point de vue philosophique. En effet, comment déterminer la référence d'un nom si elle n'existe que dans d'autres mondes possibles ? Comment parvient-on dans ce contexte à appliquer le schéma d'usage défendu par Kripke [1982] et baptiser un individu déterminé dès lors que le nom n'a pas de sens ? S'il doit y avoir un baptême descriptif, relativement à quel monde aurait lieu ce baptême ? Alors que Kripke dissolvait le problème de l'identité transmonde grâce à des arguments en faveur d'une interprétation rigide des noms propres, on voit mal comment les appliquer au cas des objets simplement possibles. Le royaume des objets simplement possibles est toujours hanté par le spectre de Quine et le problème de l'identité transmonde.

Plus précisément, on doit faire face à deux problèmes qui se posent dès qu'on s'intéresse aux objets simplement possibles ou fictionnels : D'une part, les descriptions peuvent parfois être contradictoires et les objets ainsi décrits ne pourraient donc pas exister dans des mondes possibles. L'approche possibiliste ne garantirait plus la référence de tels noms. Il faudrait des mondes impossibles.[64] D'autre part, les descriptions sont toujours incomplètes. On ne serait donc plus confronté au problème d'absence de référence, mais plutôt à une trop grande multitude de références possibles. En effet, de nombreux mondes pourraient par exemple réaliser l'histoire de *Voyage au centre de la terre* de Jules Verne et parmi ceux-ci de nombreux individus pourraient correspondre à la description qu'il fait d'Axel Lidenbrock. Combien y aurait-il d'Axel Lidenbrock ? Lequel serait celui qu'a initialement désigné Jules Verne par le nom « Axel Lidenbrock » ? Comment décider ? C'est ainsi que bien qu'ayant admis qu'il pourrait être vrai que « Holmes n'existe pas mais il pourrait avoir existé » dans « Semantical Considerations on Modal Logic », Kripke se rétracte dans *La logique des noms propres* après avoir défendu sa théorie des noms propres.

On pourrait s'étonner du retour en force d'une telle question alors que le problème de l'identité transmonde a été dissous par Kripke. En effet, il suffit pour cela de stipuler un monde, de le décrire, avec le fait que ce qu'on désigne habituellement

---

[64] On explique ce que sont les mondes impossibles dans la troisème partie, chapitre 8, section 8.5. Très généralement, ce sont des mondes où les lois de la logique ne sont pas valides et où il serait par exemple possible que des contradictions soient vraies.

par « le Nautilus » est dans ces mondes existants. Mais que désigne-t-on habituellement par « le Nautilus » ? Sa référence ne peut pas être transmise depuis un baptême dans une chaîne causale puisqu'on ne peut pas désigner le Nautilus, un sous-marin qui n'existe pas. On pourrait dire que c'est un objet qui existe dans un autre monde possible et que c'est relativement à ce monde qu'on le baptise. Mais quel est l'objet désigné et dans quel monde ? Si les propriétés peuvent changer et que le nom n'a pas de sens qui aiderait à identifier la référence, une multitude d'objets pourrait être la référence de ce nom. Même la découverte d'un objet qui corresponde en tout point à la description que fait Jules Verne du Nautilus ne garantirait pas l'identité du Nautilus. Ainsi, Kripke [1982] lui-même en venait à conclure que ce type d'affirmation sur l'existence possible n'était en fait pas possible :

> *On dit que, bien que nous nous soyons tous aperçu qu'il n'y a pas de licornes, il aurait pu, n'est-ce pas, y en avoir. Dans certaines circonstances, il y aurait eu des licornes. C'est là un exemple d'assertion avec laquelle je suis en désaccord. Il ne s'agit pas pour moi de soutenir qu'il est nécessaire qu'il n'y ait pas de licorne, mais seulement que nous ne pouvons dire dans quelles circonstances il y aurait eu des licornes.*

Kripke [1982, 12-13]

> *Je ne pourrais donc plus écrire, comme jadis : « Holmes n'existe pas, mais dans d'autres états du monde, il aurait pu exister ». […] L'assertion citée donne l'impression erronée qu'un nom fictif nomme un individu possible-mais-non-réel.*

Kripke [1982, 147]

Kripke défend sa thèse au moyen de deux arguments, un argument métaphysique et un argument épistémique. L'argument métaphysique dit qu'aucune situation contrefactuelle ne peut être correctement décrite comme une situation dans laquelle il y aurait eu des licornes. Il s'agit d'une espèce mythique qui n'est pas identifiée de façon descriptive. De même pour les noms propres fictionnels comme « Nemo » ou « le Nautilus ». S'il n'y a pas de Nautilus qui existe actuellement, alors il n'y a pas de Nautilus possible tel que s'il était actuel, alors il serait le Nautilus. En effet, tout ce qu'on a pour déterminer la référence d'un tel nom, c'est une description. Une description est toujours incomplète et il pourrait y avoir une multitude de mondes qui réalisent une telle description, et une multitude d'objets qui satisfassent cette description.

L'argument épistémique de Kripke dit que même si l'on découvrait un objet qui a toutes les propriétés qui décrivent habituellement les licornes, cela ne constituerait pas une preuve de l'existence des licornes. Cet argument repose en effet sur le fait qu'une description ne peut suffire à identifier la référence d'un nom. Même si un sous-marin correspondait exactement à la description que fait Jules Verne du Nautilus, on ne serait pas assuré que ce sous-marin soit effectivement celui que voulait désigner Jules Verne. Le royaume des non-existants demeure hanté par le spectre de Quine et le problème de l'identité transmonde : Combien y aurait-il de Nautilus possiblement existant ? Lequel est celui qu'on désigne au monde actuel par « le Nautilus » ?

A partir de là, soit on poursuit dans la voie kripkéenne et alors on a pour conséquence difficilement acceptable que l'existence est contingente alors que la non-existence est nécessaire, soit on admet les objets non existants ou simplement possibles et on doit alors répondre à la question métaphysique de savoir ce qu'ils sont et formuler les conditions d'individuation et d'identité adéquates. Cette seconde alternative est notamment suivie par Priest [2005] qui définit une sémantique nonéiste où l'on peut désigner et quantifier sur des non-existants. Une autre solution consiste à opter pour une sémantique nonéiste, comme celle de Priest [2005], où le domaine est véritablement constant et où tous les termes singuliers ont forcément une référence. On simule alors les variations de domaine au moyen d'un prédicat d'existence. Avant d'aller plus loin dans la critique de la rigidité des noms propres, on va voir comment produire une telle sémantique. On discutera les aspects philosophiques et métaphysiques par la suite.[65]

7.4. Simuler les domaines variables

Une dernière solution qu'on n'a pas encore abordée consiste à fonder la logique intensionnelle de premier ordre sur une logique libre positive, mais où tous les termes singuliers ont leur référence dans un domaine unique, le même pour tous les contextes. Contrairement à la sémantique de Kripke [1963], le domaine externe n'est pas défini d'entités existantes à d'autres mondes, mais plutôt comme faisant partie du monde dans lequel on se trouve. Le domaine est scindé en deux, les existants et les non-existants, qu'on distingue au moyen d'un prédicat d'existence de premier ordre « E! », l'existence étant alors conçue comme une primitive. La sémantique est la même que celle pour les domaines constants, sauf que les quantificateurs sont ontologiquement neutre. On peut au moyen du prédicat d'existence, restreindre la portée de ces quantificateurs pour exprimer des quantificateurs ontologiquement chargés :

$$\forall xAx =_{DF} \Lambda x(E!x \rightarrow Ax)$$

---

[65] Les principes métaphysiques et ontologiques seront discutés dans la quatrième partie, chapitre 16. On se concentre ici sur les aspects sémantiques.

$$\exists xAx =_{DF} \Sigma x(E!x \wedge Ax)$$

Ce qui peut maintenant varier d'un monde à l'autre, c'est l'extension du prédicat d'existence. Tout apparaît dans le domaine de chaque monde. Par conséquent, les formules de Barcan et leur converse exprimées au moyen des quantificateurs ontologiquement neutres sont valides. De même, étant donné que le domaine est constant, que les constantes individuelles sont interprétées rigidement et que les quantificateurs sont ontologiquement neutres, des règles d'inférence comme la généralisation existentielle[66] ou la substitution des identiques redeviennent valides. Enfin, rien n'empêche d'ajouter une contrainte négative sur la valeur des formules atomiques de façon similaire à la logique libre négative. Il suffit pour cela d'ajouter la clause suivante :

$$M,w,g \vDash At_1...t_n \text{ Ssi. } \|t_1\|_{M,g}, ..., \|t_n\|_{M,g} \in I_w(E!) \text{ et } <\|t_1\|_{M,g}, ..., \|t_n\|_{M,g}> \in I_w(A).$$

Cette solution est techniquement simple et efficace d'un point de vue formel. D'un point de vue plus philosophique, l'usage du prédicat d'existence comme un prédicat de premier ordre est cependant discutable. L'existence n'est pas une propriété qui puisse être déterminée par la perception directe qu'on peut avoir d'un objet dans un contexte donné. Dans *Critique de la raison pure* [A598 = B626], Kant argumentait notamment sur le fait que l'existence n'était pas un authentique prédicat puisqu'elle n'ajoutait rien à la caractérisation d'un objet. Plus phénoménologiquement, on dirait aussi que le contenu d'une intention n'est pas déterminé par l'existence d'un objet externe et qu'on ne peut pas non plus déterminer l'existence sur base du simple contenu. Rien dans le contenu ne peut prescrire un objet existant. L'existence n'apparaît pas comme les autres propriétés et une distinction primitive entre les existants et les non-existants est difficilement intelligible. Par la suite, Frege [1971], puis Russell [1905], ont exprimé l'existence comme un prédicat de second ordre, par le biais des quantificateurs. On pourrait dire, très succinctement, que pour Frege ou Russell, exister c'était exemplifier un prédicat. Enfin, dans le contexte des pratiques argumentatives, l'existence est comprise en termes de choix. C'est-à-dire que ce qui était admis dans l'ontologie relevait des concessions d'un opposant qui attaquait la validité d'une thèse. Même si l'on n'est pour l'instant pas en mesure de se prononcer définitivement pour ou contre l'usage d'un tel prédicat, une distinction primitive entre existants et non-

---

[66] Il faut donc dans ce cas distinguer la généralisation existentielle formulée au moyen de quantificateurs neutres : $Ak_1 \vDash \Sigma xAx$, de la version avec quantificateurs ontologiquement chargés : $Ak_1 / \exists xAx$ et qui ne serait plus valide. De même pour l'instanciation universelle et les formules de Barcan.

existants laisse perplexe. Il semblerait en effet que comprendre l'existence suppose de saisir quelque chose de plus complexe qu'une distinction primitive.

Cette perplexité autour de l'usage du prédicat d'existence rejoint également des inquiétudes d'ordre plus métaphysique. En effet, si l'on prétend désigner et quantifier sur les non-existants, alors on doit être en mesure de définir des conditions d'individuation pour de tels objets. On doit expliquer comment, en l'absence de toute relation causale, il est possible de les désigner et de connaître des choses à leur sujet. Les thèses de Meinong ont sur ce point été très influentes et les objections classiques à l'usage du prédicat d'existence ont souvent été posées dans le contexte de discussions critiques à son égard. On reviendra plus en détail sur ces enjeux métaphysiques et ontologiques par la suite, en recentrant précisément la question autour des objets fictionnels. On va pour l'instant poursuivre, en montrant que simuler les domaines variables en préservant une interprétation rigide des noms propres ne peut de toute façon pas constituer une base satisfaisante pour une logique intentionnelle.

TROISIEME PARTIE :
VERS UNE LOGIQUE INTENTIONNELLE

Chapitre 8 - Logiques intentionnelles

Les verbes intentionnels sont formellement représentés par des prédicats de premier ordre ou des opérateurs intentionnels. On va pour l'instant les implémenter dans le langage en se fondant sur la sémantique nonéiste de Priest [2005] sur laquelle on vient de conclure. Cela permettra de présenter de façon plus claire d'autres difficultés qui apparaissent dans la portée des opérateurs intentionnels. On en profitera pour introduire les notions de mondes impossibles et de mondes ouverts qui permettent de bloquer des inférences problématiques telles que l'omniscience logique. L'analyse formelle des opérateurs intentionnels devra *in fine* rendre compte de l'indépendance à l'existence, de la dépendance à la conception et de la contextualité de la référence qui étaient caractéristiques de l'intentionalité. C'est pourquoi on recentrera finalement le problème autour de la substitution des identiques et de l'interprétation rigide des noms propres.

8.1. Prédicats intentionnels

Certains verbes intentionnels comme ceux qui mettent en relation un sujet à un objet (1) ou un sujet à des séquences d'objets (2), peuvent être représentés formellement comme des prédicats intentionnels :

(1) Jean a peur de la sorcière.
(2) Jean préfère Hercule Poirot à Sherlock Holmes.

La sémantique nonéiste de Priest [2005] traite facilement le problème de la non-existence. Comme on l'a vu précédemment, il n'y a pas de restriction quant à l'existence des objets impliqués dans la relation pour les conditions de vérité de tels énoncés. (1) et (2) peuvent être vrais quand bien même l'objet sur lequel porte l'intention de Jean n'existe pas. Si l'on veut définir plus finement ces prédicats, on peut distinguer ceux qui présupposent l'existence de ce à quoi ils s'appliquent de ceux qui ne la présupposent pas. La vérité des phrases comme (1) ou (2) semblent présupposer l'existence du premier terme, à savoir de l'agent intentionnel. Priest [2005, 59] explicite ce point et donne la clause suivante pour de tels prédicats qui présupposent l'existence, ces prédicats qu'il appelle *existence-entailing* :

> Si P est un prédicat qui présuppose l'existence en i-ème place alors :
> Si $<\|t_1\|_{M,g}, ..., \|t_i\|_{M,g}, ..., \|t_n\|_{M,g} \in I_w(P)$, alors $\|t_i\|_{M,g} \in I_w(E!)$.

Toutes les autres approches, qui ne sont pas fondées sur une logique libre positive, peuvent être considérées comme présupposant que tous les prédicats entraînent l'existence de tous les termes qu'ils relient. A partir de là, ces sémantiques ne sont pas en mesure de rendre compte de la vérité de (1) ou (2) de façon directe. Soit elles sont fausses, soit on doit en donner une explication détournée en paraphrasant ces énoncés.

On notera que tous les verbes intentionnels ne peuvent pas être directement traduits comme des prédicats intentionnels. Des verbes comme vouloir, chercher, devoir, dans des constructions comme « Jean *veut un* vélo », « Jean *cherche un* hôtel » ou encore « Jean te *doit un* euro » doivent forcément être exprimé au moyen d'opérateurs intentionnels du fait de l'indétermination de l'objet de l'intention. Ce point peut être mis en lien avec la sensibilité au contexte qu'on avait discutée. Il n'y a pas moyen d'exprimer ces relations au premier ordre dans les logiques qu'on a jusqu'ici définies.

Enfin, concernant l'identité et les paradoxes générés par la substitution des identiques, il n'y a pas de difficulté. En effet, si Œdipe aimait Jocaste, alors il aimait sa mère. Il faut ici tenir compte d'un point de vue externe sur Œdipe et sa mère. Et il n'y a dès lors pas de problème à admettre la substitution. La substitution des identiques n'est en fait véritablement problématique que dans les contextes intensionnels comme dans « Œdipe croit que Jocaste est sa mère » et où l'objet de l'intention est une proposition. Même dans le cas d'une construction comme « Œdipe préfère Jocaste à sa mère », on peut faire la substitution et déduire « Œdipe préfère sa mère à sa mère ». Œdipe a véritablement cette préférence, même s'il ne s'en rend pas compte. Peu importe qu'il s'en rende compte puisque ce critère n'entre pas dans l'évaluation d'une telle relation.

L'identité pose problème pour les approches négatives dès lors qu'elle est combinée à la non-existence. En effet, dans de telles approches, on ne pourra expliquer directement le lien entre les phrases en (3) qu'il n'y a pas entre les phrases en (4). En effet, toutes ces phrases seront fausses de la même manière :

(3) Jean pense à Holmes. / Jean pense à l'ami de Watson.
(4) Jean pense à Holmes. / Jean pense à Pégase.

Dans tous les cas, il n'y a pas d'objet et il n'y a donc pas identité d'objet en (3) qu'il n'y aurait pas en (4). Le sens ou l'appel à une explication descriptiviste ne seraient ici d'aucune aide : Le sens des désignateurs utilisés sont différents et ne permet donc pas d'expliquer ce qu'il y a de commun entre les phrases en (3), mais qu'il n'y aurait pas entre les phrases en (4). On a des phrases aux sens différents dans les deux cas. La sémantique nonéiste ne pose quant à elle aucun problème sur ce point. « Holmes » et « l'ami de Watson » désignent le même individu non existant, « Pégase » désigne un autre non-existant. S'il s'agit de donner une explication directe des prédicats intentionnels, la sémantique nonéiste semble jusqu'ici la plus efficace, de même que l'étaient les théories de l'objet face aux théories du contenu dans le contexte de la phénoménologie.

8.2. Opérateurs intentionnels

Si l'interprétation de certains verbes intentionnels en termes d'opérateurs peut sembler une évidence pour certains esprits « corrompus » par les concepts de la logique intensionnelle, l'extension à l'intentionalité requiert des explications quant à ce choix d'analyse. Le choix qu'on a fait de viser une analyse de l'intentionalité par le biais des concepts de la logique intensionnelle n'est pas en soi nouveau, certains auteurs comme Hintikka [1969, 2005] ayant défendu de telles positions dès le milieu du siècle dernier. L'idée fondamentale était alors d'expliquer les états intentionnels relativement à une structure modale analysant des verbes comme « connaître », « espérer », « vouloir », etc., sur le même modèle que les opérateurs modaux « possiblement » et « nécessairement ». Plutôt que des mondes *logiquement* ou *conceptuellement* possibles, on va ici devoir tenir compte de mondes compatibles avec les états intentionnels, d'alternatives épistémiques compatibles avec la connaissance d'un agent par exemple. Mais que cela signifie-t-il ?

Plus précisément, Hintikka [2005, 42] part de l'idée selon laquelle « k sait que φ », où k est un agent et φ une proposition, peut être reformulé comme « il s'ensuit de ce que sait k que φ ». L'état épistémique de l'agent k peut alors être décrit relativement à un ensemble de contextes déterminés par l'ensemble de ses connaissances. Dit autrement, les mondes possibles compatibles avec la connaissance d'un agent et qui en décrivent le contenu sont tous les mondes possibles où ce que l'agent connaît est vrai. S'il est nécessaire de tenir compte d'une pluralité de mondes, c'est parce que l'ensemble des connaissances d'un agent est toujours au mieux une description partielle du monde. Ces descriptions peuvent être complétées de multiples façons et correspondre ainsi à des mondes complets, où toute proposition a une valeur de vérité déterminée. Les alternatives épistémiques sont tous les mondes possibles cohérents relativement à ce qu'il sait.

Supposons par exemple un agent a, qui vit à Lille. A Lille, comme partout ailleurs, il se pourrait qu'il pleuve (p) ou qu'il ne pleuve pas ($\neg$p). Pareillement à Marseille, on a soit q soit $\neg$q. Il y a donc quatre mondes possibles qui décrivent la météo de ces deux villes relativement à la connaissance de l'agent a. Si l'agent a n'a aucune connaissance du temps qu'il fait ni à Lille, ni à Marseille, les quatre mondes possibles ainsi décrits sont compatibles avec ses connaissances. Supposons maintenant un autre modèle dans lequel l'agent sait qu'il pleut à Lille (p). Dans ce cas, concernant la météo à Lille, les mondes dans lesquels il pleut à Lille sont les seules alternatives épistémiques pertinentes. Concernant Marseille, à supposer que l'agent n'ait aucune connaissance de la météo qu'il y fait, on garde les deux possibilités. L'état épistémique de l'agent peut alors être capturé par les deux alternatives accessibles et dans lesquelles il est toujours vrai qu'il pleut à Lille.

Cette explication peut facilement être étendue à d'autres types d'états intentionnels, moyennant quelques adaptations sur la sémantique des opérateurs, comme les opérateurs déontiques, les opérateurs doxastiques ou encore des opérateurs qui traduisent des locutions verbales comme « avoir peur que », « espérer que », etc. Dans le cas de la peur, on considère tout ce qui est compatible avec la peur de l'agent. Si j'ai peur que Pégase m'attaque, alors dans tous les mondes compatibles avec ma crainte, il y a un objet qui est Pégase et qui m'attaque. Si c'est là le seul contenu de ma crainte, il se pourrait alors que différents mondes satisfassent cette description, certains où il m'attaque avec Bellérophon, d'autre sans par exemple. On peut faire de même avec les verbes de perception comme « voir », « entendre », etc. Reprenant l'exemple de la section 1.2.3 du chapitre 1 où je vois un bateau. Dans un monde compatible avec ce que je vois, c'est le bateau d'un pêcheur, dans l'autre celui d'un plaisancier, dans les deux c'est un bateau.

Plus formellement, les règles syntaxiques pour la construction de formules intentionnelles sont les mêmes que pour les langages intensionnels. Les opérateurs intentionnels sont introduits sur le modèle du □ et du ◊ qui tenaient pour la nécessité et la possibilité. Dans ce qui suit, on précisera généralement de quel opérateur on parle, ce qu'on notera $[K]_a$ pour *l'agent a sait que* et son dual $<K>_a$ pour *il est compatible avec ce que sait l'agent a que*, $[B]_a$ et $<B>_a$ pour la croyance, $[P]_a$ et $<P>_a$ pour la peur, etc.[67] Quand cela ne sera pas nécessaire, on omettra l'indice qui désigne l'agent. La sémantique est elle aussi définie de la même manière, sauf qu'on présuppose que les relations d'accessibilité sont définies différemment pour les différents types d'opérateurs. Ainsi, l'accessibilité des alternatives épistémiques d'un agent est relativisée à un agent.[68] On peut imposer

---

[67] On ne confondra pas ici les notations utilisées avec celles utilisées par van Ditmarsch et al. [2007] pour exprimer l'opérateur d'annonce public. On utilise en effet [K] de façon similaire au box □ qui sert à exprimer la nécessité modale et <K> de façon similaire au diamond ◊ qui exprime la possibilité modale. On utilisera le même type de notation par la suite quand on distinguera notamment ce qui est vrai selon la fiction dans la portée de l'opérateur [F] et ce qui est compatible avec la fiction dans la portée de <F>.

[68] Priest [2005, 10] définit l'accessibilité comme une relation triadique : Si ψ est un verbe intentionnel, d(Ψ) est une fonction qui associe à chaque d ∈ D une relation binaire sur W. Ainsi, pour tout opérateur intentionnel Ψ et tout objet d de D, $R^\Psi d$ est une relation binaire

des restrictions sur ces relations de façon à affiner la sémantique des opérateurs. Généralement, on considère en effet que la connaissance présuppose une relation d'accessibilité réflexive puisque le savoir est factuel, ce qui ne serait pas le cas de la croyance. On n'entre pas dans de telles précisions ici et on donne maintenant la clause sémantique pour de tels opérateurs : Soit Φ un verbe intentionnel, $[\Psi]$ et $<\Psi>$ deux opérateurs correspondants :

$M,w \vDash [\Psi]\varphi$ Ssi. pour tout w' tel que wRw' : $M,w' \vDash \varphi$

$M,w \vDash <\Psi>\varphi$ Ssi. pour au moins un w' tel que wRw' : $M,w' \vDash \varphi$

Au niveau propositionnel, cette sémantique n'est cependant pas sans poser problème. Hintikka [2005] ou encore Priest [2005] ont pointé certaines difficultés liées aux inférences classiques qui donneraient des conséquences contre-intuitives pour ce qui est des contextes intentionnels. On va dans ce qui suit discuter brièvement ces difficultés, profitant de l'occasion pour introduire la sémantique de Priest de façon plus détaillée, ainsi que les notions de mondes impossibles et ouverts qui seront nécessaires aux discussions ontologiques et métaphysiques qui suivront.

8.3. Inférences problématiques

8.3.1. Omniscience logique : Si $\vDash A$, alors $\vDash [\Psi]A$

A supposer que les contextes dont il est question quand on définit l'ensemble des alternatives intentionnelles d'un agent soient des mondes logiquement possibles, devra-t-on admettre la vérité de toutes les tautologies dans ces mondes ? Si A est une vérité logique, est-il nécessaire que pour tout agent d, il soit le cas qu'il sache, qu'il croit ou qu'il ait peur de A ? Le simple fait d'avoir peur de quelque chose cela doit-il par exemple impliquer qu'on ait peur de toutes les tautologies ? Il semble que répondre à cette question par l'affirmative déboucherait sur des situations quelque peu ubuesques. En effet, si l'on cherche à décrire les états intentionnels d'un agent, devra-t-on admettre que tout agent a peur du tiers exclu ? Cela pourrait éventuellement être le cas si l'on décrivait les états intentionnels de Brouwer, mais il serait absurde de dire qu'il est vrai que « Frege a peur que $A \vee \neg A$ », voire que « Frege a peur que si les vaches sont noires, alors les vaches sont noires ». En l'état, les logiques intensionnelles et l'apparat conceptuel des mondes possibles est à cet égard insuffisamment développé.

---

sur W. Si w,w' $\in$ W alors wR^{Ψ}_d seulement si à w' les choses sont comme d Ψ (croit, sait, craint, etc.) qu'elles sont.

8.3.2. Clôture sous l'implication : Si $\vDash [\Psi]A$ et $\vDash \square(A \rightarrow B)$, alors $\vDash [\Psi]B$

Cette inférence est tout autant problématique. Priest [2005, 21] donne un exemple convaincant à ce sujet : Je peux vouloir manger mon gâteau. Je peux aussi vouloir garder mon gâteau. Je pourrais même vouloir manger mon gâteau et le garder, en même temps. Comment un tel état intentionnel pourrait-il être décrit alors que dans tous les mondes accessibles, si je mange mon gâteau, je n'aurai plus de gâteau. Il n'y aurait aucun monde compatible avec ce que je veux et on serait forcé de conclure que je ne veux rien.

8.3.3. Formule de Barcan et sa converse : $\Lambda x[\Psi]Ax \vDash [\Psi]\Lambda xAx$ et $[\Psi]\Lambda xAx \vDash \Lambda x[\Psi]Ax$

On a précédemment discuté les formules de Barcan et leur converse qui permettent de caractériser la structure des domaines. Ces formules ne sont pas valides sur les structures à domaines variables, mais elles le sont dans une structure à domaine constant et des quantificateurs ontologiquement neutres. Cela ne semble pas poser de problème pour le cas modal, quand on s'intéresse à la nécessité et la possibilité, mais le devient quand on étend ce système aux d'autres opérateurs intentionnels. En effet, à supposer que de chaque individu, j'ai peur qu'il m'agresse ($\Lambda x[\Psi]Ax$), il ne s'ensuit pas pour autant que j'ai peur que tout le monde m'agresse ($[\Psi]\Lambda x Ax$). En effet, $\Lambda x[\Psi]Ax$ peut être vraie s'il y a un monde pour chacun des individus dans lequel il m'agresse. Par contre, $[\Psi]\Lambda x Ax$ ne sera vraie que si tout le monde m'attaque dans le même monde, en même temps pourrait-on dire. Cela n'est pas problématique pour les logiques à domaines variables et si les quantificateurs sont actualistes puisque cette inférence ne serait de toute façon pas valide.

Inversement, la converse de la formule de Barcan ($[\Psi]\Lambda xAx \vDash \Lambda x[\Psi]Ax$) pose problème pour une sémantique nonéiste, mais pas pour les sémantiques à domaines variables et quantificateurs ontologiquement chargés où elle n'est de toute façon pas valide. A titre d'exemple, si j'ai peur que tout le monde me déteste, cela n'implique pas forcément que de tout le monde, j'ai peur qu'il me déteste. Il pourrait y avoir des individus qui ne sont pas pertinents dans mes alternatives intentionnelles et dont je n'ai donc pas peur qu'ils me détestent. En fait, ce dont j'ai peur, c'est que tout le monde me déteste et non pas de chaque individu considéré isolément qu'il me déteste.

8.3.4. Substitution des identiques : $a = b, [\psi]Pa \vDash [\psi]Pb$

Comme on l'a déjà expliqué en introduction, la nécessité de l'identité entre un objet et lui-même, si la référence est tout ce qu'il y a dans la signification du nom, force à admettre la substitution de termes co-référentiels y compris dans la portée d'opérateurs intentionnels. On pourrait alors inférer « Les Babyloniens croyaient que Hesperus est Phosphorus » de « Hesperus est Phosphorus » et de « Les Babyloniens croyaient que Hesperus est Hesperus ».

La succession des problèmes auxquels on se heurte montre que les logiques intensionnelles ne permettent pas, en l'état, un traitement efficace de l'intentionalité. Bien que d'un point de vue technique une sémantique où l'on simule les domaines variables au moyen du prédicat d'existence apporte des solutions directes et efficaces au problème de la non-existence, elle ne suffit pas à expliquer l'identité ni à bloquer les inférences problématiques comme l'omniscience logique, la clôture sous l'implication ou les formules de Barcan et leur converse. Priest [2005] bloque ces inférences, substitution des identiques mise à part, en complexifiant la structure modale sur laquelle il définit sa sémantique. Il introduit pour ce faire des mondes impossibles et des mondes ouverts. Récuser l'interprétation rigide des noms propres et opter pour une structure à domaines variables permettrait d'invalider les formules de Barcan et, comme on le verra par la suite, la substitution des identiques. Une telle stratégie ne suffirait cependant pas à bloquer l'omniscience logique ou la clôture sous l'implication. C'est pourquoi avant de proposer une autre façon de concevoir la structure des domaines et l'interprétation des noms propres, on va dans un premier temps introduire les mondes impossibles et ouverts.

8.5. Mondes impossibles

Si l'intentionalité est décrite relativement à une structure constituée de mondes logiquement possibles, alors on devra admettre la vérité des formules valides pour tous les contextes intentionnels. C'est le problème de l'omniscience logique, qui a pour conséquence que les tautologies font partie de la description des états intentionnels de n'importe quel agent. Si l'on considère une construction intentionnelle avec « avoir peur que », on sera contraint d'admettre la vérité d'énoncés comme « Frege a peur que si les vaches sont noires, alors les vaches sont noires » ou encore que « Frege a peur que pour toute vache, soit elle est noire, soit elle ne l'est pas ». Cette difficulté suggère l'idée que les contextes intentionnels ne sont pas ordonnés par les règles de la logique classique, que dans la portée des opérateurs intentionnels, les connecteurs ne se comportent pas normalement. Si l'on veut empêcher les affirmations absurdes comme celles concernant les craintes de Frege, on doit définir autrement la sémantique de certains connecteurs.

Afin de répondre à ce besoin, des auteurs comme Hintikka [1975] ou encore Rantala [1982a, 1982b] préconisent l'abandon de la présupposition selon laquelle les mondes qui décrivent les états intentionnels des agents soient des mondes logiquement possibles, régis par les règles de la logique classique. Les opérateurs intentionnels devraient être interprétés relativement à des *mondes impossibles*, des mondes où la logique est différente et où les connecteurs ont une autre signification. L'idée initiale de Hintikka et de Rantala était que de tels mondes, bien que logiquement impossibles, constituaient des alternatives épistémiques viables pour des agents cognitifs imparfaits. Intuitivement, les mondes impossibles sont donc des mondes où la logique change. Tout comme il y a des mondes physiquement impossibles où les lois de la physique sont différentes, il y a des mondes logiquement impossibles où les lois de la logique sont différentes. Plus formellement, la stratégie adoptée consiste à interpréter certaines formules complexes comme des atomes booléens auxquels on attribue arbitrairement et directement une valeur de vérité. La valeur de vérité des formules comme (p → p) aux mondes impossibles serait donnée directement et sans tenir compte de la compositionalité. Ajoutant une clause qui force à interpréter les conditionnelles comme des atomes dans les mondes impossibles permettrait par exemple d'invalider [ψ](p → p) si de tels mondes sont des alternatives pertinentes pour [ψ].

La solution proposée par Priest [2005] est similaire. Il considère que certains opérateurs intentionnels génèrent des contextes où la logique n'a pas un comportement normal. Il introduit alors dans sa sémantique des mondes impossibles où les lois de la logiques ne sont pas respectées. Considérant que les lois de la logique sont exprimées au moyen de la conditionnelle stricte → et des opérateurs modaux ◊ et □, il modifie la sémantique de ces connecteurs en attribuant directement une valeur de vérité aux formules du type A → B, □A ou ◊A, les considérant alors comme des atomes booléens. Il considère par ailleurs que, lorsqu'ils sont utilisés dans un monde possible, où la logique est normale, la signification de ces connecteurs doit elle aussi être relativisée aux mondes possibles.

Une telle solution serait suffisante pour la logique intentionnelle propositionnelle. Elle aurait cependant pour conséquence qu'on perdrait les lois de la quantification si on les appliquait au premier ordre. En effet, la généralisation existentielle ne serait plus valide puisqu'une formule du type (Pk_1 → Pk_1) recevrait une valeur de vérité arbitraire dans les mondes impossibles et pourrait dès lors être vraie sans que $\Sigma x(Px \rightarrow Px)$ le soit (les quantificateurs étant supposés conserver leur signification habituelle). Pour un nonéiste tel que Priest, définir une sémantique qui invalide la généralisation existentielle reviendrait cependant à jeter le bébé avec l'eau du bain puisque cela supposerait d'abandonner aussi les principes meinongiens (qui impliquent notamment que tous les noms aient une référence). Pour résoudre ce problème, Priest utilise des *matrices*.

Formuler précisément la définition d'une matrice est plutôt complexe, mais ce qu'elles sont peut être compris au moyen d'exemples.[69] Construire la matrice d'une formule complexe revient en quelque sorte à écraser la compositionalité dans un prédicat à autant de places qu'il y a d'occurrences de variables libres dans la formule en question. La matrice d'une formule telle que Pa sera comme un prédicat à une place M(x) auquel on attribue extension et co-extension et qui se comporte comme les prédicats de premier ordre standard. Pour une formule telle que (Pk$_1$ → Pk$_2$), la matrice est comme un prédicat à deux places M(x$_1$)(x$_2$). Et comme ce sont les occurrences de variables libres dont il faut tenir compte, la matrice d'une formule comme (Pk$_1$ → Pk$_1$) sera aussi comme un prédicat à deux places M(x$_1$)(x$_2$). S'il n'y a pas de variable libre dans la formule complexe, comme c'est le cas de Σx(Ax → Bx), sa matrice est un prédicat nulladique interprété comme un atome propositionnel.

8.6. Sémantique des mondes impossibles

La sémantique nonéiste de Priest [2005] est définie de façon relationnelle et ce, afin d'admettre des formules qui seraient vraies et fausses en même temps. Cela ne serait pas possible avec une valuation conçue comme une fonction (une fonction n'attribuant qu'une et une seule valeur à chaque argument). Dans ce qui suit, on va suivre la notation de Priest. On utilisera ici une paire de quantificateurs ontologiquement neutre comme ils ont été définis à la section 7.4 du chapitre précédent.

Un modèle est une séquence <P, $\mathfrak{I}$, @, D, δ> telle que P est un ensemble de *mondes possibles*, @ est le monde réel, $\mathfrak{I}$ est un ensemble de *mondes impossibles*, D est le domaine non vide unique, δ assigne à chaque symbole non logique une dénotation telle que :

- Si c est une constante, alors δ(c) ∈ D
- Si P est un prédicat à n places et w ∈ P ∪ $\mathfrak{I}$, alors δ(P,w) est une paire qu'on notera < δ$^+$(P,w), δ$^-$(P,w)>
- Si [ψ] est un opérateur intentionnel, δ([ψ]) est une fonction qui assigne à chaque d ∈ D une relation binaire sur P ∪ $\mathfrak{I}$. On notera δ([ψ])(d) R$_\psi^d$.

---

[69] La définition de Priest [2005, 17] : « *We call a formula a* matrix, *if all its free terms are variables, no free variable has multiple occurrences and – for the sake of definiteness – the free variables that occur in it, x$_1$, ..., x$_n$, are the least variables greater that all the variables bound in the formula, in some canonical ordering, in ascending order from left to right.* »

On remarque que pour l'instant, cette notation ne change rien si l'on présuppose que l'extension $\delta^+(P,w)$ et la co-extension $\delta^-(P,w)$ sont exclusives et exhaustives quel que soit w. Ces deux contraintes peuvent être exprimées comme suit :

Exclusivité : $\delta^+(P,w) \cap \delta^-(P,w) = \emptyset$

Exhaustivité : $\delta^+(P,w) \cup \delta^-(P,w) = D^n$

Etant données, ces contraintes, on ne donne normalement que l'extension, la co-extension suivant immédiatement. On peut aussi définir une assignation objectuelle s comme suit :

- Si c est une constante, $\delta_s(c) = \delta(c)$
- Si x est une variable, $\delta_s(x) = s(c)$

On peut maintenant donner la définition de la vérité. On s'en tient aux connecteurs pour lesquels on introduit des modifications. On note la vérité d'une formule A à un w pour un δ et s et sa fausseté w $\Vdash^+_s$ A et w $\Vdash^-_s$ A respectivement et on définit la sémantique comme suit. On donne d'abord les clauses qui ne concernent que les $w \in P$, on reviendra ensuite sur les clauses additionnelles pour les $w \in \mathfrak{I}$ plus spécifiquement :

(i)   w $\Vdash^+_s$ P$t_1, \ldots, t_n$ Ssi. $<\delta_s(t_1), \ldots, \delta_s(t_n)> \in \delta^+(P,w)$

         w $\Vdash^-_s$ P$t_1, \ldots, t_n$ Ssi. $<\delta_s(t_1), \ldots, \delta_s(t_n)> \in \delta^-(P,w)$

(ii)   w $\Vdash^+_s$ □A Ssi. w' $\Vdash^+_s$ A pour tout w' $\in P$

         w $\Vdash^-_s$ □A Ssi. w' $\Vdash^-_s$ A pour au moins un w' $\in P$

(iii)   w $\Vdash^+_s$ ◊A Ssi. w' $\Vdash^+_s$ A pour au moins un w' $\in P$

         w $\Vdash^-_s$ ◊A Ssi. w' $\Vdash^-_s$ A pour tout w' $\in P$

(iv)   w $\Vdash^+_s$ A → B Ssi. pour tout w' $\in P \cup \mathfrak{I}$ tel que w' $\Vdash^+_s$ A on a w' $\Vdash^+_s$ B

         w $\Vdash^-_s$ A → B Ssi. il y a un w' $\in P \cup \mathfrak{I}$ tel que w' $\Vdash^+_s$ A et w' $\Vdash^-_s$ B

(v)   w $\Vdash^+_s$ tψA Ssi. pour tout w' $\in P \cup \mathfrak{I}$ tel que w $R_\psi^{\delta s(t)}$ w' on a w' $\Vdash^+_s$ A w $\Vdash^-_s$ tψA Ssi. pour au moins un w' $\in$ P $\cup$ $\mathfrak{I}$ tel que w $R_\psi^{\delta s(t)}$ w' on a w' $\Vdash^-_s$ A

(vi) w $\Vdash^+_s$ ΣxA Ssi. pour au moins un d $\in$ D, w $\Vdash^+_{s[x/d]}$ A

w $\Vdash^-_s$ ΣxA Ssi. pour tout d $\in$ D, w $\Vdash^+_{s[x/d]}$ A

(vii) w $\Vdash^+_s$ ΛxA Ssi. pour tout d $\in$ D, w $\Vdash^+_{s[x/d]}$ A

w $\Vdash^-_s$ ΛxA Ssi. pour au moins un d $\in$ D, w $\Vdash^+_{s[x/d]}$ A

La validité est définie comme la préservation de la vérité au monde @ (bien que cette restriction ne soit pas nécessaire si l'on veut généraliser le propos).

On notera ici que la clause (iv) est définie relativement à tous les mondes, possibles et impossibles. La validité de (p → p) relativement aux mondes possibles n'est pas remise en cause par sa fausseté dans les mondes impossibles. En effet, si (p → p) est vraie au monde actuel, alors dans tous les mondes possibles et impossibles, si p est vraie, alors p est vraie. Ce qui doit être invalidé, c'est (p → p) relativement aux mondes impossibles. On doit donc préciser que (iv) ne vaut que si le contexte d'évaluation est un w $\in$ P. Si w $\in$ $\mathfrak{I}$, alors on doit utiliser la clause suivante :

(iv-$\mathfrak{I}$) Si w $\in$ $\mathfrak{I}$, alors w $\Vdash^+_s$ A → B Ssi. w $\Vdash^+_s$ \A → B\

w $\Vdash^-_s$ A → B Ssi. w $\Vdash^-_s$ \A → B\

Ce que dit cette clause, c'est que dans un monde impossible, une formule comme A → B est vraie si et seulement si la matrice \A → B\ de cette formule est vraie dans ce monde. Les conditions de vérité d'une matrice peuvent être définies comme pour les prédicats, c'est-à-dire que si C(t_1, ..., t_n) est une matrice de la forme A → B, alors :

w $\Vdash^+_s$ C(t_1, ..., t_n) Ssi. <$\delta s(t_1)$, ..., $\delta s(t_n)$> $\in$ δ^+(C,w)

w $\Vdash^-_s$ C(t_1, ..., t_n) Ssi. <$\delta s(t_1)$, ..., $\delta s(t_n)$> $\in$ δ^-(C,w)

S'il n'y a pas de variable libre dans la formule et que la matrice qui lui correspond est comme un prédicat nulladique, alors son extension est la séquence vide {<>} si elle est vraie, l'entité nulle ∅ si elle est fausse. Ce dispositif est également étendu aux opérateurs modaux □ et ◊ :

(v-$\mathfrak{I}$) Si w $\in \mathfrak{I}$, alors   w $\Vdash^+_s$ □A Ssi. w $\Vdash^+_s$ \□A\

                                      w $\Vdash^-_s$ □A Ssi. w $\Vdash^-_s$ \□A\

(vi-$\mathfrak{I}$) Si w $\in \mathfrak{I}$, alors w $\Vdash^+_s$ ◊A Ssi. w $\Vdash^+_s$ \◊A\

                                      w $\Vdash^-_s$ ◊A Ssi. w $\Vdash^-_s$ \◊A\

Cette sémantique a pour conséquence d'invalider l'omniscience logique et on n'a plus besoin d'admettre la vérité de « Frege a peur que si les vaches sont noires, alors les vaches sont noires » - ([F]$_{Frege}$(A → A)). En effet, si l'opérateur de peur peut être interprété relativement à des mondes impossibles, alors il se pourrait très bien que (A → A) soit fausse dans certains mondes compatibles avec la crainte de Frege, bien que (A → A) soit forcément vraie dans les mondes possibles.

La généralisation existentielle est quant à elle préservée : On peut par exemple inférer ΣxPx de Pk_1 même si l'on doit tenir compte des mondes impossibles puisque si le contexte d'évaluation est un w tel w $\in \mathfrak{I}$, alors on aura w $\Vdash^+_{s[x/k1]}$ Mx, une matrice de la forme □A, qui sera vraie si est seulement si $s(k_1) \in \delta^+(Mx,w)$. Comme $s(k_1) \in$ D, il y a un d tel que d $\in \delta^+(Mx,w)$, ce qui donne w $\Vdash^+_s$ ΣxMx.

8.7. Négation : La négation pourrait aussi se comporter différemment dans les mondes impossibles et ce, de façon à admettre des contradictions vraies. Les contraintes d'exhaustivité et d'exclusivité de la sémantique qu'on vient de définir permettent de déduire directement la co-extension de l'extension (comme tout ce qui n'est pas dans l'extension). La clause d'exhaustivité donne en fait la règle d'élimination de la double négation et la validité du principe (¬¬p → p), ainsi que du tiers exclus (p ∨ ¬p). La clause d'exclusivité est liée au principe de contradiction, c'est-à-dire que (p → ¬¬p) ou encore que ¬(p ∧ ¬p). Maintenant, dans les mondes impossibles, puisque la logique change, ces présuppositions fondamentales de la logique classique peuvent être abandonnées. En fait, par rapport aux logiciens classiques, les logiciens intuitionnistes font de la logique non normale en distinguant la négation de la fausseté et en relâchant la clause d'exhaustivité. Cela se traduit par l'invalidation du tiers exclu et de l'élimination de la double négation. Pour un logicien classique, il est impossible qu'on soit dans une situation où le tiers exclu n'est pas vrai. Maintenant, si l'on relâche aussi la contrainte d'exclusivité, on obtient une logique paraconsistante où le principe de contradiction n'est plus valide. Cela permet de rendre les mondes impossibles paraconsistants.

8.8. Mondes ouverts

Si la sémantique qu'on vient de définir suffit à invalider l'omniscience logique, elle ne suffit pas à récuser les autres inférences problématiques que sont la clôture sous l'implication, les formules de Barcan et leur converse. On rappelle que ces deux dernières ne sont problématiques que dans la mesure où le domaine est constant et que les quantificateurs sont ontologiquement neutres. On les invaliderait directement en faisant varier la taille des domaines, mais on devrait alors expliquer comment il serait possible de désigner des objets qui n'existent pas concrètement. On reviendra sur ces discussions par la suite. Le fait est qu'on doit de toute façon résoudre le problème de la clôture sous l'implication et que la solution de Priest [2005] fait d'une pierre deux coups en bloquant toutes ces inférences par le même dispositif. En fait, Priest [2005, 21] préconise d'étendre le traitement qu'on vient de réserver à la conditionnelle stricte et les opérateurs modaux à tous les autres connecteurs pour certains contextes qui ne seraient pas clos sous l'implication, contextes qu'il appelle des *mondes ouverts*.

Pour introduire les mondes ouverts dans la sémantique, il suffit d'ajouter une troisième classe de mondes à la structure, la classe O, qui contient les mondes ouverts. Dans ces mondes, on considère que tous les connecteurs se comportent de façon anarchique et leurs conditions de vérité sont alors données relativement à une matrice. Formellement, les modèles seront maintenant des séquences <P, $\mathfrak{I}$, O, @, D, δ>, qui sont comme précédemment sauf qu'on ajoute O, une classe de mondes ouverts relativement auxquels la valeur de vérité des formules est déterminée par l'extension et la co-extension des matrices correspondantes. On adapte aussi la clause (v) pour les opérateurs intentionnels de façon à ce qu'ils portent aussi sur les $w \in O$, et non plus uniquement sur $P \cup \mathfrak{I}$.

Malgré la simplicité technique de cette machinerie, les concepts mêmes de mondes impossibles et ouverts demeurent difficiles à comprendre. On se retrouve avec des mondes qui ne sont plus structurés par le langage, si ce n'est par des prédicats ersatz, les matrices, qui relient différents objets entre eux. Ce sont des mondes qui réalisent le contenu des états intentionnels.[70] Il y a donc des objets, mais qui sont

---

[70] Voir Priest [2005, 21] : « *Just as there are worlds that realize the way that things are conceived to be when that conception is logically possible, and worlds that realize how things are conceived to be when that conception is logically impossible, so there must be*

donnés dans un vécu perceptif immédiat, sans être ordonnés si ce n'est dans ces ersatz de perceptions. Relativement à ces mondes, tout ce qui est préservé, c'est la généralisation existentielle. Priest peut maintenant vouloir manger son gâteau et vouloir garder son gâteau, même s'il sait que s'il le mange, alors forcément, il n'en aura plus. Mais opter pour une telle sémantique, cela ne revient-il pas à exclure les états intentionnels de l'analyse logique ? Si tel est le cas, on se demandera à quoi bon définir une telle sémantique. Cependant, se poser la question de la sorte, d'un point de vue interne à de tels mondes, n'est pas la bonne façon de procéder. En effet, si ce qu'on veut c'est préserver certaines intuitions qu'on a relativement au monde actuel et donner une explication des états intentionnels dans ce monde, alors l'objectif est atteint. En préservant la généralisation existentielle, on peut expliquer la signification des opérateurs intentionnels sans avoir à supposer que tout ce qu'on peut exprimer, ce sont des attitudes purement propositionnelles, sans objet, et donc d'envisager une solution à l'explication de l'intentionalité. Reste à expliquer l'échec de la substitution des identiques dans la portée des opérateurs intentionnels.

---

worlds that realize how things are conceived to be for the contents of arbitrary intentional states. »

Chapitre 9 - Désignation non rigide et ambiguïtés de portées

Face au problème de la substitution des identiques, deux attitudes sont possibles :

1- On maintient l'interprétation rigide des constantes individuelles, mais on doit donner une explication complémentaire pour l'identité dans les contextes intentionnels.
2- On récuse l'interprétation rigide des constantes individuelles, mais on doit alors expliquer autrement quels sont ces individus dont on parle dans le discours modal.

Parmi ceux qui maintiennent la rigidité, Kripke [1979] prétend que les paradoxes de la substitution des identiques dans les contextes intentionnels ne sont pas directement liés à des problèmes d'identité, mais plutôt au problème de la signification des énoncés intentionnels comme les rapports de croyance. D'autres comme Chalmers [2004] ont quant à eux situé le problème au niveau de la substitution des identiques et proposé une explication dans le contexte d'une sémantique bidimensionnelle. Considérant que la substitution des identiques et la nécessité des identités vraies entre noms propres demeurent problématiques pour la modalité métaphysique, on optera pour la seconde attitude et montrera en quoi une interprétation rigide des noms propres ne peut rendre compte de tous les usages qu'on en fait. L'enjeu de ce chapitre est en fait de montrer que les questions de modalités et de portées sont en fait orthogonales. Or interpréter rigidement les noms propres revient formellement à donner systématiquement une portée restreinte à l'opérateur modal par rapport au terme singulier. Un tel usage des noms propres dans les contextes intensionnels est certes légitime, mais une telle restriction systématique empêche l'analyse d'autres usages pertinents quoiqu'exclus de l'analyse kripkéenne.

9.1. Pierre, un personnage aux croyances énigmatiques

Kripke [1982], qui défendait la thèse de l'interprétation rigide des noms propres sur fond d'une distinction radicale entre modalités métaphysique et épistémique n'avait pas l'intention de l'étendre à d'autres types de modalités. Les contextes intentionnels comme ceux induits par les opérateurs de croyance génèrent selon

Kripke [1979] des énigmes pour lesquelles il concède ne pas avoir de solution.[71] Si la thèse de la rigidité des noms propres devait se limiter à la nécessité et à la possibilité, on aurait rendu compte d'un usage très limité des noms propres. Toujours est-il que Kripke ne reconnaît pas pour autant que les paradoxes apparemment générés par l'application de la substitution des identiques relèvent de problèmes d'identité proprement dit. Selon lui, c'est la signification des énoncés intentionnels eux-mêmes, comme les rapports de croyances, qui est problématique.

L'argument de Kripke s'appuie sur la description des états doxastiques d'un agent, Pierre, qui ne sait ni ne croit que « Londres » et « London » désignent une seule et même ville et dont on exprime les croyances au sujet de Londres et de London comme suit :

(i) $[B]_{Pierre}$(Londres est jolie)
(ii) $[B]_{Pierre}\neg$(London est jolie)
(iii) $\neg[B]_{Pierre}$(Londres = London)

Les croyances de Pierre sont-elles contradictoires ? Le passage par les langues étrangères n'est en fait pas nécessaire, il s'agit toujours de problèmes du même type que ceux envisagés précédemment au sujet d'Œdipe et Jocaste. Kripke surprend en n'y voyant là aucun argument contre l'interprétation rigide des noms propres, mais plutôt une nouvelle objection au descriptivisme. En effet, de la ville Londres elle-même, Pierre croit-il qu'elle est jolie ou croit-il qu'elle ne l'est pas ? Quel serait le sens qu'il faut ici prêter à « Londres » et « London » ? Celui que Pierre lui confère ou celui des locuteurs qui en parlent de façon externe ? Dans ce cas, comment savoir si, de Londres (désignée de façon externe aux croyances de Pierre), Pierre croit qu'elle est jolie ou non ? Doit-on considérer la référence qu'il associe à « Londres » ou celle qu'il associe à « London » pour répondre à cette question ? Inversement, la plupart des usagers compétents du langage n'associent pas un sens précis aux noms propres, mais plutôt quelque vague sens qui pourrait être exprimé par une description indéfinie. Dans ce cas, le sens est le même. Pourtant, la substitution des identiques échoue. On ne peut donc pas justifier l'échec de la substitution des identiques dans les contextes intentionnels en invoquant la supposée différence de sens. Si les objections au descriptivisme sont légitimes et parfaitement fondées, il semblerait bien qu'on ait quand même ici un problème de substitution des identiques.

D'autres comme Chalmers [2004] ont proposé de solutionner le problème dans le contexte d'une sémantique bidimensionnelle dans laquelle les formules sont évaluées relativement à l'intersection d'un monde métaphysiquement possible et d'une alternative épistémique, rendant ainsi compte de ce qu'un agent considère

---

[71] Voir Kripke [1979, 382] « *My main thesis is a simple one: that the puzzle* is *a puzzle.* »

comme le monde réel. Une telle sémantique peut être définie et expliquée brièvement au moyen d'une matrice par rapport à laquelle on explique comment récuser l'omniscience modale, et donc avoir □a = b sans avoir [K]a = b :

	w_0	w_1	w_2	...
w_0 : I(a) = d_1 et I(b) = d_1	Vrai	Vrai	Vrai	...
w_1 : I(a) = d_1 et I(b) = d_1	Vrai	Vrai	Vrai	...
w_2 : I(a) = d_1 et I(b) = d_2	Faux	Faux	Faux	...
...		...	...	...	...

Les rangées représentent les mondes actuels relativement auxquels la référence des noms serait fixée. Les colonnes représentent des situations contrefactuelles. La modalité métaphysique est évaluée sur chaque ligne et l'identité est comme on le voit nécessaire. Maintenant, pour interpréter la modalité épistémique, on doit tenir compte du monde qu'on considère comme actuel. C'est-à-dire qu'on doit tenir compte des combinaisons <w_0,w_0>, <w_1,w_1>, <w_2,w_2>, lesquelles donnent les alternatives épistémiques. Comme la combinaison <w_2,w_2> donne une situation dans laquelle l'identité a = b est fausse, on n'est pas obligé d'admettre [K]a = b. L'omniscience modale est récusée et la substitution des identiques dans les contextes intentionnels n'est plus problématique.

La sémantique bidimensionnelle de Chalmers mène cependant à d'autres difficultés. Rebuschi [2010] montre notamment que l'omniscience métaphysique, □φ, [K]φ ⊨ [K]□φ, est valide, ce qui a pour conséquence que pour le prix d'une connaissance, on se voit gratifié d'une connaissance modale.[72] Par ailleurs, cette sémantique de Chalmers n'invalide pas la nécessité des identités qui est aussi problématique pour la modalité métaphysique que pour les contextes intentionnels (épistémiques ou doxastiques notamment). La validité de a = b → □a = b est en effet difficilement compatible avec une structure à domaines variables, à moins de s'appuyer sur une approche nonéiste comme celle qu'on a définie. Qui plus est, la

---

[72] Rebuschi propose une solution qui suppose une ambiguïté d'usage des noms propres : ils peuvent être rigides dans les contextes métaphysiques mais non rigides dans les contextes intentionnels. Il introduit formellement deux types de constantes individuelles. On ne donne pas ici les détails de son explication qui s'appuie sur la sémantique des *world-lines* qu'on présentera au chapitre suivant.

substitution des identiques ne pose pas uniquement problème pour les contextes intentionnels. En effet, soit k_1 une amibe à l'instant t : à t_{+1} elle se divise en deux amibes, appelons les k_2 et k_3. Avant t_{+1}, $k_2 = k_3$, après elles sont distinctes. Or, si l'on devait admettre la nécessité de l'identité, alors k_2 et k_3 devraient toujours rester identiques. Le bidimensionnalisme de Chalmers ne serait ici d'aucune aide pour solutionner le problème. On pourrait donner d'autres exemples : soit le zygote qui a donné naissance à Chalmers, dans un monde : il pourrait dans un autre monde donner naissance à des jumeaux, Chalmers$_1$ et Chalmers$_2$, ce dont ne peut rendre compte cette sémantique.[73]

9.2. Ambiguïtés de portées

Une solution plus directe consiste à récuser l'interprétation rigide des noms propres. Naturellement, les difficultés qu'une telle interprétation était censée résoudre vont réapparaître, mais on va dans un premier temps les laisser de côté. S'inspirant en partie des arguments de Dummett[74], on prétend que les thèses de Kripke reposent plutôt sur des restrictions *ad-hoc* quant à la portée des opérateurs modaux qu'à de véritables arguments en faveur de la rigidité. En effet, force est d'admettre que Kripke présente des arguments puissants et convaincants contre les théories descriptivistes. Il en est de même pour les arguments qu'il oppose aux suspicions d'essentialisme comme celles émises par Quine en vue de défendre la pertinence d'une lecture *de re*. Mais, outre des « intuitions linguistiques », Kripke n'avance pas, à mon sens, d'argument qui exclurait absolument une interprétation non rigide des noms propres ou une lecture des énoncés modaux avec portée large de l'opérateur modal. On doit pouvoir rendre compte de différents usages possibles, que ce soit selon une lecture *de re* comme *de dicto*, et donc abandonner l'interprétation rigide des noms propres. Cela supposera toutefois de disposer d'un langage qui permette d'exprimer explicitement les deux lectures et de désambiguïser la portée des opérateurs intensionnels, ce qu'on fera au moyen de l'opérateur lambda.

L'interprétation des constantes individuelles est maintenant non rigide, c'est-à-dire que la référence peut changer en fonction du contexte. On notera $I_w(k)$ pour l'interprétation de k à w qu'on définit comme suit :

---

[73] Ces exemples sont formulés de par Priest [2008, [17.3.2], [17.3.3]]
[74] Voir Dummett [1973, 128] : « *Kripke's doctrine that proper names are rigid designators and definite descriptions non-rigid ones thus reduces to the claim that, within a modal context, the scope of a definite description should always be taken to exclude the modal operator, whereas the scope of a proper name should always be taken to include it.* »

[INTERPRETATION NON RIGIDE] Si k_1 est une constante individuelle, alors pour tout $w \in W$, $I_w(k_1) \in D$ – et pour toute paire $w,w' \in W$, il est possible que $I_w(k_1) \neq I_{w'}(k_1)$.

Maintenant, étant donné une telle interprétation, un énoncé comme « sous certaines circonstances, Aristote pourrait ne pas avoir été précepteur d'Alexandre » - formellement $\Diamond \neg Pa$ - peut signifier deux choses. D'une part, on peut vouloir exprimer la lecture défendue par Kripke, c'est-à-dire qu'on parle d'Aristote tel qu'il est désigné par ce nom au monde actuel. D'autre part, on pourrait admettre qu'on parle de celui qui serait désigné par « Aristote » dans un autre contexte, où l'usage de ce nom pourrait être différent. C'est pour désambiguïser ces deux lectures qu'on a besoin d'introduire l'opérateur lambda. On s'inspire pour l'introduction de l'opérateur lambda dans le langage des travaux de Stalnaker & Thomason [1968] et Thomason & Stalnaker [1968], repris plus récemment par Fitting & Mendelsohn [1998]. Cet opérateur, dont on donne la définition ci-dessous, permet de construire des prédicats abstraits en ajoutant à la syntaxe la clause qui suit :

[PREDICAT ABSTRAIT] Si φ est une formule et v une variable, alors $[\lambda v\ \varphi]$ est un prédicat abstrait, les occurrences libres des variables dans $[\lambda v\ \varphi]$ étant celles de φ à part l'occurrence de v.

[FORMULE AVEC PREDICAT ABSTRAIT] Si $[\lambda v\ \varphi]$ est un prédicat abstrait et t un terme singulier, alors $[\lambda v\ \varphi](t)$ est une formule, les occurrences libres des variables dans $[\lambda v\ \varphi](t)$ étant celles de $[\lambda v\ \varphi]$ et toutes les occurrences de variables dans t.

Intuitivement, l'opérateur lambda permet de construire des prédicats abstraits de la forme $[\lambda x Px]$ qu'on peut appliquer à des termes singuliers : $[\lambda x Px]k_1$ signifie que « k_1 appartient à l'ensemble des individus qui ont la propriété P ». On peut placer une telle formule dans la portée d'un opérateur modal, ce qui donne en fait une lecture *de dicto* et où k_1 doit être interprétée relativement au contexte généré par l'interprétation de l'opérateur modal :

> $\Diamond[\lambda x Px]k_1$ – *De dicto* : il y a un monde possible tel que k_1 (désigne un individu qui) appartient à l'ensemble des individus qui satisfont Px dans ce monde.

Maintenant, un prédicat abstrait peut aussi bien être construit à partir d'une formule complexe, comme $\Diamond Px$. On obtient alors $[\lambda x \Diamond Px]$, un prédicat qui permet en fait d'exprimer la lecture *de re* : dans $[\lambda x \Diamond Px]k_1$, on interprète d'abord k_1 (au monde actuel), ensuite seulement l'opérateur :

[λx◊Px]k_1 – *De re* : k_1 (désigne un individu qui) appartient à l'ensemble des individus qui satisfont possiblement Px.

On prétend que la thèse de Kripke consiste en fait à défendre une lecture invariablement *de re* quand on a une modalité métaphysique. Relativement à l'exemple, on dirait qu'Aristote appartient à l'ensemble des individus qui ont possiblement P. Il ne s'agit cependant pas d'en revenir à une interprétation rigide du nom propre puisqu'il pourrait désigner d'autres individus relativement à d'autres contextes. Il s'agit bien, dans cette explication, d'une question de portée : dans la lecture *de dicto* on doit d'abord interpréter l'opérateur modal, dans la lecture *de re*, on interprète le nom relativement au monde actuel.

Pour la sémantique, on complète maintenant la définition d'assignation afin de savoir quel objet assigner à un terme singulier dont l'interprétation est non rigide :

[Assignation-(g-i)] Soit M : <W,R,D,I> un modèle non rigide tel que $w \in W$ et que g est une assignation dans M. La notion d'assignation-(g-i) de chaque terme t dans w est formulée comme $g^i_{M,w}(t)$ et définie comme suit :

- Si x est une variable libre (ou paramètre), l'assignation-(g-i) est la notion standard d'assignation. A savoir $g^i_{M,w}(x) = g_{M,w}(x)$.
- Si k est un symbole de constante, l'assignation-(g-i) est l'interprétation non rigide de cette constante. A savoir $g^i_{M,w}(k) = I_{M,w}(k)$.

Puis on ajoute la clause sémantique suivante qui donne les conditions de vérité d'une formule avec prédicat abstrait :

La formule [λxφ](t) est vraie à un monde w du modèle si φ se trouve être vraie à w quand on assigne à x ce que t désigne à ce monde : $V_{M,w,g}([\lambda v\phi](t)) = 1$ Ssi. $V_{M,w,g^*}(\phi) = 1$, où g* est une variante-x de g telle que $g^*(x) = I_{M,w}(t)$.

On peut maintenant critiquer le test intuitif de Kripke [1980, 36-7] et montrer qu'il n'est pas si évident que les noms propres doivent être interprétés rigidement. De même pour les descriptions définies qui pourraient être comprises selon une lecture *de re*. Les deux peuvent être utilisés dans une lecture *de re* comme dans une lecture *de dicto*. En effet, quel pourrait ici être l'argument qui empêche de concevoir une formulation comme ◊[λxPx]k_1 ? Tout comme la modalité métaphysique admet la contextualité de l'extension d'un prédicat, pourquoi n'admettrait-elle pas la contextualité de la dénotation d'un terme singulier ? Une fois les ambiguïtés supprimées, on peut même remettre en cause l'argument modal de Kripke et son test intuitif qui semble dès lors ne considérer qu'un aspect de nos intuitions :

(1) [λx◊¬Aristote = x]Aristote
(2) ◊[λx ¬Aristote = x]Aristote

Etant donné que I_w(Aristote) peut être différente de $I_{w'}$(Aristote), la lecture (1) pourrait parfaitement être vraie. Ce que cela veut dire, c'est que celui qu'on appelle « Aristote » pourrait ne pas s'appeler « Aristote ». Inversement, la lecture (2) ne peut pas être vraie, mais on ne voit pas quel argument pourrait ici forcer une lecture épistémique de l'opérateur modal. Les deux lectures peuvent concerner une modalité métaphysique. En fait, le test intuitif sur lequel s'appuie Kripke n'est aucune de ces deux formules et devrait plutôt être exprimé comme :

(3) [λxλy ◊¬x = y]Aristote,Aristote

En effet, ce que cette formule veut dire est que celui qui est Aristote pourrait ne pas être celui qui est Aristote. Evidemment, comme il s'agit ici de dire qu'un objet pourrait ne pas être identique à lui-même, on ne voit pas comment cette formule pourrait être vraie. Mais cela ne justifie en rien que les noms propres soient des désignateurs rigides et ne donne aucune raison suffisante pour exclure une lecture comme (1). Le même phénomène apparaît aussi avec les descriptions définies :

(4) [λx◊¬Tx](ιxTx)
(5) ◊[λx ¬Tx](ιxTx)
(6) [λxλy ◊¬x = y](ιxTx),(ιxTx)

La lecture (4) pourrait être vraie, tout comme (1) puisqu'elle dit que celui qui est de fait le précepteur d'Alexandre pourrait ne pas l'avoir été. La formule (5) ne peut être vraie, de même que (6), pour les mêmes raisons que (2) et (3).

Un point similaire défendu par Wehmeier [2005] met en évidence la possibilité d'exprimer ces différentes formulations dans le langage naturel au moyen du mode des verbes, l'indicatif et le subjonctif notamment :

(7) Sous certaines circonstances, celui qui *a été* le précepteur d'Alexandre n'*aurait* pas *été* le précepteur d'Alexandre.
(8) Sous certaines circonstances, celui qui *aurait été* le précepteur d'Alexandre n'*aurait* pas *été* le précepteur d'Alexandre.

La distinction entre ces deux phrases capture un phénomène similaire à ce qu'on vient d'expliquer. L'apparition de l'indicatif dans la portée de « sous certaines circonstances » dans la première indique que l'on doit interpréter la description définie relativement au monde actuel. Sa signification est dans cet usage indépendante de l'interprétation de l'opérateur modal, même si elle est dans sa portée syntaxique. Le subjonctif doit en revanche être interprété en fonction de l'opérateur modal. C'est ce qui fait que (7), parallèlement à (4), pourrait être vrai, alors que (8) ne le pourrait pas, tout comme (5). Rückert [2002] suggère d'étendre ce marqueur aux constantes individuelles, bien que cela paraisse moins intuitif par rapport au langage naturel. On devrait pour ce faire parler de *celui qui est appelée « Aristote »* et *celui qui aurait été appelé « Aristote »* ou des formulations similaires.[75]

Ces exemples montrent que l'usage des noms propres dans les contextes intensionnels ne peut se réduire à une lecture *de re*, ce que semble forcer une interprétation rigide. Quand bien même il s'agirait d'une modalité métaphysique, une lecture avec portée large de l'opérateur est toujours possible. Les distinctions qu'on vient de dégager supposent une interprétation non rigide des noms propres. Bien que la lecture *de re* représente des usages parfaitement légitimes, on ne peut pas dissoudre ces ambiguïtés de portée en excluant la lecture avec portée large de l'opérateur modal ni réduire l'usage des noms propres à un usage rigide *de jure*.

9.3. Critique des *a priori* contingents

L'illusion des énoncés *a priori* contingents repose sur ces ambiguïtés de portées fallacieusement attribuées par Kripke à une distinction de modalités. Kripke donnait l'exemple de « le mètre étalon mesure un mètre » comme un énoncé dont on connaissait la vérité *a priori*, par stipulation, bien que cette vérité soit

---

[75] On notera que le langage pour la logique modale du subjonctif est plus expressif que le langage avec opérateur lambda. Comme le montre Wehmeier [2005], on ne peut pas exprimer un énoncé du type « sous certaines circonstances, tous ceux qui ont marché sur la lune n'auraient pas marché sur la lune » dans la logique intensionnelle si l'on n'introduit pas un dispositif qui désambiguïse plus finement la portée des opérateurs. Une formulation telle que $\forall x(Px \rightarrow \Diamond \neg Px)$ ne conviendrait pas puisque cela exprimerait le fait que pour chacun de ceux qui ont marché sur la lune, séparément les uns des autres, il y a un monde dans lequel ils n'ont pas marché sur la lune. Or on veut exprimer le fait qu'il y a un monde dans lequel tous ceux qui ont marché sur la lune n'auraient pas marché sur la lune (en même temps). Une formulation telle que $\Diamond \forall x(Px \rightarrow \neg Px)$ ne conviendrait pas non plus plus que le quantificateur universel serait ici restreint à ceux qui ont marché sur la lune mais dans un monde possible, pas le monde actuel. Wehmeier introduit alors dans le langage un marqueur subjonctif * pour signifier qu'un prédicat ou une constante individuelle est dans la portée sémantique de l'opérateur. Ainsi, $\Diamond \forall x(Px \rightarrow \neg P^*x)$ signifie qu'il y a un monde accessible tel que tous ceux qui ont marché sur la lune (au monde actuel) n'auraient pas marché sur la lune. On tient compte de l'extension de P au monde actuel même s'il apparaît dans la portée syntaxique de $\Diamond$, tandis qu'on tient compte de l'extension de P* dans les mondes possibles.

contingente. Comment pourrait-on avoir la connaissance *a priori* de quelque chose qui pourrait être faux ? En effet, la connaissance *a priori* est indépendante du contexte ou des faits concernant le monde. Et si l'on sait *a priori* que le mètre mesure un mètre, alors on sait indépendamment des faits et donc du contexte qu'il est le cas que le mètre mesure un mètre. Quel que soit le contexte, il doit donc être possible de savoir que le mètre étalon mesure un mètre, les faits ne pouvant avoir d'influence sur la connaissance *a priori*. Pourtant, dans certains contextes et en fonction des faits, il pourrait être le cas que le mètre étalon ne mesure pas un mètre.

Comme le suggère Dummett, on devrait en effet prêter une attention particulière au fait que quand on connaît *a priori* la vérité de « le mètre étalon mesure un mètre », on ne connaît pas la même chose que ce dont on parle quand on dit que « le mètre étalon mesure un mètre » est contingent. En effet, stipuler une équivalence par définition ne permet pas de connaître quoi que ce soit concernant le monde et savoir *a priori* que le mètre étalon mesure un mètre n'implique aucunement la connaissance d'un fait contingent du monde. Et Dummett de poursuivre en demandant :

> *What, then, is the fact whose contingency we express by saying that the standard metre rod might have been shorter than 1 metre, but which is not expressed when we say a priori that it is 1 metre long or that he is the length which it has ?*
>
> Dummett [1973, 124]

En désambiguïsant la portée de l'opérateur modal, on peut ici montrer que l'objet de la connaissance *a priori* n'est pas un fait contingent, et que la connaissance du fait contingent dont il serait question n'est pas *a priori*. En langage naturel, et faisant usage du subjonctif, on aurait les affirmations suivantes :

(9) Sous certaines circonstances, ce qui *fixe* la longueur du mètre n'*aurait* pas *mesuré* un mètre.

(10) Sous certaines circonstances, ce qui *aurait fixé* la longueur du mètre n'*aurait* pas *mesuré* un mètre.

En (9), on parle de ce qui a effectivement servi à fixer la longueur du mètre, une barre qui pourrait avoir été différente. On parle d'un fait contingent qui concerne un objet particulier désigné dans le point de vue du monde actuel. On pourrait formuler cet énoncé comme :

(11) $[\lambda x \, \Diamond \neg Mx](\iota x(Mx \wedge \varphi))$

Le terme singulier (ιx(Mx ∧ φ)) est une description définie où contient des propriétés suffisantes pour identifier la barre qui sert à fixer la longueur du mètre, Mx tient pour « x mesure un mètre ». La connaissance d'un fait contingent devrait aller de paire avec la connaissance de la vérité d'une formule comme (11). Ici, la possibilité concerne les propriétés d'un individu déterminé du domaine, qui satisfait une propriété relativement à un monde spécifique. La connaissance du fait en question supposerait la connaissance d'un objet et de ses propriétés dans un contexte particulier et ne pourrait donc pas être *a priori*. La formulation en (10) est fausse, ce qui mène à une impossibilité dont on peut rendre compte par la connaissance d'une impossibilité *de dicto* :

(12)   ¬◊[λx ¬Mx](ιx(Mx ∧ φ))

Une connaissance qui repose sur une telle impossibilité peut en effet être *a priori* puisqu'elle repose uniquement sur une compréhension conceptuelle de « le mètre-étalon mesure un mètre ». On sait en fait que quel que soit le contexte, ce qui sert d'étalon dans ce contexte, doit mesurer un mètre. « Le mètre-étalon mesure un mètre » est nécessairement vrai si « le mètre-étalon » fonctionne comme une description définie. Il n'implique cependant pas la connaissance d'un individu particulier, ni même de faits concernant un monde particulier. On n'a peut-être pas donné une explication exhaustive de la façon dont la connaissance est ici en jeu. On a toutefois montré une fois de plus que l'interprétation rigide des noms propres empêchait de rendre compte de certains usages qui sont pertinents y compris pour une modalité métaphysique. Une formulation comme (12) n'aurait pas à être rejetée, il s'agit bien d'une modalité métaphysique qui n'exprime pas la même chose que (11).

9.4. Critique de la nécessité de l'identité

L'échec de la substitution des identiques dans la portée d'un opérateur intentionnel n'a rien d'énigmatique. Qu'il s'agisse d'une modalité métaphysique ou épistémique, l'identité exprimée dans la portée d'un opérateur doit en fait être comprise comme une identité entre des noms et ce, indépendamment de la référence qu'ils ont au monde actuel. Hors de la portée d'un opérateur, l'identité peut en revanche être comprise comme la relation d'un objet à lui-même et la substitution des identiques ne pose dans ce cas aucun problème.

Au moyen de l'opérateur lambda, on distingue des connaissances *de re* et *de dicto* comme en :

(13) $[K]_{Babyloniens} [\lambda x \lambda y\ x = y]$(Hesperus)(Phosphorus)
(14) $[\lambda xy\ [K]_{Babyloneins}\ x = y]$(Hesperus)(Phosphorus)

La formulation en (13) supposerait que les Babyloniens ait connu l'identité de noms, ce qui n'est pas le cas et qui la rend donc fausse. En effet, dans les contextes compatibles avec la connaissance des Babyloniens, « Hesperus » et « Phosphorus » désignent des objets (qui peuvent être) différents. La formulation en (14) affirme en revanche la connaissance d'une identité d'objet, indépendamment de la façon dont les Babyloniens y feraient référence. Cette dernière formulation est vraie s'ils connaissaient effectivement l'objet en question. La distinction entre les lectures *de re* et *de dicto* n'est une nouvelle fois pas restreinte à la modalité épistémique, et ferait sens pour une modalité métaphysique :

(15) $k_1 = k_2 \rightarrow [\lambda x \lambda y \ \Box \ x = y] k_1 k_2$
(16) $k_1 = k_2 \rightarrow \Box [\lambda x \lambda y \ x = y] k_1 k_2$

En (15) on parle de l'identité comme relation que tout objet entretient à lui-même et elle est donc nécessaire. En (16) on tire d'une relation d'objet que l'identité entre deux noms qui le désignent est nécessaire, et cette formulation peut être fausse. Une formule comme (17), qui exprime aussi une identité d'objet, est forcément valide :

(17) $\forall x \forall y ((x = y) \rightarrow \Box (x = y))$

On a ici dissocié une identité de noms d'une identité d'objet et argumenté en faveur d'ambiguïtés de portées sur fond d'une interprétation non rigide des noms propres. Nombre de problèmes sont ainsi résolus en distinguant l'identité d'objet de l'identité de noms, ce qui explique l'échec de la substitution des identiques dans la portée des opérateurs intensionnels. On a surtout montré qu'une interprétation rigide des noms propres serait trop réductrice, étant ici expliquée comme une lecture systématiquement *de re* des formules modales contenant une constante individuelle.

La conception de l'identité qu'on propose reste cependant problématique. En effet, alors qu'on rendu l'identité de noms contingentes, l'identité d'objet demeure nécessaire. En quoi deux objets ne pourraient-ils pas apparaître de façon identique dans un monde, mais de façon différentes à d'autres et ce, indépendamment des questions sémantiques de référence des noms propres ? Les contre-exemples qu'on a donnés précédemment contre la sémantique bidimensionnelle de Chalmers s'appliquent également ici. Pour reprendre une formulation que Hintikka affectionne, une sémantique pour les logiques intensionnelles doit s'accommoder du phénomène de voir double, phénomène qui force à remettre en cause la nécessité de l'identité d'objets. En effet, que peut bien signifier cette identité d'objet ? Un objet peut-il être identique à lui-même dans différents mondes possibles ? Que cela signifie-t-il quand on dit d'un objet X dans un monde w_1 qu'il est le même qu'un objet Y dans un monde w_2 ?

Chapitre 10 - Individus dans une structure modale

Si les questions de l'identité à travers les mondes possibles et la substitution des identiques sont à ce point problématiques, c'est probablement du fait que les questions sont mal posées et qu'on cherche à y répondre sur base de conceptions erronées. En effet, que cela signifie-t-il quand on dit d'un objet X dans un monde w_1 qu'il est *le même* que l'objet Y dans un monde w_2 ? Répondre par le fait qu'il s'agisse d'une seule et unique entité semblerait présupposer l'attribution d'une certaine ubiquité aux objets, que les domaines de chaque monde possible se chevauchent. Considérant que la question de savoir si deux objets qui font partie de mondes différents sont identiques ne fait pas sens, Hintikka a dans ses nombreux écrits insisté sur la nécessité de concevoir autrement les domaines dans une structure modale. Selon lui, les objets ne voyagent pas d'un monde à l'autre, mais sont confinés au monde dans lequel ils apparaissent. Chaque monde a un domaine d'objets qui lui est véritablement propre, c'est-à-dire que ces objets ne font partie du domaine d'aucun autre monde possible. Les noms propres désignent non-rigidement de tels objets. Cependant, comment la quantification peut-elle faire sens dans les contextes intensionnels si les objets ne peuvent pas apparaître dans différents mondes possibles ? Comment comprendre par ailleurs un énoncé tel que « Aristote pourrait ne pas avoir été précepteur d'Alexandre » ?

Pour répondre à ces questions, Hintikka distingue de la notion d'individu de celle d'objet. Un individu est quelque chose qui se manifeste en diverses occasions, prenant l'apparition d'objets divers. Très généralement, les individus peuvent être compris en termes de lignes qui traverseraient les mondes possibles et relieraient différents objets, mais ils ne seraient aucunement réduits à ces objets. Hintikka parle alors de *world-line*. Une telle notion d'individu doit être présupposée pour expliquer la quantification dans les contextes intensionnels. C'est ensuite la quantification qui doit permettre de mettre en évidence différents usages des noms propres. La pensée d'Hintikka est très diffuse et parfois difficile à saisir, c'est pourquoi on s'inspirera des remarques éclairantes de Tulenheimo [2009]. On n'hésitera toutefois pas à revenir aux sources pour les approfondissements plus conceptuels. Afin d'éviter les confusions entre les aspects sémantiques et épistémiques des thèses d'Hintikka, on commencera par définir la sémantique - qu'on appellera sémantique des *world-lines* - et réservera les explications plus conceptuelles pour la suite ainsi que les raisons pour lesquelles elle semble plus adéquate pour une analyse formelle de l'intentionalité.

10.1. Individus

Quand on quantifie dans les contextes intensionnels, dans la lecture *de re* notamment, on présuppose qu'un même individu apparaît dans différents mondes possibles. On dit par exemple « il y a un joueur qui a gagné, mais qui aurait pu perdre ». L'individu duquel on parle ici est quelque chose qui se manifeste en diverses occasions : un monde où il gagne, un monde où il perd. Sans cette présupposition, la quantification ne ferait pas sens dans les contextes intensionnels. L'individu en question se manifeste dans deux mondes différents, sous formes d'objets différents, qui ne sont en aucun cas quantitativement identiques. L'individu quant à lui ne peut jamais se réduire à de telles apparitions. L'ensemble des individus et ceux des objets propres à chaque monde ne coïncident pas.

Formellement, on peut représenter les individus comme des fonctions qui prennent pour argument un monde possible et qui donnent pour valeur un élément du domaine de ce monde. Les éléments des domaines de chaque monde tiennent quant à eux pour des objets. Ainsi, une phrase comme « il y a un joueur qui a gagné, mais qui aurait pu perdre » sera vraie s'il y a une fonction d'individu d telle que pour le monde w (actuel), d(w) (la manifestation de d à w) appartient à l'extension de « avoir gagné » à w, et telle que pour au moins un monde w' accessible, d(w') n'appartient pas à l'extension de « avoir gagné » à w'. De telles fonctions peuvent n'être que partiellement définies, ce qui permet de représenter le fait qu'un individu ne se manifeste pas dans tous les mondes. Il n'y a par ailleurs pas à supposer que l'ensemble des fonctions d'individus et les domaines propres à chaque monde aient la même cardinalité.

La sémantique sera dorénavant définie sur des modèles (W,R,D,Q,I) avec W et R définis comme d'habitude. D est un ensemble de fonctions d'individus d.[76] Q est une fonction qui attribue à chaque monde possible w un domaine Q_w d'objets q, I une fonction d'interprétation (non rigide). Les fonctions d'individus de D sont donc des fonctions telles que pour tout $d \in D$, $d(w) \in Q_w$ si d(w) est définie. L'ensemble de D n'est propre à aucun monde, il doit être considéré comme faisant partie des préconditions de la structure modale tout entière. En effet, les individus ne sont pas relatifs à un monde en particulier. On appellera plus précisément *individu* ce qui est formellement représenté par les fonctions d'individus (d), *objet*

---

[76] Hintikka parle généralement de *fonctions individuantes*, voire de *fonctions d'identification*, pour les raisons qu'on verra par la suite. Afin de ne pas confondre les aspects sémantiques et épistémiques de ses thèses, on va cependant comme Tulenheimo [2009] utiliser le terme de *fonction d'individu*.

ce qui représenté par les éléments des domaines propres à chaque monde (q), *manifestation* un objet qui coïncide avec la valeur d'une fonction d'individu à un monde donné (d(w)).

10.2. Sémantique

On note tout d'abord que la syntaxe du langage reste identique.[77] On commence par la définition de la sémantique. On reviendra sur l'usage des noms propres plus en détail par la suite.

[INTERPRETATION] Une fonction d'interprétation I pour un modèle M est telle que :

- Si t est un terme singulier, l'interprétation $\|t\|_{M,w,g}$ de t dans le modèle M à w est :

    Si t est une constante, $\|t\|_{M,w,g} = I_w(t)$ - et $I_w(t) \in Q_w$, si $I_w(t)$ est définie.

    Si t est une variable, $\|t\|_{M,w,g} = g(x)(w)$ - et $g(x)(w) \in Q_w$, si $g(x)(w)$ est définie.

- Si P est un prédicat n-aire de L, alors $I_w(P) \subseteq Q_w^n$.

La fonction d'assignation est ici à préciser. En effet, c'est maintenant une fonction attribue à chaque variable une fonction d'individu d de D. L'interprétation dit maintenant qu'on doit tenir compte de la valeur de l'individu dans le monde possible pertinent.

[SEMANTIQUE] Soit un modèle M :

(i) $M,w,g \models Pt_1, ..., t_n$ Ssi. $\|t_1\|_{M,w,g}, ..., \|t_n\|_{M,w,g} \in I_w(P)$

(ii) $M,w,g \models t_i = t_j$ Ssi. $\|t_i\|_{M,w,g} = \|t_j\|_{M,w,g}$.

(iii) $M,w,g \models \exists x\varphi$ Ssi. il y a au moins un individu $d \in D$ tel que $d(w) \in Q_w$ et $M,w,g[x/d] \models \varphi$

(iv) $M,w,g \models \forall x\varphi$ Ssi. pour tout individu $d \in D$ tel que $d(w) \in Q_w$: $M,w,g[x/d] \models \varphi$

---

[77] Il n'y a aucune trace des individus dans le langage objet, dont ils sont du reste une précondition pour son interprétation.

(v) $M,w,g \vDash \Box\varphi$ Ssi. pour tous les mondes w_0 tels que wRw_0, $M,w_0,g[x/d] \vDash \varphi$

(vi) $M,w,g \vDash \Diamond\varphi$ Ssi. pour au moins un monde w_0 tel que wRw_0 : $M,w_0,g[x/d] \vDash \varphi$

Les clauses pour les autres connecteurs sont définis de façon habituelle.

On notera que relativement à un monde w donné, les quantificateurs portent sur des individus qui se manifestent à w. Par exemple, relativement à un w donné, une formule comme $\forall x \Box Ax$ dit de tous les individus qui se manifestent à w qu'il est nécessaire qu'ils se manifestent en satisfaisant le prédicat Ax. Le fait de tenir compte uniquement des fonctions d'individus définies dans le contexte d'usage des quantificateurs permet de préserver la distinction entre les lectures *de re* et *de dicto*. En effet, alors que relativement à un w donné une formule telle que $\Diamond \exists x Ax$ ne dit rien des individus à w, une formule comme $\exists x \Diamond Ax$ suppose qu'un individu se manifeste à w et qu'il se manifeste dans un monde w' tel que wRw' où il satisfait Ax. On verra ensuite (voir section 10.5) que si l'implication $\exists x \Diamond Ax \rightarrow \Diamond \exists x Ax$ est valide (pour le cas où Ax est atomique), la converse ne l'est pas.

L'interprétation d'un nom propre est un objet. Pourquoi ne sont-ils pas utilisés pour désigner rigidement les individus ? C'est que les noms propres sont toujours utilisés relativement à un contexte. Ce qu'on désigne, ce sont des objets qui apparaissent avec certaines propriétés et relations aux autres objets. Ces objets sont par ailleurs différents dans chaque monde et la référence d'un nom propre ne peut donc pas être la même pour chacun des mondes. Une interprétation rigide ne ferait donc pas sens. Ne pourraient-il pas être rigides au sens de désigner toujours des objets qui seraient reliés sur une même *world-line* ? Que sa référence dans chaque monde possible soit toujours la manifestation d'un unique individu ? Pour comprendre pourquoi on ne peut s'engager dans une telle présupposition, on doit selon Hintikka s'intéresser plus précisément au comportement des quantificateurs dans les contextes intentionnels et comprendre ce à quoi cela engagerait. Distinguant le *knowing-who* du *knowing-that*, il montre que les logiques intensionnelles doivent être des logiques libres de présupposition d'unicité de la référence, des logiques dans lesquelles le système des individus est indépendant du système des références des noms propres.

10.3. Logique libre de présupposition d'unicité de la référence

La distinction entre les lectures *de re* et *de dicto* qu'on a discutée dans le chapitre précédent est expliquée par Hintikka en termes d'unicité de la référence ou de multiplicité de la référence. Un tel phénomène linguistique qui met en évidence l'usage des noms propres dans les contextes intensionnels doit être expliqué en lien avec le comportement des quantificateurs. Hintikka & Sandu [1995] critiquent sur ce point l'interprétation substitutionnelle défendue par Kripke qui l'aurait contraint à postuler une classe de désignateurs rigides de façon à dissoudre le problème de l'identité transmonde. Pour bien saisir leur point, on part d'un exemple qui va permettre d'illustrer la distinction entre ce qu'ils appellent *knowing-who* et *knowing-that*.

Soit « François Hollande est Président de la République », une connaissance qu'on attribue à un agent qu'on appelle Pierre. Une telle attribution de connaissance est ambiguë. On peut tout d'abord vouloir dire que « Pierre sait que François Hollande est Président de la République ». Pierre serait capable d'exprimer sa propre connaissance en ces termes. Il sait que cela est vrai, peut-être parce qu'il a vu des titres de journaux au sujet de son investiture. Dans tous les mondes compatibles avec la connaissance de Pierre, il y a donc un objet appelé « François Hollande » qui est Président de la République. Il n'associe cependant pas ce nom aux manifestations d'un individu déterminé puisqu'il ne serait pas en mesure d'identifier un tel individu. Il se pourrait dès lors que dans chacune des alternatives épistémiques de Pierre, le nom « François Hollande » sélectionne certes des objets différents, mais surtout des objets qui ne sont pas reliés par une même *world-line*. Une telle connaissance peut être exprimée par une formule du type (avec Px pour x est Président et h pour Hollande) :

(1) $[K]_{Pierre}(Ph)$ *Knowing-that*

Une autre façon de comprendre l'attribution de croyance consisterait à vouloir dire que Pierre sait de l'individu qui est en fait François Hollande qu'il est Président de la République. Il peut savoir cela sans même savoir qu'il est appelé « François Hollande » - parce qu'il l'a vu descendre les Champs-Elysées dans le convoi présidentiel par exemple - et ce, même s'il n'exprimerait pas sa connaissance de la sorte. Il est cependant en mesure d'identifier un individu, qu'il a déjà vu. Il y a donc un unique individu, qui est de fait appelé « François Hollande », et qui se manifeste dans tous les mondes compatibles avec la connaissance de Pierre comme étant Président de la République. Une telle connaissance ne peut cependant pas être exprimée par une formule comme (1). On n'a pas pour autant besoin de désignateurs rigides. Cette connaissance peut tout simplement être exprimée au moyen des quantificateurs :

(2) $\exists x(x = b \wedge [K]_a Ax)$ *Knowing-who*

Cette formule (2) dit que A est vrai des manifestations d'un seul et même individu dans tous les mondes compatibles avec la connaissance de l'agent. Une telle lecture présupposerait en fait un critère d'identification pour l'individu en question, ce qui ne serait pas le cas pour une lecture comme en (1). On notera cependant ici que l'interprétation de b n'a pas à coïncider avec la valeur de la fonction d'individu qu'on substitue à la variable liée dans tous les mondes considérés.

Une telle lecture présuppose un critère d'identification, mais il est vrai qu'un tel critère ne peut pas être exprimé au moyen des quantificateurs. En effet, la construction de tels critères suppose d'être en mesure de comparer les individus qui apparaissent dans différents mondes possibles, ce qui impliquerait la quantification. Or le fait d'avoir de tels critères à disposition est présupposé par la quantification à travers différents mondes. Donc les formuler au moyen d'expression quantifiée reviendrait à donner une explication circulaire. Ces critères d'identification qui vont permettre de déterminer des individus bien définis dans une structure modale constituent une précondition de l'usage des quantificateurs. C'est parce qu'on peut présupposer l'existence de tels critères que la quantification dans les contextes intensionnels peut faire sens. C'est ce qui fait dire à Hintikka & Sandu [1995, 250] que la question des critères d'identification est une question transcendantale concernant les conditions de possibilité d'usage des quantificateurs eux-mêmes.

Cette façon d'expliquer les choses est probablement la source d'expressions quelque peu trompeuses comme *fonction d'identification* ou *fonction individuante*, qu'on a préféré remplacer comme Tulenheimo [2009] par *fonction d'individu*. En effet, d'un point de vue sémantique, on ne peut que présupposer de tels individus, que des objets soient reliés sur une même *world-line*, et non pas formuler un critère qui permette de *tirer* des *world-lines*, de ré-identifier véritablement les objets, ce qui relèverait de considérations plus épistémiques. Ces fonctions n'indiquent en fait aucunement comment identifier un individu, elles présupposent plutôt qu'un tel individu ait été identifié.

Si l'on veut exprimer le fait que l'interprétation de « b » soit liée à l'usage d'un critère d'identification, et donc liée à une fonction d'individu, on peut rendre la présupposition d'unicité de la référence explicite au moyen d'une expression quantifiée de la forme :

(3) $\exists x [K]_a (x = b)$

Une telle formule rend explicite le fait que « b » désigne des manifestations d'un unique individu dans tous les mondes compatibles avec la connaissance de l'agent a.[78] On notera qu'en l'absence d'une telle présupposition, la généralisation existentielle ne sera plus valide. En effet, on ne peut pas inférer $\exists x[K]_a Px$ de $[K]_a Ph$ puisque rien n'assure qu'un unique individu se manifeste avec la propriété P dans les mondes compatibles avec la connaissance de l'agent a. Pour autoriser une telle inférence, on devrait ajouter la prémisse additionnelle selon laquelle $\exists x[K]_a(x = h)$ et qui stipulerait la coïncidence entre l'interprétation de h et la valeur de la fonction qu'on substitue à x dans les mondes compatibles avec la connaissance de l'agent a. On pourrait, dans les termes d'Hintikka, dire ici que l'agent a associe l'usage de h à un critère d'identification. Dans une logique libre d'unicité de la référence, la généralisation existentielle n'est pas valide, mais cela n'est pas directement lié à des considérations ontologiques. En effet, on pourrait ajouter la prémisse selon laquelle $\exists x(x = h)$ que cela ne changerait rien à son invalidité.

10.4. Individus et identifications

Les critères d'identifications constituent une précondition de l'usage des quantificateurs dans les contextes intensionnels. Ils ne peuvent pas être exprimés dans le langage, on peut simplement rendre explicite la présupposition par une formule comme en (3). Maintenant, que de tels critères ne puissent pas être exprimés par le langage ou que l'usage des noms ne puisse pas être traduit en termes de synonymie avec une description définie, cela n'implique pas qu'il n'y ait aucun contenu descriptif qui entre en jeu quand il s'agit de faire des comparaisons transmondes. Cela est cependant indépendant des questions sémantiques qui sont ici abordées.

Les difficultés ayant trait à la substitution des identiques sont aisément résolues puisque les noms propres sont interprétés de façon non-rigide. Par ailleurs, du fait de la nature des individus sur lesquels on quantifie, une formule telle que $\forall x \forall y((x = y) \rightarrow \Box(x = y))$ n'est plus valide puisque rien n'empêche d'avoir deux fonctions d'individu qui aient la même valeur dans un monde, mais des valeurs différentes

---

[78] Hintikka & Sandu [1995, 251] prétendent ainsi capturer la rigidité du nom propre. La prétendue rigidité invoquée doit cependant être réduite à une rigidité locale et plutôt être expliquée en termes d'unicité de la référence. En effet, exprimer la rigidité supposerait un emboîtement infini de quantificateurs, comme l'on justement par la suite remarqué Sandu [2006], puis Hintikka [2006]. Tulenheimo [2009] explique sur ce point que chercher à rendre compte des intuitions de Kripke dans la sémantique qu'on est en train de définir ne fait pas sens. En effet, comme on va le voir par la suite, même l'unicité de la référence est un phénomène plus complexe que le simple fait de désigner le même objet dans tous les mondes.

dans d'autres mondes. On peut également fournir une explication plus précise de la critique des énoncés prétendument *a priori* contingents comme « le mètre-étalon mesure un mètre ». La connaissance *a priori* dont il pourrait ici être question concerne une forme de *knowing-that*, c'est-à-dire qu'on ne connaît rien au sujet d'un individu déterminé. Connaître un fait contingent supposerait ici un *knowing-who* et les différentes apparitions d'un même individu, comme ce qui a effectivement servi à fixer la longueur du mètre au monde actuel. Il y a ici unicité de la référence et dans ce cas le contenu de la connaissance n'est clairement pas le même que dans le *knowing-that*. On ne connaît donc pas la même chose quand on sait que « le mètre-étalon mesure un mètre » est forcément vrai et quand on sait d'un objet qui a servi d'étalon qu'il a la propriété contingente de mesurer un mètre.

On a évoqué le fait que la quantification à travers les mondes présupposait des critères d'identifications. On doit ici prendre garde à ne pas sur-interpréter cette terminologie et bien distinguer les enjeux sémantiques et épistémologiques. D'un point de vue sémantique, on ne fait que présupposer ces critères. Les fonctions d'individus ne donnent aucune information concernant la façon dont on identifie un individu à travers les mondes, elles ne donnent pas de critère d'identité, elles présupposent simplement qu'un même individu soit identifié à travers différentes manifestations sur la structure. En d'autres termes, pour que la quantification fasse sens, on présuppose que des objets qui apparaissent dans différents mondes sont reliés par une *world-line*. Hintikka étend parfois ce propos à des considérations plus épistémologiques, discutant notamment la façon dont on pourrait *tirer* des *world-lines* à travers différents contextes et expliquer les procédures de ré-identification. Cela est cependant indépendant de la sémantique qu'on vient de donner.

En fonction des contextes et des usages, différents modes d'identification peuvent être mis en pratiques. Deux grands modes d'identification peuvent être relevés : l'identification *perspective* et l'identification *publique*. La *perspective* est l'identification depuis une perspective personnelle. Le critère n'est pas privé, il peut être communiqué, mais il relève essentiellement de ma perception de l'objet en question, une connaissance par accointance comme chez Russell par exemple. La place d'un objet peut ainsi permettre de l'identifier dans les contextes compatibles avec la perception, bien que cette reconnaissance de l'objet ne puisse être que fragmentaire. Une telle reconnaissance induirait certainement quelque chose comme une certaine continuité spatio-temporelle de la perception. Le mode publique concerne des descriptions communément admises. Hintikka [1970] introduit une deuxième paire de quantificateurs pour distinguer explicitement ces deux modes d'identification différents. On n'a cependant pas besoin d'entrer dans les détails ici.

On se doit aussi de préciser que de telles conditions d'identification sont relatives au contexte et à la modalité considérée. Quand on décrit par exemple l'état doxastique d'un agent, les apparitions d'un individu donné à travers les mondes qui réalisent la croyance de l'agent ne constituent qu'une partie de ce que pourrait être la *world-line* dans une structure plus générale. L'ontologie des individus est dès lors relative à la modalité envisagée et aux états intentionnels qu'on décrit. Quand on décrit les états intentionnels d'un agent, ce que l'on considère c'est une coupe dans la *world-line*, relativement aux critères d'identification de cet agent. Ces critères étant d'une manière ou d'une autre fondés sur des comparaisons entre diverses apparitions, les individus sont définis relativement à la modalité considérée. Au fond, selon le contexte, en fonction des agents et de la modalité, on ne s'intéresse pas à la world-line dans toute sa « longueur », mais plutôt à des parties, des coupes, qui suffisent pour faire sens de la quantification dans les contextes intensionnels.[79] De même, tous les individus n'apparaissent pas forcément dans toutes les alternatives intentionnelles d'un agent. Pour de tels agents, il se pourrait que de tels individus n'existent pas, ce qui explique pourquoi on admet que certaines fonctions d'individus ne soient définies que partiellement.

10.4. Fonctions d'individu et taille des domaines

Les domaines propres à chaque monde sont par définition variables puisque les objets qui apparaissent dans chacun des mondes sont limités à ces mondes et ne peuvent pas apparaître dans d'autres mondes. En effet, à proprement parler, le domaine des individus est constant, alors que les domaines d'objets propres à chaque monde sont forcément variables puisque les objets ne voyagent pas d'un monde à l'autre. Les domaines doivent toutefois être pensés autrement, de même pour les variations de domaines et la façon qu'on aurait d'exprimer certaines propriétés de la structure.[80] Si l'on s'intéresse à la définition des fonctions, on peut capturer des analogues aux notions de domaines variables des sémantiques qu'on a

---

[79] Voir Hintikka [1969, 140] : « *The notion of an individual is, in a certain sense, relative to the context of discussion.* » Voir également Hintikka [1967, 33] : « *One central feature of my approach to epistemic logic in* Knowledge and Belief […] *was the restriction, intuitively speaking, of the ranges of bound variables occurring in epistemic contexts. If they occur in contexts governed by "K_a" and/or "P_a", their range is restricted (somewhat loosely speaking) to individuals of whom or of which a knows who or what they are.* »

[80] On note sur ce point que le comportement des formules de Barcan et leurs converses ont un comportement différents. En effet, si l'on considère le cas atomique, la converse de la formule de Barcan est valide, quelle que soit la structure considérée. Cela ne peut cependant pas être généralisé puisque si l'on substitue ¬Bx à Ax, alors elle n'est plus valide si les fonctions ne sont pas croissantes. On ne s'étend pas plus ici sur ces détails qui exigeraient des approfondissements supplémentaires sur les propriétés des structures considérées.

précédemment présentées, mais il sera plus approprié de parler de *fonction croissante, décroissante* ou *constante*.

On rappelle qu'on a dans la sémantique avec fonctions d'individus deux types de domaines : le domaine D des fonctions d'individu et pour chaque w les domaines Q_w d'objets qui apparaissent à w. Le domaine D est constant puisqu'il n'est pas relatif aux mondes possibles, mais à la structure considérée dans sa globalité. Les domaines Q_w propres à chaque monde w sont par définition variables, puisqu'aucun objet n'apparaît dans différents mondes. Si l'on veut exprimer certaines caractéristiques ayant trait aux structures des domaines, ce dont on doit tenir compte c'est du fait que les fonctions d'individus peuvent être considérées comme étant totalement définies, c'est-à-dire que pour tout monde possible, leur valeur est définie. Cela pourrait permettre de capturer un analogue à la notion de domaine constant : dans tous les mondes possibles, toutes les fonctions d'individus sont définies. On peut également jouer sur le fait que les fonctions d'individus peuvent n'être définies que de façon partielle, c'est-à-dire que pour certains mondes, leur valeur n'est pas définie. En d'autres termes, tous les individus ne se manifestent pas dans tous les mondes. Si l'on n'ajoute aucune contrainte, on capture un analogue à la notion de domaine variable. De façon générale, on parlera ici de *fonction constante* ou de *fonction variable*. Si le domaine D est constitué de fonctions constantes, on parlera d'un domaine constant, s'il est constitué de fonctions partielles, on parlera de domaine variable.

Pour commencer, on pourrait donc définir une notion similaire à celle de domaine constant. Le qualificatif « constant » serait ici à comprendre en terme d'ensemble de fonctions définies et non en termes d'objets de Q puisque le domaine Q d'objets propres à chaque monde est différent pour chaque monde. C'est l'ensemble de fonctions définies de D qui serait constant. On pourrait alors parler de *domaine à fonctions constantes*.

[DOMAINE A FONCTIONS CONSTANTES] On dit que le domaine de la structure <W,R,D> est à fonctions constantes si D est un ensemble non vide tel que pour toute fonction $d \in D$ et tout $w \in W$ on a : $d(w) \in Q_w$. En d'autres termes, le domaine est à fonctions constantes si D ne contient que des fonctions totales.

On pourrait également parler de fonction localement constante, ce qu'on définit comme suit :

[FONCTION LOCALEMENT CONSTANTE] On dit qu'une fonction d est *localement constante* dans une structure <W,R,D> si d est une fonction telle que pour certains w,w'∈W tels que wRw', $d(w) \in Q_w$ Ssi. $d(w') \in Q_{w'}$.

On peut inversement définir une fonction variable et un domaine à fonctions variables :

[DOMAINE A FONCTIONS VARIABLES] On dit que le domaine de la structure <W,R,D> est à *fonctions globalement variables* si D est un ensemble non vide tel que pour certaines fonctions d'individus d et pour certains mondes w, il n'est pas le cas que $d(w) \in Q_w$. Autrement dit, le domaine est variable si D contient des fonctions (possiblement) partielles.

On peut caractériser plus précisément la structure des domaines en définissant des *fonctions croissantes* et des *fonctions décroissantes*. Intuitivement, une fonction est croissante si, lorsque sa valeur est définie pour un monde w, elle l'est également pour tout monde accessible. Inversement, on parlera de fonction décroissante si, lorsque sa valeur est définie pour un w' accessible depuis w, alors elle l'est également à w. On donne plus précisément les définitions suivantes :

[FONCTION MONOTONIQUE (CROISSANTE)] On dit qu'une fonction d est *monotonique* (croissante) si $d \in D$ et que pour w,w'$\in$W tels que wRw', si $d(w) \in Q_w$, alors $d(w') \in Q_{w'}$.

[FONCTION ANTI-MONOTONIQUE (DECROISSANTE)] On dit qu'une fonction d est *anti-monotonique* (décroissante) si $d \in D$ et que pour w,w'$\in$W tels que wRw', si $d(w') \in Q_{w'}$, alors $d(w) \in Q_w$.

Maintenant, la validité de la formule de Barcan, $\Diamond \exists x Ax \rightarrow \exists x \Diamond Ax$ caractérise une structure où le domaine est à fonctions décroissantes. En effet, s'il n'y a pas de restriction sur la taille des domaines, alors on peut avoir M,w,g[x/d] $\models \Diamond \exists x Ax$, ce qui sera le cas si M,w',g[x/d] $\models$ Ax pour au moins un w' tel que wRw'. L'antécédent ne contient ici aucune information pertinente concernant w et qui permettrait d'inférer $\exists x \Diamond Ax$, à moins de supposer une structure à domaine décroissant selon la définition qu'on vient de donner. Réciproquement, si l'on présuppose une structure où le domaine est à fonctions décroissantes, alors si une fonction d'individu est définie à w', elle l'est aussi à w. Et si M,w,g[x/d] $\models \Diamond \exists x Ax$, alors il sera aussi le cas que M,w,g[x/d] $\models \exists x \Diamond Ax$. Une formule comme $\forall x \Box x = x$ devrait quant à elle permettre d'exprimer le fait que la structure contient des domaine croissants, c'est-à-dire qu'une fonction définie à un monde w l'est aussi pour tout w' accessible.

10.5. Détermination et non-existence

Ayant montré dans quelle mesure les logiques intensionnelles constituaient un cadre adéquat pour l'analyse de l'intentionalité, on arrive au terme d'une première étape dans ces recherches. La dépendance à la conception de l'intentionalité trouve écho dans les difficultés que génère la substitution des identiques dans les contextes intensionnels. On en venait alors à distinguer les individus dont on parle dans une structure modale des objets à travers lesquels ils se manifestent dans différents contextes. Après les logiques libres d'engagement ontologique, on en venait suivant Hintikka à fonder les logiques intensionnelles sur des logiques libres de présupposition d'unicité de la référence.

Alors qu'on a maintenant apporté une explication de l'échec de la substitution des identiques dans les contextes intensionnels, on se trouve cependant confronté à un problème dual : comment expliciter qu'une intention au sujet d'un non-existant puisse mettre en jeu un individu déterminé ? Plus précisément, si l'unicité de la référence peut être rendue explicite par une formule comme $\exists x \Box (x = b)$, cela suppose que l'individu dont la manifestation coïncide avec b dans tous les mondes accessibles existe au monde actuel. A supposer que Pégase n'existe pas, que l'individu qui se manifeste comme l'objet nommé « Pégase » dans le mythe n'ait pas de manifestation au monde actuel, il ne peut être assigné pour valeur à la variable liée x. Devrait-on forcément en déduire que le mythe ne puisse pas être au sujet d'un unique individu, qui se manifesterait comme un objet appelé « Pégase » dans tous les mondes partiellement décrits par le mythe ?

Cette difficulté a été relevée par Tulenheimo [2009], puis discutée plus en détail par Rebuschi et Tulenheimo [2011].[81] A supposer par exemple une phrase du type « Léon croit que le Père Noël a reçu sa lettre. » On peut tout d'abord vouloir exprimer le fait que Léon croit que quoi que ce soit qui soit le Père Noël a reçu sa lettre. En d'autres termes, on pourrait ne pas faire la présupposition d'unicité de la référence à l'égard du nom « Père Noël » et considérer que ce nom désigne différentes entités dans les différents mondes compatibles avec la croyance de Léon. Dans ce cas, une formulation comme $[B]_L$(Père Noël a reçu la lettre de Léon) conviendrait parfaitement. En revanche, si l'on veut rendre explicite l'unicité de la référence, et présupposer que Léon dispose d'un critère d'identification pour un individu bien formé et déterminé, on devrait opérer une généralisation existentielle de la forme $\exists x [B]_L$(x a reçu la lettre de Léon), ajoutant éventuellement dans la

---

[81] A vrai dire, Rebuschi et Tulenheimo [2011] ne parlent pas de fonctions d'individus, bien qu'ils discutent le problème dans le contexte d'une sémantique où les noms propres ne sont pas interprétés de façon rigide. Le point n'est cependant pas ici de reprendre leur solution, seulement d'évoquer une difficulté pour laquelle leurs exemples sont tout à fait pertinents.

portée de l'opérateur B_L l'identité x = Père Noël. Mais qu'en est-il si le Père Noël n'existe pas ? Une telle formulation serait forcément fausse. On aurait pour conséquence qu'on ne peut jamais exprimer la condition d'unicité de la référence d'un nom comme « Père Noël » si ce nom ne désigne pas un individu existant. Pourtant, que le Père Noël existe ou non, Léon croit qu'il n'y en a qu'un.

Rebuschi et Tulenheimo proposent une solution qui fait usage de l'*independence friendly logic* d'Hintikka afin de définir ce qu'ils appellent une *attitude de objecto* (qui n'est ni *de re*, ni *de dicto*), mais sur laquelle on ne reviendra pas ici. L'idée générale est toutefois qu'on peut présupposer une identification relativement à un autre monde possible et donc présupposer l'unicité de la référence sans s'en remettre au monde actuel. Ce qui est intéressant pour les présentes recherches, c'est la motivation qu'ils donnent : une telle approche permettrait selon eux d'éviter une ontologie meinongienne où l'on admettrait des objets non existants dans le domaine.[82] En quoi éviter une ontologie meinongienne est-elle une meilleure stratégie ici ? Certes, si l'on s'en tenait aux principes meinongiens tels qu'ils ont été formulés par Meinong lui-même, et repris par d'autres auteurs comme Routley par la suite, on risque d'avoir une sémantique où tout devient trivialement vrai pour les raisons qu'on a précédemment évoquées. Cependant, n'est-il pas possible d'affiner ces principes de façon à les rendre moins problématiques ? Par ailleurs, le Père Noël, bien que n'existant pas concrètement, doit-il forcément être considéré comme non existant ou comme existant dans un autre monde possible ? Dans ce qui suit, on va s'intéresser aux aspects ontologiques et métaphysiques de ces questions et plus spécifiquement à la question des conditions d'identité des non-existants et recentrer la discussion sur la fiction littéraire. Qu'est-ce qui pourrait notamment expliquer que différents sujets parlant de Holmes parlent en fait du même individu ? Comment est-il possible de faire référence à des entités déterminées, mais qui n'existent pas concrètement ?

---

[82] Voir Rebuschi et Tulenheimo [2011, 828] : « *We take to be a considerable advantage of our approach that it avoids postulating non-existent individuals, and thus departs from Meinongianism.* »

QUATRIEME PARTIE :
INDIVIDUATION ET IDENTITE DES FICTIONS

Chapitre 12 - Enjeux d'une théorie de la fictionalité

On a précédemment développé les problématiques de l'engagement ontologique et de l'identité dans le contexte des logiques intensionnelles. On a conclu sur la nécessité de produire une logique libre de présupposition d'engagement ontologique et d'unicité de la référence des termes singuliers, une logique dans laquelle la généralisation existentielle et la substitution des identiques étaient récusées. La référence aux entités qui n'existent pas concrètement demeure cependant problématique. Il est maintenant temps de passer à des questions d'ordre ontologique et métaphysique : De quoi sont précisément constitués les domaines de la structure ? Comment peut-on faire référence aux entités qui les constituent ? Peut-on formuler des conditions d'individuation et d'identité pour les objets intentionnels qui seraient au moins aussi précises que celles qu'on définit habituellement pour les objets concrets ordinaires ?

Ces problématiques seront ici abordées dans le contexte d'une étude de la fictionalité littéraire, paradigme qui mêle naturellement ces difficultés d'ordres ontologique et métaphysique. On recentrera la discussion sur la question de savoir si l'on peut ou doit admettre les entités fictionnelles comme les personnages de fictions littéraires dans l'ontologie. Si l'on répond par la négative, on devra expliquer comment on comprend les énoncés fictionnels et en quoi consistent les expériences fictionnelles. Si l'on répond par l'affirmative, on devra expliquer comment la référence aux fictions est possible. Répondre par la négative engage à un *irréalisme* à l'égard des fictions, qui consiste à n'admettre aucune entité qui n'existe pas concrètement dans l'ontologie. Le *réalisme* consiste en revanche à admettre les objets qui n'existent pas concrètement comme les personnages de fiction dans l'ontologie.[83]

Une théorie de la fictionalité ne devrait pas se focaliser sur une perspective purement sémantique comme celle qui consiste à s'interroger sur les conditions de

---

[83] On ne confondra pas ici le *réalisme* comme position ontologique à l'égard des fictions du réalisme en épistémologie ou en logique. Les thèses de Russell [1905], réalistes en ce sens qu'il explique la signification en termes de correspondance à une réalité extérieure, n'en sont pas moins *irréalistes* dans la mesure où les fictions n'existent pas et où on ne peut pas y faire référence. On ne confondra pas non plus l'*irréalisme* avec l'immatérialisme de Berkeley, une thèse qui refuse l'existence de la matière. Quand on parlera ici d'irréalistes, on considérera que c'est une position qui n'admet pas les entités fictionnelles dans son ontologie, rien de plus.

possibilité de la référence aux fictions. A cet égard, J. Woods [1974][84], qui révèle une divergence de vues entre les approches sémantiques et esthétiques de la fictionalité, constitue un point de repère. Les sémanticiens s'intéressent principalement à la question de la référence. Une théorie de la référence doit en effet donner le fondement pour une théorie de la vérité à partir de laquelle on développe une théorie de l'inférence. Les approches esthétiques posent en revanche une question d'ordre plus relationnelle et focalisent leur attention sur les caractéristiques psychologiques des expériences fictionnelles. Selon Woods, une théorie de la fictionalité doit être en mesure d'articuler ces différentes perspectives. Cela ne peut se faire qu'en identifiant un double aspect de la fictionalité qui est source d'ambiguïtés dans le discours entre un point de vue interne à la fiction (comme dans « Holmes est un détective ») et un point de vue externe à la fiction (comme dans « Holmes est un personnage de fiction »). Pour rendre explicites ces différents points de vue, Woods préconise l'introduction d'un opérateur de fictionalité dans la portée duquel on capture le point de vue interne. L'objectif essentiel d'une théorie de la fictionalité se recentre alors sur l'articulation des différents points de vue et de la sémantique pour l'opérateur de fictionalité.

La thèse du double aspect des fictions est développée par Woods dans le contexte d'une conception explicitement irréaliste à l'égard des fictions. En effet, ses réflexions reposent dans un premier temps sur deux présuppositions que sont « la règle de Parménide », selon laquelle il n'est rien qui n'existe pas, et le postulat de la non-existence des fictions qui ne laissent pas « d'empreinte métaphysique ».[85] Il n'y a donc pas d'entité fictionnelle dont on parlerait dans le discours fictionnel ou qui serait l'objet de nos expériences fictionnelles. Etant données ces présuppositions, on dérive des paradoxes :

Paradoxe 1 : *On fait référence aux objets fictionnels.*

Or on ne peut pas faire référence à ce qui n'existe pas.
Et les objets fictionnels n'existent pas.
Donc on ne fait pas référence aux objets fictionnels.

Paradoxe 2 : *Il y a des énoncés vrais au sujet des fictions.*

Or les énoncés sur les non-existants ne sont pas vrais.
Et les objets fictionnels n'existent pas.

---
[84] Voir aussi Woods & Rosales [2010] ainsi que Woods & Isenberg [2010] qui revisitent les idées majeures de Woods [1974]. Dans ce qui suit, on s'en remettra surtout aux versions les plus récentes.
[85] Voir Woods & Rosales [2010, 348].

Donc il n'y a pas d'énoncé vrai au sujet des fictions.

Paradoxe 3 : *Il y a des inférences correctes (à partir de prémisses vraies) au sujet des fictions.*

> Or de telles inférences requièrent des prémisses vraies.
> Mais les énoncés fictionnels ne peuvent pas être vrais.
> Donc il n'y a pas d'inférence correcte au sujet des fictions.

Paradoxe 4 : *On connaît des choses au sujet des fictions.*

> Or on ne peut connaître φ que si φ est vraie.
> Mais aucun énoncé au sujet des fictions n'est vrai.
> Donc on n'a pas de connaissance sur les fictions.

Si l'on fait le choix ontologique de l'irréalisme à l'égard des fictions, alors on dérive inéluctablement ces paradoxes. Il semble en effet qu'on puisse savoir que Holmes est détective. Mais si rien n'est Holmes et qu'il n'est donc pas vrai qu'il y a effectivement un détective qui est Holmes, on ne voit pas comment une telle connaissance serait possible. C'est pourtant quelque chose qu'on puisse savoir et vérifier. Il semble de même qu'il soit vrai que Holmes est détective, et qu'il n'est pas spationaute. Sur ce point, plutôt que de vérité proprement dite, Woods [1974, 92] parle de sensibilité au pari de certains énoncés. En effet, on pourrait parier que Holmes et détective et le vérifier dans les textes pertinents. On gagnerait alors le pari, mais on le perdrait si l'on affirmait que Holmes est un spationaute.

Cela n'explique cependant pas comment résoudre la tension entre l'inexistence des fictions et la réaction émotionnelle dont on fait l'expérience dans la fictionalité. En effet, comment expliquer la réaction émotionnelle, doxastique ou cognitive à l'égard des fictions ? Plus précisément, le problème initial consiste à expliquer en quoi consiste une intention dont l'objet n'existe pas. On réagit émotionnellement face à la fiction, bien qu'on sache qu'elle est fausse. On pleure la mort d'un personnage, bien qu'on sache qu'une telle mort n'a jamais eu lieu, voire qu'un tel personnage n'a jamais existé. Comment une telle mort fictive peut-elle rendre triste ? On sait que la fiction est fausse mais on réagit émotionnellement, et cela ne produit même pas de dissonance cognitive. Serait-on prêt à tolérer certaines contradictions sans que cela ne provoque de gêne ou de turbulence psychologique ? C'est l'explication de cette tolérance en termes de double aspect de la fiction qui engage *in fine* à résoudre la contradiction dans une ambiguïté de portées rendue explicite par l'opérateur de fictionalité et qui constitue l'ambition majeure d'une théorie de la fictionalité.

Quelle est alors la sémantique pour l'opérateur de fictionalité ? On pourrait sur le modèle des logiques intensionnelles qu'on a discutées dans le chapitre précédent définir sa sémantique sur une structure modale, considérant alors que les fictions décrivent (partiellement) des mondes possibles. Telle est la proposition de D. Lewis [1978] qui considère que les énoncés fictionnels sont vrais relativement à d'autres mondes possibles. Woods refuse une telle approche qui présupposerait une forme de référentialité et donc une « empreinte métaphysique » de la fiction. Qui plus est, une telle approche reviendrait à une forme de possibilisme où la référence d'un nom comme « Holmes » a pour référence un être humain qui existe dans un autre monde, un monde fictionnel. Cependant, il y aurait dans ce cas une multitude d'objets qui pourraient être la référence de « Holmes », tout comme il y a une multitude de mondes qui réaliseraient les descriptions que constituent les écrits de Conan Doyle.[86] Par ailleurs, un tel possibilisme est difficilement acceptable si les fictions peuvent être contradictoires.[87]

Si une telle approche modale de la fictionalité n'est pas possible, alors l'analyse des problématiques de l'intentionalité qu'on a proposée dans les parties précédentes n'est plus pertinente. La voie irréaliste n'est cependant pas l'unique possible. On pourrait notamment récuser la règle de Parménide et admettre des entités au statut ontologique spécifique, mais qui n'existent pas, tout en admettant que les fictions n'existent pas. On devrait cependant expliquer quelles sont les conditions d'individuation et d'identité de tels objets. On trouve une telle explication dans les thèses inspirées du philosophe autrichien Alexius Meinong, que ce soit chez les néomeinongiens comme Mally [1912], Parsons [1980] ou encore Zalta [1983, 1988], mais aussi chez les nonéistes comme Routley [1982] ou plus récemment Priest [2005]. Une autre possibilité consiste à suivre la voie des artefactualistes dont les thèses inspirées d'Ingarden ont été récemment reprises par Thomasson [1999]. Les artefactualistes considèrent que les fictions existent en tant que créations et définissent leurs conditions d'identité en termes de relations de dépendances ontologiques. Ils en viennent alors à nier le postulat de la non-existence des fictions, tout en préservant la règle de Parménide. On verra que ces approches ont l'avantage de faciliter l'explication du point de vue externe, difficilement intelligible dans le contexte de théories irréalistes. C'est du reste sur

---

[86] Voir deuxième partie, chapitre 7, section 7.3.
[87] On doit cependant ici rendre justice à Lewis en précisant que la question de l'identité transmonde ne se pose pas pour lui puisqu'il n'y a pas une telle identité, seulement éventuellement une relation de contrepartie, définie en termes de similarités. Les mondes qui réalisent la fiction seraient des mondes possibles comme le nôtre, qui existent, mais qui ne sont pas actuels.

les thèses d'Ingarden et de Thomasson qu'on va fonder l'approche qu'on défendra dans la dernière partie de ces recherches. Définissant des conditions d'existence et d'identité pour les fictions, on pourra expliquer comment on peut y faire référence et envisager une interprétation modale de l'opérateur de fictionalité.

Quelle que soit l'approche envisagée, on devra en évaluer la force explicative pour les expériences et les énoncés fictionnels et ce, en lien avec une sémantique pour l'opérateur de fictionalité. On devra notamment être en mesure d'expliquer les différentes caractéristiques de l'intentionalité qu'on a discutées précédemment[88], à savoir la non-existence, l'identité et la contextualité. Plus spécifiquement, une théorie de la fictionalité devra permettre l'explication de différents types d'énoncés fictionnels qui combinent différents points de vue sur la fiction :

Interne explicite : *Holmes est détective.*

Interne implicite : *Holmes avait probablement un QI très élevé.*

Intensionnel : *Othello n'est pas le personnage principal d'Othello.*

Externe : *Agatha Christie admirait Holmes plus que tout autre détective.*

Transfictionnel : *Holmes était certainement plus intelligent qu'Hercule Poirot.*

Importation : Les phrases vraies du monde de l'histoire, mais qui ne font pas partie de l'histoire elle-même : *Londres est à 1000 miles de Moose Jaw.*

Fictionalisation du réel : *Napoléon et Boule de Neige firent alors venir une échelle qu'on dressa contre le mur de la grange.*

Réalisation du fictionnel : *Le Président est un Tom Sawyer.*

L'enjeu de ce qui suit est de montrer la nécessité de proposer une théorie qui articule les différents points de vue sur la fiction. On montrera que les approches pragmatiques focalisées sur le point de vue interne sont insuffisantes. Ce sera l'occasion de revenir sur le double aspect de la fictionalité et le contexte dans lequel Woods [1974], Woods & Rosales [2010] et Woods & Isenberg [2010] ont été amenés à préconiser l'introduction d'un opérateur de fictionalité. On prendra ensuite le contre-pied de ces thèses en s'engageant dans les approches réalistes et ce, en vue de produire une théorie de la référence qui rendrait intelligible une

---

[88] Voir première partie, chapitre 1.

interprétation modale de l'opérateur de fictionalité. On en viendra à défendre la théorie artefactuelle. Cette théorie n'a cependant jamais été véritablement développée en lien avec la sémantique pour l'opérateur de fictionalité. Une telle sémantique pour la théorie artefactuelle constituera l'enjeu de la dernière partie.

Chapitre 13 - Double aspect de la fictionalité

On va dans ce chapitre partir du point de vue internaliste dont la critique justifiera la thèse du double aspect de la fictionalité. Ce double aspect de la fictionalité, qui force à concevoir un point de vue interne et externe, mène à l'introduction d'un opérateur de fictionalité dont on définira certains aspects sémantiques fondamentaux par la suite. On verra qu'une interprétation modale de cet opérateur comme celle qu'on va défendre par la suite suppose une théorie de la référence aux fictions, ce qui renverrait inéluctablement aux questions sémantiques et notamment à la question de savoir comment on peut faire référence à des personnages de fiction non seulement dans un point de vue interne, mais aussi un point de vue externe. Pour l'instant, on expose le contexte dans lequel ont été développées les théories de l'assertion feinte et du *make-believe*. C'est en effet en réaction critique à ces thèses que sera développé le double aspect de la fictionalité, préliminaire à l'introduction de l'opérateur de fictionalité.

13.1. Perspective de l'auteur : Théories de l'assertion feinte[89]

Au fondement des problématiques ayant trait à la fictionalité, se trouve cette tension entre la fausseté du discours fictionnel et les émotions ressenties face à un tel discours. C'est en ce sens que Woods & Isenberg [2010] préconisent de donner la priorité à la psychologie. Un lecteur qui pleure la mort d'un personnage sait que le personnage en question n'existe pas et que la prétendue mort n'a jamais eu lieu. Pourtant, ce lecteur est triste, il pleure. Malgré cette tension dont il est conscient, cet agent n'est pas dans un état de dissonance cognitive. Comment expliquer la tolérance à cette contradiction ? Une théorie de la fictionalité doit dans un premier temps élucider ce phénomène et rendre intelligibles les réactions émotionnelles à la fiction. L'absence de dissonance cognitive est à ce sujet la première donnée psychologique qu'il convient d'expliquer. Des contradictions sont tolérées par le psychisme et ce sans résistance. Donnant la priorité au psychologique, on recentre la problématique autour de deux questions :

- Comment caractériser l'état qui apparaît être de la tristesse (fictionnelle) ?

---

[89] On désigne généralement les théories de l'assertion feinte par le terme anglais de « *pretense-theories* ».

- Sur quoi porte cet état et qu'est-ce qui déclenche l'émotion ?

Etant donné l'absence d'objet du discours fictionnel, certains auteurs ont défendu une théorie des émotions feintes, distinctes des émotions réelles. Une telle explication se focalise sur un point de vue interne à la fiction et sur ce qui distingue le discours fictionnel du discours « réel ». Dans ce contexte, on prétend que le discours fictionnel n'est pas constitué d'authentiques assertions puisqu'il ne vise pas le vrai, bien qu'il n'ait pas vocation à tromper. Un tel discours suscite de fausses émotions ou plutôt des émotions *feintes*. En fait, la fiction serait le produit d'un jeu de *faire-semblant*, qui s'étend à tout un ensemble d'actions : dans le point de vue interne à la fiction, on fait semblant d'asserter, on fait semblant de croire, on fait semblant de réagir émotionnellement, etc. Etant donnés ces jeux de faire-semblant, les paradoxes formulés par Woods ne sont plus dérivés.

La façon de poser le problème et de le solutionner relève ici d'une approche pragmatique de la fictionalité. L'enjeu est en effet d'expliquer ce qui fait qu'un discours fictionnel est caractérisé comme tel en se plaçant à l'intérieur du discours fictionnel, dans un point de vue interne. Les grands principes des thèses internalistes ont été définis par des auteurs comme Macdonald [1954], Genette [1991] ou encore Schaeffer [1999]. Macdonald [1954] défend notamment la thèse selon laquelle une œuvre fictionnelle ne consiste pas en un ensemble d'assertions qui véhiculeraient quelque information que ce soit au sujet de faits réels ou d'objets. La question des conditions de vérités des énoncés fictionnels n'est donc pas pertinente. Cette perspective sera la base des thèses plus extrêmes de Genette selon lesquelles les fictions sont *étanches* aux éléments du réel, pour reprendre les termes de Montalbetti [2001, ch.8]. En effet, le fictionnel est selon Genette plus que ses parties et tous les éléments qui permettent de construire un discours fictionnel sont rendus fictionnels par l'œuvre elle-même. Le fictionnel comme tout ne réfère pas à quelque réalité extra-textuelle que ce soit et les éléments inspirés de la réalité sont directement transformés en fiction.[90]

L'argument sous-jacent à cette thèse est que d'un point de vue purement interne, il n'y a absolument aucun moyen de sortir du texte ou de savoir si le texte est effectivement au sujet du réel ou non. Aucun indice syntaxique ne permet de sortir

---

[90] Genette [1991] illustre son propos en usant de la métaphore de la digestion. A supposer un animal comme un lion qui mange un mouton et qui le digère, on ne dirait pas que le lion est en partie constitué de mouton, le mouton est devenu du lion. Il en est de même avec la fiction et les processus de narration. Même si l'on fait intervenir des éléments du réels, ceux-ci sont « digérés » et en viennent à devenir constituant de la fiction, mais pas en tant que réalités, ils deviennent fiction. Dans la fiction conçue comme un tout, il n'y a pas d'élément du réel, seulement des éléments fictionnels. Tout comme dans le lion conçu comme tout, il n'y a pas de mouton, seulement du lion.

de la fiction. Le fait d'être fictionnel ou non, pour une œuvre, ne peut donc pas relever d'une propriété intrinsèque à cette œuvre, mais doit relever d'une caractérisation comme tout. Mais qu'est-ce qui permet de caractériser une œuvre fictionnelle, considérée comme un tout, comme étant effectivement une œuvre fictionnelle ? Tout ce qui permet de distinguer un texte fictionnel d'un texte qui n'est pas fictionnel, c'est le paratexte. Le paratexte, c'est l'ensemble des indices qui accompagnent une œuvre. C'est par exemple ce que Genette [1987] appelle *paratexte éditorial*, à savoir la couverture, le titre, les commentaires de quatrième de couverture, etc., ou encore le *paratexte auctorial* comme les dédicaces, les préfaces, etc. Sans entrer dans tous les détails du paratexte, on peut lui attribuer la fonction spécifique de renseigner sur les intentions de l'auteur et de permettre au lecteur de s'inscrire dans une posture « fictionnelle ». [91] L'enjeu est alors maintenant de caractériser de telles intentions et de donner du contenu à une telle perspective. En quoi les intentions de l'auteur permettraient-elles de rendre compte de la spécificité du discours fictionnel ?

Tout en défendant des thèses moins extrêmes (quant à l'étanchéité notamment), Searle [1975] développe l'approche pragmatique en approfondissant l'analyse des intentions de l'auteur. Ce qu'il faut expliquer selon lui, ce n'est pas la vérité ou la fausseté d'un énoncé fictionnel, mais plutôt la tension entre le fait que ce que dit l'auteur est faux bien qu'il n'ait pas l'intention de tromper son public, comme le ferait un menteur en rapportant des faits par exemple. La valeur de vérité des énoncés ne donne aucune indication sur la façon dont on comprend le discours fictionnel. Mais en quoi deux types d'énoncés, que rien ne distingue syntaxiquement, pourraient-ils être faux de manières différentes ? Le faux étant faux, en quoi y aurait-il différentes façons d'être faux pour un énoncé ? S'en remettant à des considérations pragmatiques, Searle distingue les assertions des *assertions feintes*.

Plus précisément, on admet tout d'abord que, dans la communauté, on parle d'œuvres fictionnelles et que ce discours peut dans une certaine mesure être évalué, critiqué, voire admis comme correct. Cela est rendu possible par le fait qu'un auteur a créé une œuvre en rapport à laquelle un tel discours est possible. L'objet du discours, c'est l'œuvre, accessible à travers un texte, un ensemble de phrases qui

---

[91] Schäffer [1999, ch3, §§3-4] discute sur ce point la « compétence fictionnelle » des lecteurs qui repose sur deux capacités que sont :
- Immersion fictionnelle : possibilité pour le lecteur de s'oublier dans la lecture.
- Capacité à se rappeler la réalité d'alentour en cas de nécessité.

En évitant de confondre fiction et réalité, le lecteur fait état de sa compétence fictionnelle. Pourtant, ce n'est pas le texte lui-même qui lui permet de mettre en œuvre une telle compétence, c'est plutôt le paratexte.

a une certaine persistance à travers le temps. De quoi est constitué cet ensemble de phrases ? Il ne peut s'agir d'assertions puisque l'auteur n'a pas l'intention de dire quoi que ce soit de vrai. Il ne croit pas non plus à ce qu'il raconte. Un tel auteur affirme ainsi sciemment des choses fausses.[92] De quoi est donc constitué son discours ? D'un point de vue syntaxique, interne, il n'y a aucune différence entre un discours constitué d'assertions d'un discours qui ne le serait pas, comme le discours fictionnel.[93]

On doit donc aborder la question par un autre biais, en comparant le discours fictionnel au discours d'un menteur. En effet, l'auteur ne croit pas à ce qu'il raconte, mais il n'a pas non plus l'intention d'être cru par ceux qui le liront. Cette différence, capturée au niveau du point de vue de l'auteur, des intentions qu'il a quand il écrit une œuvre, renseigne sur la nature des phrases du discours fictionnel. L'ensemble de phrases qui constitue une œuvre littéraire n'est en fait pas un ensemble d'assertions, mais un ensemble de fausses assertions, des *assertions feintes*.[94] L'auteur *fait comme s'*il faisait d'authentiques assertions, mais il fait semblant. Dès lors, les énoncés du discours fictionnel ne constituent pas des assertions proprement dites, mais des assertions feintes. Ce qui différencie l'activité de narration du mensonge serait donc le fait que l'auteur n'ait pas l'intention de tromper ni d'être cru, mais de jouer un jeu de langage particulier, qui répond à certaines règles. Ces règles, qui sont différentes de celles pour le discours non fictionnel, sérieux comme dirait Searle, caractérisent l'activité narrative de l'auteur.

Les tensions révélées par Woods sont ainsi dissoutes dans le fait qu'on n'ait pas affaire à d'authentiques assertions dans le discours fictionnel. Il n'y a donc pas référence aux fictions, mais plutôt référence feinte. Par ailleurs, s'il n'y a pas de dissonance cognitive, c'est parce qu'il n'y a en fait pas de contradiction entre la fausseté de la fiction et la réaction émotionnelle. En effet, l'objet de l'émotion n'est pas quelque chose d'existant, de réel ou de vrai, mais quelque chose de feint. La réaction émotionnelle n'est quant à elle pas une authentique émotion, mais une émotion feinte. La réaction de tristesse à la mort d'un personnage n'est pas une authentique relation de tristesse à cette mort, c'est une tristesse feinte. Comprendre le discours fictionnel présuppose par conséquent d'admettre un ensemble de

---

[92] En effet, une assertion répond selon Searle [1975, 322] à différentes maximes sémantiques et pragmatiques, le fait de s'engager dans la vérité de ce qu'on exprime, de pouvoir en fournir une évidence ou des raisons pour en accepter la vérité, de croire sincèrement à ce qu'on dit. Or le discours fictionnel les enfreint clairement toutes.
[93] Voir Searle [1975, 325] : « *The identifying criterion for whether or not a text is a work of fiction must of necessity lie in the illocutionary intentions of the author. There is no textual property, syntactical or semantic, that will identify a text as a work of fiction.* »
[94] Le terme anglais utilisé par Searle [1975, 325] est « *pretended assertion* ».

conventions extralinguistiques et non sémantiques qui brisent la connexion entre les mots et le monde. L'auteur fait certes un usage littéral des phrases qui constituent son texte, mais il ne s'engage pas à l'égard des faits décrits ou des objets désignés. Ce serait comme un jeu de langage de narration qui requerrait un ensemble différent de conventions pour être joué même si ces conventions ne sont pas des règles de signification. Et c'est du reste en cela que la narration et le discours fictionnel sont différents du mensonge. Ce type de théorie pourrait expliquer ce qu'on a précédemment présenté comme des *superdialogues*[95] où l'on commence une argumentation dans le contexte d'une logique libre neutre et où l'on passe dans un dialogue du *comme si*, un *dialogue feint*, où les joueurs poursuivent leur échange malgré l'indétermination. Si l'on s'en tient là, il n'y a pas grand chose de plus à dire d'un point de vue sémantique. Ce qu'il convient d'expliquer, c'est ce qui fait qu'on est en mesure de passer à un *superdialogue*. On pourrait cependant s'interroger sur la pertinence de telles approches : Quand on feint un dialogue, n'est-on finalement pas en train de dialoguer ?

Searle défend par ailleurs sa thèse face à ceux qui lui objecteraient qu'on ne peut pas vraiment, en tant que lecteur, sonder l'intention d'un auteur. Il avance l'argument selon lequel quand on identifie un texte comme un roman, un poème, etc., on fait déjà une supposition sur les intentions de l'auteur. On en revient ici à l'importance des indications paratextuelles. Cependant, une telle explication ne risque-t-elle pas d'être circulaire ? En effet, on prétend qu'on a affaire à des pseudo-assertions parce qu'on sait qu'on a affaire à un roman. On sait qu'il s'agit d'un roman, parce que les assertions sont feintes. On ajoute alors les indications paratextuelles. Mais le paratexte suffit-il à déterminer les intentions de l'auteur ? Comment sait-on qu'on a affaire à un roman ? Dans le cas des mythes, on ne sait pas trop s'il s'agit de fiction ou si l'auteur a voulu décrire des faits réels, parler de choses vraies. Comment déterminer si un mythe est constitué d'assertions feintes ou d'authentiques assertions ?

Admettons qu'il y ait quand même une telle intention, même si on n'est pas en mesure de la sonder. On rejoint ici des explications qui forcent à ne pas concevoir l'intentionalité comme une authentique relation. Dans le cas où l'expérience met en jeu des fictions, il n'y a pas réellement d'objet qui est visé, on fait semblant de viser un objet. Le contenu peut être identique, que l'objet existe ou qu'il n'existe pas. Ce qui caractérise l'intention, c'est cette possibilité de faire semblant de viser un objet. Mais de ce fait, les difficultés qu'on a évoquées relativement aux combinaisons des différentes caractéristiques problématiques de l'intentionalité surgissent de nouveau. Comment combiner une explication satisfaisante de l'identité avec la non-existence ? Supposons les deux énoncés suivants :

---

[95] Voir deuxième partie, chapitre 6, section 6.7.

(1) Holmes vivait à Baker Street.
(2) L'ami de Watson vivait à Baker Street.

Si l'on veut rendre compte de ce qu'il y a de commun entre les deux, on devra invoquer des références feintes. Mais pour que deux références feintes soient les mêmes, il semble qu'il faille, après tout, faire référence de quelque manière que ce soit. En quoi feindre la référence ne serait-il pas ici faire référence à ce qui n'existe pas ? Il n'est du reste pas si évident de comprendre si, chez Searle, l'auteur crée ou non un objet de référence. Il n'est pas toujours très clair sur la question de savoir s'il y a ou non des objets fictionnels auxquels on réfère. En effet, il parle de création[96], il semble aussi expliquer qu'on puisse sérieusement faire référence à des personnages de fictions, notamment lorsqu'il explique comment on peut comprendre un énoncé du type « Holmes est détective ». Sur ce point, on devrait distinguer non seulement le discours sérieux et le fictionnel, mais aussi le discours sérieux au sujet des fictions. En effet, un tel énoncé peut consister en un discours sérieux au sujet des fictions qui est alors vrai puisqu'il rapporte précisément l'histoire d'un personnage. Ce discours ne relève pas en tant que tel du discours de fiction si je n'en suis pas l'auteur : je peux vérifier ce que je dis en me référant aux œuvres de Conan Doyle, mais Conan Doyle ne le pouvait pas en écrivant ses histoires puisqu'il ne fait que feindre ses assertions. Et comme l'auteur a créé ces personnages, on peut faire des affirmations vraies à leur sujet. On passe alors maintenant à une question d'ordre plus métaphysique : comment est-il possible pour un auteur de créer un personnage fictionnel si l'activité de l'auteur consiste à faire semblant ?

Probablement sans aller aussi loin, Woods [2007, 1083] émet des objections similaires en expliquant que même en invoquant la *référence feinte*, en faisant semblant de référer à quoi que ce soit, on finirait bien par référer à quelque chose qui n'existe pas à moins de générer de nouveaux paradoxes :

- Quel est le rôle du lecteur ? Le lecteur s'engage-t-il aussi dans ces *feintes* ? Est-ce la même *feinte* que celle de l'auteur ? Si tel est le cas, comment expliquer cette remarquable coïncidence ? Si tel n'est pas le cas, comment la coréférence (feinte) serait-elle possible ?
- Quel est le rôle du critique ? Quand quelqu'un dit que Jeremy Brett a mieux capturé les personnages de Holmes que Basil Rathbone, le critique est-il engagé dans une *feinte* ? Si tel est le cas, qu'est-il en train de feindre ? Si ce n'est pas le cas, la *référence feinte* n'est pas une condition de la référence aux êtres fictionnels.

---

[96] Voir Searle [1975, 331] : « *By pretending to refer to people and to recount events about them, the author creates fictional characters and events.* »

Afin d'expliquer cette appropriation de l'œuvre fictionnelle par les lecteurs et autres critiques, par une communauté, certains auteurs ont préconisé une explication qui tenait compte du point de vue du lecteur. L'enjeu n'est alors plus d'expliquer comment les intentions de l'auteur caractérisent le discours fictionnel, mais plutôt ce qui caractérise l'attitude fictionnelle du lecteur et en quoi consistent notamment ses réactions émotionnelles face à la fiction.

13.2. Perspective du lecteur : Théories du *Make-Believe*

L'impossibilité de sonder véritablement les intentions de l'auteur a suscité un certain scepticisme à l'encontre de la théorie des assertions feintes. Currie [1990] et Walton [1990] notamment ont préféré faire porter l'analyse sur la perspective du lecteur. Une question fondamentale quand on se place dans la perspective du lecteur consiste à se demander comment une réaction émotionnelle face à une fiction dont on sait qu'elle est fausse est-elle possible. Comment peut-on avoir peur de quelque chose sans croire à son existence ? Quel est l'objet de la tristesse quand on pleure la mort d'un personnage si le personnage en question n'existe pas et que l'événement de sa mort n'a en fait jamais lieu ? La théorie du *make-believe*[97] de Currie, reprise par Walton, consiste à expliquer ce qui caractérise la fictionalité et l'expérience fictionnelle non pas en s'intéressant aux pratiques de l'auteur mais plutôt à l'attitude du lecteur et les émotions qu'il peut ressentir face à une fiction. De telles émotions ne peuvent pas être d'authentiques émotions puisqu'elles ne portent sur aucun objet. Cela n'empêche pourtant pas de se trouver dans des états de « quasi-émotion », des états affectifs dont la possession rend « fictionnel de soi-même » qu'on fait cette expérience. En fait, ces auteurs affirment que l'attitude fictionnelle du lecteur repose sur un jeu qui consiste à abandonner son incrédulité et à faire semblant de croire qu'on est dans un tel état émotionnel.

On doit toutefois préciser que pour Currie, le statut fictionnel du discours ne peut pas être déterminé relativement à l'audience. De même que pour Searle, ce qui fait une fiction, c'est l'intention de l'auteur au moment de produire le texte. Mais à la différence de Searle, cela n'est pas expliqué en termes d'assertions feintes, mais plutôt d'une intention fictive qui consisterait à vouloir faire en sorte que le lecteur joue le jeu du *make-believe*, c'est-à-dire de jouer à faire semblant de croire ce qu'il raconte. Ce qui caractérise le fictionnel, c'est donc l'attitude que l'auteur veut susciter chez son lecteur. Si l'auteur écrit une fiction, il veut seulement qu'on fasse

---

[97] Je conserve ici le terme anglais *make-believe* très largement répandu dans la communauté philosophique. Il est du reste difficile de rendre cette expression en français, bien qu'on pourrait utiliser l'expression *faire croire*. J'utiliserai le français quand il s'agira d'expliquer la théorie, mais je garderai *make-believe* comme un nom propre pour les théories de Currie et de Walton.

semblant de croire à ce qu'il écrit. Si ce n'est pas de la fiction, il veut qu'on y croie, tout simplement.[98]

Ce qu'il s'agit ensuite d'expliquer en ce qui concerne l'attitude du lecteur, c'est la situation paradoxale qui peut être résumée dans les trois affirmations suivantes :

1) On a des émotions face aux situations décrites.
2) Pour avoir une émotion concernant une situation, on doit croire la proposition.
3) On ne croit pas la proposition.

Currie va admettre ces trois propositions, mais expliquer le fait qu'on ait des émotions face à la fiction autrement. Dans la fiction, le *make-believe* va prendre la place de la croyance. Ce qui fait qu'on réagit au contenu d'une fiction, c'est qu'on entre dans un jeu où l'on fait semblant de croire ce qui est dit. On peut alors remplacer la proposition 2 par :

> 2') Pour avoir une émotion concernant une situation fictionnelle, on doit faire semblant de croire à la proposition.

On en revient cependant aux difficultés liées à la question de savoir en quoi pourrait bien consister une relation intentionnelle dont l'objet n'existe pas. En effet, même s'il s'agit d'un jeu, sur quoi la peur ou la tristesse portent-elles quand on craint pour la vie d'un personnage ou qu'on pleure sa mort ? Walton [1990] développe certains aspects des thèses de Currie et prétend que le jeu de *make-believe* doit être déclenché par la présence d'un objet réel qu'on appelle *prop* [1990, 11]. Un tel objet devient un *prop* de par l'imposition d'une règle ou d'un principe de génération qui prescrit ce qui doit être imaginé en fonction de la présence de l'objet. Si quelqu'un imagine quelque chose parce qu'il y est encouragé par la présence de *props*, alors il est engagé dans un jeu de *make-believe*. Un texte devient ainsi une fiction quand il y a une règle qui pousse faire semblant de croire qu'il y a des objets ou des faits désignés par le texte. On fait par exemple semblant de croire qu'Anna Karénine est un authentique nom propre qui réfère à une femme russe dont on raconte l'histoire. Walton use beaucoup de l'illustration par les jeux d'enfants, qui peuvent faire semblant de croire que leurs vélos sont des chevaux. Si on a un vélo de course, on est un indien, si on a un vélo tout terrain, on est un cowboy. Et quand on les range au garage, on les rentre à

---

[98] Voir Currie [1990, 18] : « *What the author of a fiction does intend is that the reader take a certain attitude toward the propositions uttered in the course of his performance. This is the attitude of 'imaginative involvement' or (better) 'make-believe'. We are intented by the author to make-believe that the story as uttered is true.* »

l'écurie. Tous ces faits imaginés comme vrais de façon complice le sont par l'usage de *props* (vélos, garage, etc.) et de règles. De même, dans la fiction, on fait semblant de croire à ce qui est raconté. Un avantage de la thèse de Watson est qu'on n'a pas à s'en remettre aux intentions de l'auteur. En effet, ce qui fait que des mots peuvent constituer une fiction dépend du fait qu'un texte agit comme un *prop* qui déclenche un jeu de *make-believe*.

La tristesse qu'on ressent quand on pleure la mort d'un personnage fictionnel est alors une « fausse » tristesse, on fait semblant d'avoir peur dans un jeu de *make-believe*. Il en est de même pour toutes les réactions émotionnelles à la fiction. En effet, on ne peut pas avoir peur de quelque chose si l'on ne croit pas en son existence selon Watson. Je ne vais jamais appeler les secours en regardant un film catastrophe par exemple. Dès lors, on ne dérive plus les paradoxes en étant en mesure d'expliquer l'ambiguïté du discours fictionnelle, qui peut être explicité au moyen d'un opérateur, alors compris comme « dans le jeu de *make-believe*... »

Cette théorie a été la cible de nombreuses critiques. Woods & Isenberg [2010] émettent une objection à la supposée distinction entre ce que serait une vraie peur et une fausse peur ressentie face à une fiction. En quoi la tristesse que je ressens à la mort d'un personnage de fiction ne serait-elle pas une authentique tristesse ? Comment expliquer la réaction émotionnelle empirique ? En effet, les larmes qui coulent sur mes joues sont les mêmes que quand je suis vraiment triste. Les effets de la tristesse sont les mêmes. Qu'est-ce qui distingue cette tristesse fictionnelle de la tristesse authentique ? Doit-on faire semblant d'être triste ? Les larmes sont-elles fausses ? Que cela signifierait-il ? On rejoint également un autre argument de Woods selon lequel la fiction ne laisse pas d'empreinte métaphysique. Qu'il y ait fiction ou pas, le monde demeure tel qu'il est. De même, si notre émotion est fictionnelle, elle ne doit pas laisser d'empreinte métaphysique. Comment dès lors expliquer la réaction physique et empirique ? Comme on va le voir dans ce qui suit, une telle explication rend selon Woods inintelligible la réaction émotionnelle, qui devrait alors être elle aussi fictionnelle. Pourtant, quand on est triste et qu'on pleure, les larmes ne sont pas fictionnelles.

D'autres auteurs, comme Sainsbury [2009], ont par ailleurs objecté à ces thèses qu'elles demandaient une trop grande implication active du public et que les émotions sont plus passives. Dans la théorie de Walton, c'est comme si la tristesse que l'on ressentait relevait d'une action consciente, d'un jeu, alors qu'en fait, on ne fait que la ressentir. En effet, même s'il y a suspension volontaire d'incrédulité, quand on brise cette suspension l'émotion perdure. On a parfois beau se dire « ce n'est qu'un film », et arrêter de faire semblant de croire, il n'est pas si aisé de ne plus rien ressentir. On n'est pas toujours en mesure de contrôler son émotion, il y a quelque chose de l'ordre de la passion bien plus que de l'action. Sainsbury objecte également aux thèses de Walton le manque d'explications quant à l'immersion fictionnelle et surtout son échec. Une mauvaise fiction, dans laquelle on n'arrive pas à « entrer » demeure une fiction, même si le public accepte difficilement ou pas du tout le jeu de *make-believe*. Il semble que le déclenchement du jeu proprement dit ne soit pas une condition d'individuation nécessaire pour la fiction.[99]

Enfin, et c'est une objection sur laquelle on aura l'occasion de revenir, ces théories ne permettent pas de rendre compte du point de vue externe sur la fiction. En effet, doit-on supposer quelque vérité feinte ou autre de jeu de *make-believe* que ce soit pour admettre la vérité de « Conan Doyle a créé Sherlock Holmes » ?

13.3. Double aspect des émotions

Les approches centrées sur le point de vue interne évacuent les tensions plus qu'elles ne les expliquent. Elles n'expliquent notamment pas le fait que quand on est immergé dans la fiction, on demeure bien conscient qu'il s'agit de fiction, de non-existant. On n'abandonne pas ses croyances au réel, on ne fait pas non plus semblant d'asserter ou de croire quoi que ce soit. Il y a une tension entre la réaction émotionnelle et le fait de savoir, en même temps, que la fiction n'est pas réelle. Selon Woods & Isenberg [2010], une théorie de la fictionalité doit en premier lieu expliquer ce qui rend tolérable cette contradiction pour l'esprit et ce, sans la dissoudre. Cette tolérance, manifestée par l'absence de dissonance dans l'esprit de l'agent intentionnel, va être expliquée par ces auteurs en termes de *double aspect* de la fiction et des réponses émotionnelles. Une caractéristique de ces réponses émotionnelles est que ces états ne sont pas tels qu'ils apparaissent puisque l'objet de la tristesse n'est pas la mort du personnage qu'on pleure, mais plutôt le texte de l'auteur (ce que Walton aurait appelé *prop*), et n'en ont que l'apparence. Il n'y a cependant pas de suspension d'incrédulité ou de faire semblant de croire, on demeure conscient de la fausseté du texte par rapport à la réalité. Ce à quoi cela engage, c'est qu'une théorie de la fictionalité ne peut pas être centrée

---

[99] Voir Woods & Rosales [2010, note 45] qui donnent un exemple de texte duquel on pourrait se demander s'il s'agit d'une fiction. Si oui, dans quel jeu de faire croire à quoi que soit s'engagerait-on ici ? Si non, quel critère donnerait-on dans le contexte des théories du *make-believe* pour l'exclure ? :
« *Constitutive considerations: Is the following a story?*
P and Not-P
A Short Story
by
John Woods
****
Once upon a time it came to pass
that, for every P, P and not-P.
The end »

exclusivement sur le point de vue interne à la fiction. La tension qu'il convient d'expliquer, c'est l'apparente contradiction entre un état de savoir (externe) de la non-existence de la fiction et une réaction émotionnelle à la fiction.

Comme on l'a déjà indiqué, Woods & Isenberg partent de la donnée psychologique empirique manifestée au niveau des réactions émotionnelles. Qu'est-ce qui pourrait déclencher de tels états dans la relation au texte d'un auteur ? Les réponses à double aspect sont les mêmes et ont les mêmes effets que les réponses authentiques : quand je suis triste, je pleure. La différence se situe au niveau des causes. Dans une œuvre fictionnelle, il n'y a selon Woods que l'apparence de ce qui est rapporté et personne ne croit qu'il s'agit de véritables rapports de quelque réalité que ce soit. De tels rapports sont essentiellement constitués de phrases déclaratives. Et même quand elles sont utilisées dans un but autre que rapporter des faits réels, les phrases déclaratives conservent cette apparence de phrases qui servent à fait un tel rapport. Les histoires fictionnelles (« stories ») ont l'apparence non trompeuse d'histoires réelles (« histories »). Ces apparences ne sont pas des illusions puisqu'il n'y a pas tromperie ni travestissement de la réalité. Ce qui est la cause de la réaction émotionnelle, c'est l'apparence du texte et des phrases qu'il contient.

Les explications en termes de feintes ou de jeux de *make-believe* rendent inintelligibles la réalité empirique de nos réactions. A supposer qu'on « rende fictionnel de soi-même » qu'on est triste, cela ne devrait pas laisser d'empreinte métaphysique, comme tout ce qui est fictionnel, et on ne devrait pas pleurer pour de vrai. Pourtant, quand je pleure, je ne suis pas fictionnellement triste, je pleure. Je ne feins pas d'avoir des larmes. Ce n'est pas parce qu'on sait qu'on est face à une fiction qu'on doit jouer à ressentir ses émotions plutôt que les ressentir. Il n'y a pas besoin de jouer à abandonner sa croyance que la fiction est fausse, on en reste conscient, ce qui n'empêche pas la fiction de toucher émotionnellement. On ne peut pas dissocier ces deux aspects dans l'état psychologique du lecteur. Selon Woods, quand on interagit avec une fiction, on fait bien deux choses à la fois : On croit des choses qu'on sait être fausses, on est affecté par des choses dont on sait qu'elles n'ont pas lieu. S'il n'y a pas dissonance cognitive, c'est parce que la fiction force à voir double, à s'inscrire dans une double posture, ce qu'il appelle le *double aspect* de la fictionalité.

La caractéristique fondamentale de l'expérience fictionnelle c'est la cause des réactions et émotions. La cause des réactions à la fiction est le pouvoir causal des assertions apparentes, tout comme les assertions ont-elles-aussi un pouvoir causal. Un de ces pouvoirs est en l'occurrence « d'appuyer sur les boutons psychologiques » [2010, §22] de ceux qui les lisent. Par exemple, si l'on rapporte la mort de quelqu'un, on déclenche la tristesse. Que ces rapports soient vrais ou fictifs, le pouvoir causal peut être le même. Le pouvoir causal qui consiste à « appuyer sur les boutons psychologiques » est indifférent à la vérité ou la fausseté de l'assertion. La même apparence produit le même effet, comme par habitude. On a donc deux caractéristiques de l'apparence et du pouvoir causal des assertions :

- Les réactions psychologiques ou psychophysiques aux rapports sont déclenchées par l'apparence de rapport.
- Savoir qu'une apparence est fausse n'empêche pas le rapport d'avoir une telle apparence.

Il y a impression sur un « bouton psychologique » qui repose sur le fait qu'habituellement, l'assertion de φ a pour effet la croyance de φ, mais cette connexion est défaisable. Les réponses à double aspect reposent sur un mélange de causes et sont produites par des signaux mixtes. Ces signaux causaux concurrents ne sont pas suffisamment faibles ou forts pour neutraliser l'effet causal de l'autre. On notera que par opposition à ce qui se passe dans les théories de révisions des croyances où une nouvelle information contradictoire avec une autre annule la plus ancienne, savoir que Holmes n'existe pas n'efface pas la croyance que Holmes vit à Baker-Street. On a bien les deux croyances en même temps, bien que cela ne soit pas cause de dissonance cognitive. On ne peut pas éliminer ou dissoudre le fait qu'on sache que ce n'est pas vrai, comme ce serait le cas dans les théories internalistes qu'on a discutées précédemment.

Plus concrètement, croire que Holmes vit au 221B Baker Street a l'apparence d'une croyance comme celle qui consiste à croire que le Président de la République vit à l'Elysée et ce, bien qu'on sache parfaitement qu'il n'y a aucun endroit où l'on pourrait trouver Holmes. C'est une croyance à double aspect, on le croit en sachant que c'est faux sans même être troublé par la contradiction. S'agit-il dès lors exactement des mêmes croyances ? Si l'on s'intéresse aux champs d'actions possibles qu'elles suscitent, elles seront différentes. En effet, on pourrait aller vérifier si le Président vit bien à l'Elysée, ce qu'on ne pourrait ni n'envisagerait de faire pour Holmes au 221B Baker Street. On doit bien admettre ici qu'on a deux types de relations différentes. S'ils sont différents et qu'ils n'engagent pas les mêmes champs d'actions et de réactions possibles, c'est que bien qu'ayant l'apparence d'états authentiques, les états à double aspect sont déclenchés par un texte et non par des événements réels. S'il y a bien une relation à quelque chose quand on est triste, ce n'est pas la mort d'un personnage, mais à un texte. On a deux types d'émotions, qui ont les mêmes effets (larmes), mais qui n'ont pas la même cause. L'apparence du texte permet ce que Woods appelle des « travers causaux » depuis le réel, l'apparence d'un rapport de mort suscitant une émotion semblable à celle suscitée par un rapport authentique.

Si l'on doit définir une sémantique pour la fictionalité, c'est donc une sémantique des apparences littéraires. L'objet auquel on est relié dans l'émotion à double aspect, c'est un texte. La tristesse de la mort d'un personnage est une tristesse à double aspect déclenchée par un texte qui a l'apparence du rapport d'une mort dont le lecteur compétent sait qu'elle n'a jamais eu lieu. Les caractéristiques distinctives des explications psychologiques de tels états et relations apparaîtront également dans l'explication des états et relations sémantiques face au fictionnel. En effet, pour envisager une sémantique de la fictionalité, on doit concilier les différents points de vue, ce qu'on fera par l'introduction d'un opérateur de fictionalité. Cet opérateur doit permettre de désambiguïser les énoncés en fonction des différents aspects. Un point de vue exclusivement internaliste ne permettrait pas de produire une théorie satisfaisante de la fictionalité. On doit combiner différents aspects.

13.4. Opérateur de fictionalité, premières considérations

Etant donné le double aspect, tous les énoncés fictionnels sont maintenant ambigus. Ils peuvent soit être compris selon une perspective interne, soit selon une perspective externe. Quand on dit « Holmes est un détective », c'est généralement selon une perspective interne et vrai si c'est compris comme implicitement préfixé de « selon la fiction ». Ce qu'on veut alors dire, c'est qu'il y a un texte de fiction qui donne l'apparence d'un personnage qui est détective. Inversement, un énoncé comme « Holmes est un personnage de fiction » est à comprendre selon un point de vue externe et de façon directe. Quelle est cependant la sémantique d'un opérateur de fictionalité comme « selon la fiction » ?

Ce qui est selon Woods important pour accomplir cette tâche, c'est en premier lieu d'éclaircir les inférences autorisées dans la portée de l'opérateur de fictionalité. Ce qui est vrai dans la portée d'un tel opérateur, c'est en effet ce qui est dit explicitement dans le texte fictionnel pertinent. Il est vrai selon la fiction que Holmes est un détective puisque cela est dit explicitement dans les textes de Conan Doyle. Mais ce qui est vrai également dans la portée d'un tel opérateur, c'est aussi et surtout ce qu'on infère de ce qui est dit dans le texte. Alors qu'une sémantique est généralement construite en suivant une séquence <R,V,I>, référence, vérité, inférence, Woods propose un traitement inverse pour la sémantique de l'opérateur de fictionalité qui consiste donc à suivre une séquence <I,V,R>. C'est que si la théorie de la référence est déterminante lorsqu'on traite de contextes et d'objets concrets ordinaires, elle ne l'est pas pour une théorie de la fictionalité étant donnés la règle de Parménide et le postulat de la non-existence des fictions. En revanche, la non-existence ne pose pas de problème particulier pour une théorie de l'inférence, qui devrait alors constituer le point de départ des recherches. Même si l'on sera par la suite amené à suivre une autre direction que Woods, concernant la question de la référence aux fictions notamment, on va poursuivre ici avec certaines inférences qui serviront de repère pour définir une sémantique pour l'opérateur de fictionalité.

Tout d'abord, une sémantique pour l'opérateur de fictionalité doit permettre l'explication du « *maximal account* », le fait que ce que dit un texte est toujours complété par les diverses inférences du lecteur. En tirant des conclusions de ce que dit le texte, le lecteur restreint le champ des possibles. Le lecteur interprète, mobilisant des règles logiques, des hypothèses de lecture et autre arrière-plan de croyances. L'explication maximale du texte va au-delà de ce qui est dit dans le texte. A titre d'exemple, on pourrait se demander s'il est pertinent de déduire du fait que Holmes soit décrit comme un être humain qu'il ait un tube digestif bien que cela ne soit pas explicite dans la fiction, ou si au contraire on doit considérer que les personnages de fiction, même décrits comme des être humains, n'en sont pas vraiment et qu'ils n'ont donc pas forcément un tel tube digestif. L'explication maximale du texte est alors la combinaison de ce qui est explicite et de ce qui est inféré par le lecteur.

On pourrait également se demander si le monde de Don Quichotte obéit aux lois de la physique et s'interroger sur les conditions d'interprétation d'un texte. En effet, Woods [1974] explique sur ce point que *Don Quichotte* fut publié en deux parties, en 1605 et en 1615. Les deux premières lois du mouvement des planètes de Kepler furent quant à elles publiées en 1609, la troisième en 1619. Doit-on en déduire que les corps célestes qu'observait Don Quichotte décrivaient des orbites circulaires dans le premier volume, mais des orbites elliptiques dans le second ? Qu'est-ce qui justifie telle ou telle interprétation ? Y en a-t-il une meilleure que l'autre ? D'un point de vue purement sémantique, il se pourrait que l'on comprenne l'œuvre indépendamment de ces questions, voire en les ignorant, ce qui rend les différentes interprétations tout aussi plausibles.

A ce sujet, Woods & Isenberg [2010, §42] présupposent l'« *anti-closed world assumption* » [ACWA] qui s'appuie sur le fait que les fictions ne décrivent jamais complètement une situation. On complète alors le texte en faisant des inférences qui consistent à importer dans la fiction des faits du monde réel. L'idée est sur ce point que, s'il n'y a pas de contre-indication explicite, une histoire *hérite du monde*. Tout ce qui est vrai dans le monde réel au moment de l'histoire est vrai dans le monde de l'histoire, moyennant les déviations introduites par l'auteur. On doit alors distinguer ce que l'histoire rend vraie de Holmes et de Londres, et ce qui est vrai du monde habité par Holmes, comme étant Londres qui se trouve à 1000 miles à l'est de Moose Jaw. Ce que l'histoire rend vrai explicitement de Holmes, c'est qu'il vit à Londres, mais pas qu'il soit à 1000 miles à l'est de Moose Jaw. Cela doit relever d'une inférence.

Un corollaire de cette hypothèse est ce que Woods appelle *licence type* et qu'il formule précisément comme la règle suivante : A part ce qui est contre-indiqué explicitement par les phrases de l'auteur, le compte-rendu maximal contient toutes les phrases d'objets fictionnels de type K vraies des choses K dans le monde réel. Par exemple, sauf contre-indication, on déduit du fait que Holmes est un être humain qu'il a un tube digestif et « Holmes a un tube digestif » fait donc partie du compte-rendu maximal. Si l'on combine l'hypothèse ACWA avec la licence type, on en vient à formuler le *principe de déterminisme* : Le monde décrit par une histoire est aussi déterminé que le monde actuel. A part si c'est expressément contre-indiqué par l'auteur, l'héritage du monde préserve la détermination. De même, on admet le *principe de complétude*, c'est-à-dire que les objets fictionnels sont aussi complets que les objets du même type dans le monde réel, à part mention explicite de l'auteur. En d'autres termes l'héritage type préserve la complétude.

Outre ces inférences, qui sont en quelque sorte fondées sur des importations depuis la réalité, on peut admettre l'extension du compte-rendu maximal au moyen d'inférences purement logiques. Woods concède sur ce point que les règles doivent être les mêmes que pour la logique de premier ordre. Il remet cependant en cause la généralisation existentielle, considérant que les énoncés fictionnels sont nécessairement *de dicto* et qu'il ne peut pas y avoir de réification de ce dont il est question dans la portée de l'opérateur de fictionalité. C'est à partir de ces inférences que l'on peut envisager une notion de vérité pour ce qui est des énoncés fictionnels. On devra cependant tenir compte des ambiguïtés inhérentes à toutes les phrases fictionnelles, ambiguïtés qu'on peut rendre explicites au moyen de l'opérateur de fictionalité. C'est à ce moment qu'on retrouve le double aspect de la fictionalité. Quand on fait référence à des personnages de fiction comme Holmes, on le fait selon un double aspect, c'est-à-dire qu'on fait référence fictionnellement tout en sachant qu'il n'y a en fait pas de référence. On dire qu'il y a une référence à double aspect seulement s'il est vrai par défaut que les usagers d'un nom comme « Holmes » agissent en fonction de leur connaissance de « selon la fiction, « Holmes » fait référence à Holmes ».

Des auteurs comme Lewis [1978] ont suggéré de considérer la vérité fictionnelle dans le contexte d'une structure modale. L'opérateur de fictionalité est ainsi interprété relativement à un ensemble de mondes possibles qui réaliseraient le contenu d'un texte de fiction. Les textes fictionnels sont selon lui clos sous des inférences logiques et pragmatiques. De telles inférences sont tirées à partir du texte et d'implicatures liées à un arrière-plan de croyances et de connaissances. L'enjeu était pour Lewis de donner une sémantique formelle qui serait compatible avec les approches internalistes et qui permettrait de rendre compte des conditions de vérités des assertions internes ainsi que des inférences correctes. Il considère alors la vérité fictionnelle comme une vérité relative à d'autres mondes possibles, et non pas une vérité feinte. L'auteur ne feindrait pas des assertions, il inviterait plutôt son lecteur à un voyage dans des mondes possibles différents. Une telle interprétation modale n'a pas été la stratégie suivie par Woods.[100] En effet, une telle compréhension modale ne permettrait pas de définir une sémantique des apparences, mais plutôt de vérités contextuelles comme c'est le cas dans la logique modale. On n'expliquerait pas de la sorte le double aspect. De plus, on devrait fonder la théorie sémantique sur une théorie de la référence. Bien que Lewis concède n'avoir rien à dire sur le point de vue externe[101], on va voir dans ce qui suit que le point de vue externe sur la fiction est inévitable. En recentrant l'analyse sur ce point de vue externe, on va en venir à défendre une approche réaliste de la fictionalité et proposer une théorie de la référence sur laquelle on pourra fonder l'interprétation modale de l'opérateur de fictionalité.

---

[100] Voir Woods & Isenberg [2010, note 30] : « *The idea that "F" is a modal operator has been around for a long time. (See, e.g., [Woods, 1974, chapter 5].) We ourselves are not now so sure. Consider the standard semantics for modalities "necessarily" and "possibly". Then the necessity of a sentence ϕ is its truth in the universal quantification of an abstract set-theoretic object, and the possibility of a sentence ϕ is its truth in the existential quantification of that same structure. It does not strike us that the semantics of $\ulcorner F(\phi) \urcorner$ is anything like these cases. The truth of "In The Hound of the Baskervilles, Holmes waved the strange visitor into the chair" is not a matter of the truth anywhere of "Holmes waved the strange visitor into a chair", hence is not a matter of that sentence's truth in a quantification of any kind of set-theoretic structure.* »

[101] Lewis [1978, 38] : « *I shall have nothing to say here about the proper treatment of these sentences.* »

Chapitre 14 - Point de vue externe

Bien qu'on ait mis en avant la nécessité d'envisager la fiction selon un double aspect, le point de vue externe sur la fiction n'a pas encore été abordé. Le point de vue externe est pourtant inévitable et on doit être en mesure d'expliquer les conditions de vérité d'énoncés de la forme « Holmes est un personnage de fiction », « Agatha Christie admire Holmes », etc. A cet égard, deux attitudes dont possibles : Soit on considère que même dans le point de vue externe, les noms fictionnels n'ont pas de dénotation, mais on doit alors expliquer comment on comprend les énoncés du point de vue externe. Soit on admet une référence pour de tels noms, mais on doit alors expliquer comment on peut faire référence à de telles entités, en donner des conditions d'individuation et d'identité. Dans ce qui suit, on va montrer que les approches irréalistes sont limitées et qu'elles ne rendent pas suffisamment compte de certaines caractéristiques des énoncés intentionnels, notamment les relations d'identités affirmées depuis un point de vue externe. On en viendra alors à défendre une approche réaliste de la fictionalité, ce qui engagera à aborder la question métaphysique de ce que sont ces entités fictionnelles auxquelles on peut faire référence.

Tout en préservant la règle de Parménide et le postulat de la non-existence, Sainsbury [2005] donne une explication du point de vue externe sans présupposer que les noms propres fictionnels aient une référence, combinant des aspects de la théorie descriptiviste à une logique libre négative. Sa théorie est fondée sur une critique de ceux qu'il appelle « littéralistes », lesquels affirmeraient que des énoncés comme « Holmes est un détective » expriment des vérités authentiques. Selon Sainsbury, une telle phrase ne peut pas être vraie, à moins de faire la présupposition de l'existence de Holmes. De même, les énoncés du point de vue externe comme « Jean admire Sherlock Holmes » ne pourront être vrais que sous la présupposition que Jean et Sherlock Holmes existent. L'argument sous-jacent à cette thèse est que les fictions peuvent contenir des contradictions tout en restant intelligibles. Cela est le signe que les fictions n'ont pas vocation à dire le vrai. Ce dont on doit tenir compte, ce n'est pas d'une notion de vrai relativement à une fiction, mais plutôt une notion de *fidélité* à la fiction. La fidélité à une histoire relèverait des *conditions d'assertabilité* et non des conditions de vérité. On peut illustrer les conditions d'assertabilité en illustrant le point avec l'exemple de l'examen théorique au permis de conduire : On décrit une situation et on conclut avec une question du type « que faites-vous ? ». Répondre par exemple « je freine », cela n'a rien de vrai, mais c'est assertable dans une telle situation, moyennant la présupposition qu'on soit dans la situation décrite. Maintenant, dans la portée d'un opérateur de fictionalité, on ne devra pas tenir compte des conditions de vérité mais plutôt des conditions d'assertabilité, lesquelles peuvent être caractérisées en termes de présuppositions.

Pour le point de vue externe, une telle théorie des présuppositions est combinée avec la thèse descriptiviste de Frege selon laquelle les noms fictionnels ont un sens mais pas de dénotation. Sainsbury ne s'engage cependant pas dans la thèse selon laquelle le sens serait réductible à une description définie. Il formule l'axiome suivant qui constitue le cœur de sa théorie :

$$\forall x(\text{« } k \text{ » réfère à } x \text{ Ssi. } x = k)$$

Par exemple, on peut avoir le cas $\forall x(\text{« Holmes » réfère à } x \text{ Ssi. } x = \text{Holmes})$: comme « Holmes » ne réfère à rien, les deux membres du biconditionnel sont faux est donc le biconditionnel est vrai. Le problème, c'est que si ce biconditionnel est vrai, alors par généralisation existentielle, il doit être le cas que Holmes existe. C'est pourquoi Sainsbury fonde sa logique des présuppositions sur une logique libre négative, ce qui a pour effet d'invalider la généralisation existentielle.

Une telle approche négative mène à donner une explication de l'intentionalité comme une relation dont le second terme pourrait ne pas exister, une intention sans objet. Cela n'est cependant pas sans poser problème si l'on veut par exemple exprimer des choses en usant d'une quantification croisée, qui porte sur les différents contextes (interne et externe). En effet, comment combiner l'opérateur de fictionalité et la logique libre négative si la quantification est croisée comme dans « selon l'histoire, Holmes est détective, mais il n'existe pas en vrai ». Selon Sainsbury, le problème viendrait ici du fait que l'anaphore ne préserve pas la référence.

Une autre difficulté concerne l'identité, qui ne tient pas pour les non-existants. Si tel est le cas, on ne peut pas identifier les personnages de fiction. Sainsbury répond à cela en combinant son approche descriptiviste à une interprétation rigide des noms propres. Mais comme on l'a déjà discuté précédemment[102], l'interprétation rigide des noms propres est difficilement compréhensible s'il n'y a pas de référence correspondant au nom.

La vérité ou plutôt la fidélité des phrases dans la portée de l'opérateur est déterminée par le texte créé par l'auteur. Cette stratégie de la préfixation implicite

---

[102] Voir deuxième partie, chapitre 7, section 7.3.

ou de la paraphrase expose cependant à la difficulté de rendre compte du point de vue externe et de la relation à la fiction, comme dans « Tony Blair admire Coriolan », « Anna Karenine est plus intelligente que Madame Bovary » ou encore « Le personnage fictionnel James Bond est plus célèbre que le détective fictionnel Adam Dalgleish. » Sainsbury suggère toujours une stratégie en termes de paraphrases : Ce qu'on veut dire par « Tony Blair admire Coriolan », c'est que « Coriolan est décrit par la pièce de Shakespeare de façon telle que Blair le trouve admirable (et Blair croit que ces choses sont attribuées à Coriolan dans la pièce) ». Cela a pour conséquence que les énoncés intentionnels qui ne sont pas *de dicto* sont généralement littéralement faux, à part leur négation. Mais ce genre de stratégie ne peut pas fonctionner. En effet, on donne là les raisons pour lesquelles Blair admire Coriolan, on ne dit pas qu'il l'admire.

Les théories irréalistes rendent le point de vue externe difficilement compréhensible. Certes, elles présentent l'avantage d'éviter la difficile question métaphysique de savoir ce que sont les fictions, quelles sont leurs conditions d'individuation et d'identité, mais elles sont forcées de défendre une explication du point de vue externe en termes de paraphrases ou en usant de stratégies qui permettent de se passer des entités fictionnelles. Outre ces difficultés techniques, les présupposés comme la règle de Parménide ou le postulat de la non-existence des fictions ne sont pas réellement justifiés, bien que les abandonner supposera de traiter les questions métaphysiques sus-citées. Par ailleurs, malgré une posture irréaliste, on est toujours contraint d'admettre l'existence des œuvres littéraires si l'on veut que les explications fassent sens.[103] On avait vu en introduction que, relativement à la notion d'intentionalité, les courants de pensée réalistes qui considèrent qu'il y a toujours un objet vers lequel est dirigée une intention surmontent plus facilement ces difficultés. Pour ce qui est de l'analyse du langage, il en va de même, à savoir que les théories qui admettent le caractère référentiel des noms fictionnels ont un avantage indéniable sur l'explication du point de vue externe.

Parmi les théories réalistes, celles inspirées des thèses de Meinong admettent les objets non existants dans l'ontologie, remettant en cause la règle de Parménide selon laquelle il n'est rien qui n'existe. Ils admettent cependant le postulat de la non-existence, postulat refusé par l'autre courant réaliste qu'on va aborder, le

---

[103] Macdonald [1954, 165] affirme par exemple que les romans existent, au même titre que leurs auteurs : « *The novels of Jan Austen do exist. The world, fortunately contains them just as it contained Jane Austen.* » Cependant, quel est le statut ontologique d'un roman ? Est-il véritablement différent du statut ontologique des personnages de fiction ? On reviendra sur ces questions par la suite quand on s'intéressera aux catégories ontologiques définies dans le contexte de la théorie artefactuelle de Thomasson [1999].

courant créationniste ou artefactualiste, inspiré des thèses d'Ingarden. En effet, ce dernier défend l'existence des fictions pour lesquelles il définit des conditions d'existence qui seront reprises plus tard par Thomasson [1999] en lien avec la notion de relation de dépendance ontologique. Ces théories de l'objet intentionnel qui considèrent qu'il y a toujours un objet, existant ou non, vers lequel est dirigée une intention, s'enracinent dans les thèses de Twardowski qui rendait l'intentionalité selon une définition tripartite :

> We must discern, not just a twofold, but a threefold aspect of every presentation: The act, the content and the object.

[Twardowski, 1977, 8]

Ce que cela signifie, c'est qu'on ne peut pas aborder l'intentionalité seulement en termes d'une relation entre un acte et un objet, ni seulement comme une relation sans objet, qui n'aurait qu'un contenu. On doit dans tous les cas avoir l'acte, le contenu et l'objet. Quelles-sont alors les conditions d'individuation et d'identité des objets qui n'existent pas concrètement ? Comment peut-on y faire référence ? On va revenir en détail sur les courants réalistes qu'on vient d'évoquer et en montrer les conséquences sémantiques. La différence essentielle se situe au niveau de la conception des domaines : les approches d'inspiration meinongiennes semblent plus naturellement expliquées relativement à des structures à domaines constants, tandis que les approches artefactuelles semblent requérir des domaines variables. En effet, alors que les artefactualistes considèrent que les objets fictionnels dépendent de l'activité des êtres existants (les humains), les thèses d'inspiration meinongienne sont empreintes de platonisme en considérant que les objets non existants ne sont pas créés mais découverts. Dans les chapitres suivants, on verra que de telles théories se doivent également de rendre compte du point de vue interne et il sera nécessaire d'envisager leur combinaison à une sémantique pour l'opérateur de fictionalité. Cette combinaison a déjà été proposée par Priest [2005] pour ce qui est des thèses d'inspiration meinongiennes, mais pas par Thomasson [1999] pour la théorie artefactuelle.

Chapitre 15 - Meinong et les néomeinongiens

La première stratégie pour produire une théorie réaliste de la fiction consiste à récuser la règle de Parménide tout en préservant le postulat de la non-existence des fictions. Il y a donc des objets non existants qu'on peut découvrir, connaître et desquels on peut parler. Une telle posture ontologique facilite grandement l'explication du point de vue externe sur la fiction et de ce sur quoi portent le discours fictionnel et les états intentionnels. Si l'on admet de tels objets dans l'ontologie, on doit cependant expliquer comment on pourrait entrer en relation avec eux, comment on pourrait les connaître, comment on pourrait les distinguer les uns des autres, etc. En bref, on doit formuler des conditions d'individuation et des conditions d'identité. Les théories inspirées des thèses de Meinong reposent sur ce point sur trois principes fondamentaux : l'indépendance à l'existence (et l'indépendance du *Sosein* au *Sein*), le principe de caractérisation et le principe de compréhension. Sémantiquement, on va ainsi produire une logique libre positive où des formules contenant des expressions dépourvues de référence existante peuvent être vraies.[104] On détaille tout d'abord la façon dont ont été définies les conditions d'individuation des non-existants, on revient ensuite sur les conditions d'identité et on conclura sur une série d'objections qui mèneront dans le chapitre suivant aux solutions dans le contexte de l'approche modale nonéiste de Priest [2005].

15.1. Individuation des non-existants

Afin de rendre possible le discours sur des objets non existants, les meinongiens comme Routley [1982] interprètent les quantificateurs de façon ontologiquement neutre, c'est-à-dire qu'ils portent tant sur les existants que sur les non-existants. Les quantificateurs habituels, ontologiquement chargés, dont la portée est restreinte aux existants, peuvent être définis au moyen des quantificateurs neutres et d'un prédicat d'existence noté E! :

$$\forall x A x =_{DF} \Lambda x (E!x \rightarrow Ax)$$

$$\exists x A x =_{DF} \Sigma x (E!x \wedge Ax)$$

---

[104] Voir troisième partie, chapitre 6, section 6.4 où l'on définit les logiques libres positives en distinguant le domaine du discours entre d'une part le domaine interne qui contient les entités existantes et d'autre part le domaine externe qui contient les entités non existantes.

On prend ici le slogan de Quine à contre-pied et affirme qu'il y a des objets non existants sur lesquels on quantifie. Quantifier sur les non-existants suppose cependant d'expliquer comment on peut faire référence à de telles entités. Pour répondre à cette question, on applique en fait le principe de compréhension non restreint, tel que redéfini par Parsons [1980], qui assure que pour chaque description, ou caractérisation, un objet correspond :

(PCNR) (Principe de compréhension non restreint) Pour toute condition α[x] avec une variable libre x, un objet satisfait α[x]. C'est-à-dire que pour tout α[x], Σxα[x].

Ensuite, par le principe de caractérisation, selon lequel un objet caractérisé a toutes les propriétés qui le caractérisent, on sait immédiatement que les non-existants ont toutes les propriétés par lesquelles on les caractérise. On notera qu'il ne s'agit pas ici d'attribuer un pouvoir créatif à la pensée ou au langage puisque les objets non existants sont dans cette conception indépendants des agents intentionnels et de leurs actes, ces agents ne faisant que découvrir ces objets qui feraient partie d'un domaine qui est déjà là. C'est ce qui confère une dimension platonicienne à de telles théories.

Ces principes ne sont cependant pas applicables en l'état, comme on l'a vu à travers les objections de Russell [1905], puis de Quine [1954].[105] Ces difficultés, on le rappelle, sont liées aux preuves ontologiques arbitraires, aux objets contradictoires et aux objets incomplets. La première mène à prouver l'existence de tout et n'importe quoi en caractérisant un objet au moyen du prédicat d'existence. En effet, à supposer que la condition α[x] tienne pour « la montagne d'or existante », alors il y aura forcément un x qui est une montagne, qui est d'or et qui existe. Comme Priest [2005, viii] le remarque, on pourrait même pousser le vice jusqu'à prouver la vérité de n'importe quelle proposition arbitraire φ (qui n'a en fait aucun lien avec l'objet en question) : à supposer que la condition α[x] tienne pour « $t = t \land \varphi$ », où t est un terme singulier quelconque, on aura alors un objet qui correspond, identique à lui-même, et φ qui sera vraie.

Se pose ensuite le problème des caractérisations contradictoires. A supposer que l'on caractérise un objet comme étant rond et carré à la fois, correspondra un objet qui est rond et carré. Si certains objets sont tels, alors on aura des situations où l'on devra admettre des vérités de la forme $\varphi \land \neg\varphi$. Par application de la règle d'*ex falso sequitur quodlibet*, on pourra en déduire tout et n'importe quoi. Les principes meinongiens font alors exploser la logique, ils la rendent triviale. Enfin, le problème dual concerne l'incomplétude des objets fictionnels. En effet, une caractérisation complète et totale étant impossible, certaines propriétés sont

---

[105] Voir deuxième partie, chapitre 4, section 4.1.

toujours indéterminées, ce qui invalide le tiers exclu. En effet, pour certains objets et pour un prédicat quelconque A(x), il pourrait être le cas que ni A(x) ni ¬A(x).

15.2. Propriétés des non-existants

La solution aux problèmes qu'on vient d'évoquer passe par une réflexion sur les propriétés des non-existants. Une thèse très influente à ce sujet est en effet celle de Mally, qui distingue les prédications internes des prédications externes. Les propriétés internes peuvent être conçues comme des propriétés que possède intrinsèquement l'objet tandis que les propriétés externes pourraient être vues comme des propriétés similaires à l'existence, c'est-à-dire des propriétés qui n'ajoutent rien à la caractérisation d'un objet pour reprendre les termes de Kant dans *Critique de la raison pure*. Les propriétés externes sont des propriétés dont la possession n'a pas d'influence sur la façon dont l'objet apparaît phénoménologiquement. Si les propriétés internes comme « est détective » sont légitimes pour caractériser un objet comme Holmes, d'autres propriétés externes comme « existe » ou « est fictionnel » ne le sont pas. Que Holmes existe ou non, qu'il soit ou non fictionnel, cela n'a pas d'influence sur la façon dont il apparaît à la conscience. Ne pouvant pas caractériser un objet au moyen de propriétés externes comme l'existence, les preuves ontologiques arbitraires seront alors bloquées.

Cette distinction sera reprise par Parsons [1979, 1980] qui distingue ce qu'il appelle propriétés nucléaires et propriétés extra-nucléaires. Les propriétés nucléaires sont les propriétés internes, constitutives de l'objet en question, comme « est un détective », « est un homme », « est un hobbit », etc. Les propriétés extra-nucléaires sont les propriétés externes, vraies des objets en question mais qui n'en sont pas constitutives, comme « est fictionnel », « existe », etc. Parsons [1980, 23] donne une liste de prédicats qu'il catégorise selon cette distinction :

Prédicats nucléaires : « x est bleu », « x est grand », « x est une montagne », etc.

Prédicats extra-nucléaires :

- Ontologique : « x existe », « x est mythique », « x est fictionnel », etc.
- Modal : « x est possible », « x est impossible », etc.
- Intentionnel : « x est pensé par Meinong », « x est adoré par les Grecs », etc.
- Technique : « x est complet », « x est cohérent », etc.

Partant de cette distinction, on reformule le principe de compréhension de façon à ne l'appliquer que pour une condition définie à partir des propriétés nucléaires. Berto [2011, 317] parle de principe de compréhension restreint au propriétés nucléaires :

(PCR) (Principe de compréhension restreint aux propriétés nucléaires) Pour toute condition α[x] avec une variable libre x et définie par un ensemble de propriétés nucléaires, un objet satisfait α[x]. C'est-à-dire que pour tout α[x], Σxα[x].

Il n'est dès lors plus possible de produire une preuve ontologique de façon arbitraire. En effet, à supposer que la condition α[x] tienne pour « la montagne d'or existante », seules les propriétés nucléaires comme « x est une montagne », « x est d'or » s'appliqueront à l'objet correspondant, « x existe » n'étant plus pertinente. De même, on restreindra le principe de caractérisation aux propriétés nucléaires.

Qu'en est-il de l'incomplétude ? Un objet est complet si pour toute propriété nucléaire A(x) et pour toute valeur de x, cet objet satisfait A(x) ou cet objet satisfait ¬A(x). Maintenant, les objets non existants et fictionnels en particulier sont généralement incomplets. En effet, la description d'un objet ne pouvant jamais être totale, les objets dont on n'a accès qu'à travers les principes de compréhension et de caractérisation, dont les non-existants, seront généralement incomplets. Si par exemple rien n'est dit de la propriété d'être du groupe sanguin A+ dans les fictions de Conan Doyle, on ne peut pas affirmer que « Holmes est du groupe sanguin A+ » soit vraie, ni qu'elle soit fausse. Cela ne vaut cependant que pour les propriétés nucléaires (des objets non existants), les propriétés extra-nucléaires étant indépendantes de la caractérisation. On doit sur ce point faire la distinction entre la complétude des objets et la clôture déductive des propriétés de tels objets. En effet, un objet tel que la montagne d'or est incomplet, c'est-à-dire que « la montagne d'or est bleue » et « la montagne d'or est non bleue » n'ont pas de valeur de vérité déterminée. Néanmoins, c'est un objet logiquement clos en ce sens qu'on peut admettre toutes les propriétés induites par la caractérisation de la montagne d'or, que la montagne d'or a la propriété (composite) d'être *bleue ou non bleue*, mais jamais une seule des propriétés disjointes [Parsons, 1980, 21]. « Être bleue ou non bleue » est une propriété nucléaire de la montagne d'or, mais ni « être bleue » ni « être non bleue » ne l'est.

Concernant les caractérisations contradictoires, on peut supposer des propriétés complexes indécomposables. Si le rond carré par exemple n'existe pas, il peut être rond-et-carré (propriété non décomposée), un objet impossible. Les objets non existants et plus particulièrement les objets fictionnels ne seraient donc pas soumis au principe de contradiction, contrairement aux existants. Ce que cela signifie, c'est qu'on doit restreindre la validité de la règle d'*ex falso sequitur quodlibet* aux existants. C'est alors que Parsons [1980, 182] explique que les contradictions n'empêchent pas la compréhension d'un texte puisqu'elles peuvent être considérées comme des erreurs de l'auteur ou encore être ignorées, voire corrigées.

Une stratégie similaire à celle de Parsons est celle de Zalta [1983]. Plutôt qu'une distinction en termes de propriétés, il considère une distinction entre deux modes de prédication, comme deux perspectives sur les non-existants. Les non-existants sont selon lui des objets abstraits qui n'exemplifient pas leurs propriétés, mais les encodent. A titre d'exemple, si un individu comme Eliott Ness exemplifie la propriété d'être détective (ou en tout cas l'a exemplifiée de son vivant), il n'en est pas de même pour Sherlock Holmes qui ne fait qu'encoder cette propriété de façon abstraite. La différence, c'est que l'ensemble des détectives actuels contient le premier mais pas le second. Maintenant, on doit tenir compte de cette distinction pour appliquer le principe de caractérisation. Holmes pourrait très bien encoder l'existence, puisqu'il est décrit par Conan Doyle comme existant, mais il ne peut pas exemplifier l'existence. En d'autres termes, même s'il est caractérisé comme existant, il n'en résulte pas qu'il exemplifie l'existence. Les preuves ontologiques sont bloquées.

15.3. Identité des non-existants

La cible des critiques de Quine [1953] à l'égard des objets non existants était comme on l'a vu constituée par le fait qu'on ne serait pas en mesure de définir des conditions d'identité pour de tels objets.[106] Ayant précisé les conditions d'individuation de tels objets (principe de compréhension) et les propriétés qu'on pouvait leur attribuer, ainsi que la façon dont on pouvait connaître de telles relations (principe de caractérisation), Parsons [1980, 28] peut définir un critère d'identité et refouler le criticisme de Quine :

[Identité] Si X et Y ont exactement les mêmes propriétés nucléaires, alors X = Y.

On peut formuler un critère similaire en termes de modes de prédications, à la manière de Zalta :

Si X et Y encodent exactement les mêmes propriétés, alors X = Y.

On doit ici garder à l'esprit les remarques concernant l'incomplétude et la contradiction des objets non existants. De même pour les objets fictionnels qui sont des non-existants dont la caractérisation doit être relativisée à un contenu narratif. La création fictionnelle ou littéraire consiste en effet en une caractérisation ancrée

---

[106] Voir deuxième partie, chapitre 4.

dans un acte narratif.[107] On peut sur ce point distinguer les objets natifs de la fiction des objets immigrants. Holmes est par exemple natif des histoires de Conan Doyle, il est immigrant d'autres histoires (en supposant par exemple que le Herlock Sholmès de Leblanc soit le même personnage). Quand Conan Doyle utilise le nom « Londres », il réfère selon Parsons à la ville réelle, telle qu'on la désigne habituellement par ce nom. Londres est alors un objet immigrant dans les fictions de Conan Doyle. Quelles sont alors les propriétés des personnages de fiction ? Ce sont toutes les propriétés que lui attribue l'auteur dans son œuvre. « Holmes » désigne l'objet qui a exactement les propriétés qui lui sont attribuées dans les histoires de Conan Doyle. Un objet fictionnel a une propriété nucléaire si et seulement s'il a cette propriété dans la fiction pertinente. On notera que cela n'est pas vrai pour les objets immigrants, ni pour les propriétés extra-nucléaires. Londres pourrait par exemple avoir dans la fiction des propriétés nucléaires différentes de celle que cette ville a réellement, et on ne peut donc en déduire que Londres a effectivement les propriétés nucléaires qui lui sont attribuées dans la fiction. De même, Holmes est décrit comme existant par Conan Doyle, il ne s'ensuit pas que Holmes existe.

15.4. Objections

On a différents types des propriétés chez Parsons ou une ambiguïté de la copule chez Zalta qui n'est finalement pas clairement expliquée si ce n'est par des ensembles de catégories qui sont plutôt définies par les exemples qu'elles contiennent. On n'arrive pas à donner de définition générale ou quelque critère qui permettrait de distinguer clairement ces types de propriétés ou modes de prédication. Thomasson [1999, 104] montre les limites de telles distinctions lorsqu'il s'agit d'expliquer le discours fictionnel sur les objets réels. En effet, Parsons admet notamment la possibilité de parler d'objets réels dans une fiction, ces objets immigrants tels que Londres dont on vient de parler. Elle donne l'exemple de « Hamlet est prince » : Hamlet a la propriété nucléaire d'être un prince. Maintenant, à supposer qu'on ait « Nixon est un prince », dans une fiction, on ne pourra pas admettre que Nixon a la propriété d'être un prince puisqu'il n'a de fait pas la propriété nucléaire d'être un prince. L'explication du discours fictionnel doit donc s'adapter aux objets sur lesquels il porte. Mais qu'est-ce qui justifie cela ? Va-t-on avoir une explication différente pour chaque type d'objet ? Pour chaque problème ? Il semble que cela soit le symptôme de distinctions *ad-hoc* qui ne résolvent finalement pas les problèmes de façon efficace.

---

[107] Voir Parsons [1980, 51] : « *The word 'create' here is meant in the sense in which an author is commonly said to create a character. It does not mean 'to bring into existence', for such objects typically do not exist. Perhaps 'create' is a bad word, but it is customarily used in the sense intented.* »

On pourrait également s'interroger sur la pertinence de l'exclusion des propriétés extra-nucléaires dans l'application du principe de caractérisation. En effet, quand on dit que les propriétés nucléaires sont des propriétés internes, que l'objet possède intrinsèquement, on sous-entend qu'il n'y a pas de différence qualitative entre viser un objet qui est caractérisé par un ensemble de propriétés φ mais qui n'existe pas et viser un objet qui est caractérisé par le même ensemble de propriétés φ et qui existe. Cependant, en quoi les propriétés extra-nucléaires ne permettraient-elles pas de distinguer divers objets ? En effet, on pourrait caractériser un objet comme étant un monstre non existant et un autre comme étant un monstre existant, avoir peur du second mais pas du premier. Il semble bien que dans ce cas, la propriété extra-nucléaire de l'existence soit pertinente. Pourquoi ne le serait-elle pas ? On devrait cependant expliquer le principe de caractérisation autrement, puisque même en se représentant un monstre comme existant, il se pourrait que ce monstre n'existe pas.

Une deuxième objection repose sur le fait que les conditions d'identité sont définies de façon entièrement descriptive et qu'elles ne semblent donc pas fournir une condition nécessaire. En effet, en quoi un même objet non existant devrait-il toujours avoir les propriétés qui le caractérisent ? Comment va-t-on expliquer la parodie, qui consiste précisément à modifier certaines propriétés d'un personnage si, en modifiant ces propriétés, on modifie en même temps ses conditions d'identité ? Parsons admet que les objets fictionnels puissent eux-mêmes être des immigrants d'autres fictions. Tel serait le cas du Herlock Sholmès de Maurice Leblanc : Si Holmes n'est plus aussi intelligent que le prétend Conan Doyle, voire s'il est décrit comme étant stupide, quelles seront les propriétés nucléaires de Holmes/Sholmès ? Le critère d'identité défini par ces auteurs néomeinongiens semble inapplicable au cas de la parodie. On peut aussi émettre l'objection duale qui porte sur ce que l'on pourrait appeler « création par coïncidence ». En effet, dans le cas du Don Quichotte de Pierre Ménard, on ne pourrait pas admettre un personnage qui soit différent de celui de Cervantès s'il a des propriétés internes identiques puisque les conditions d'identité sont déterminées en termes d'identité de ces propriétés.

Certains ont tenté de se sortir d'affaire en préservant les critères d'identité néomeinongiens en tenant compte de l'intersection des descriptions, c'est-à-dire en tenant compte de toutes les œuvres qui parlent d'un même personnage et en ne gardant que les propriétés qui sont vraies du personnage dans chacune d'elle.[108] La solution inverse, qui consiste à tenir compte de l'union de telles descriptions a également été proposée.[109] Ce genre de solution se heurterait cependant à la difficulté de déterminer l'ensemble des œuvres dont on devrait tenir compte. En

---

[108] Voir Wolterstorff, [1980, 144-49].
[109] Voir Reicher [1995].

quoi *Tom Sawyer* ne devrait pas être pris en compte pour la caractérisation et l'identité de Holmes ? Si l'on répond que c'est parce qu'elles ne portent pas sur le même personnage, on produira une explication circulaire.

Enfin, une dernière objection concerne la possibilité de nier qu'une entité, même non existante, corresponde à un nom puisque tout nom dénote, soit un existant, soit un non-existant. Si l'on peut en effet aisément nier l'existence de Holmes, comment va-t-on rendre compte du contraste entre « Holmes n'existe pas » et « Moloch n'existe pas » ? C'est là le problème d'absence de *ficta* discuté par Voltolini [2006] et inspiré d'un exemple de Kripke [1973], lequel insiste sur la nécessité de tenir compte des conditions de création. En effet, quand on dit que Moloch n'existe pas, on veut dire que rien n'est dénoté par « Moloch », que cette supposée entité n'a en fait jamais été créée, contrairement à Holmes. Le meinongien ou le néomeinongien, du fait du principe de compréhension, serait contraint d'admettre qu'une certaine chose doit forcément être Moloch.

Parsons [1980, 57, 82] admet sur ce point qu'on devrait affaiblir le principe de compréhension. A supposer qu'on parle du dragon violet des histoires de Conan Doyle, ce devrait être l'objet qui a exactement ces propriétés dans les histoires de Conan Doyle. Mais il n'y a pas de tel objet et donc la règle pour la référence des noms fictionnels ne devrait dans ce cas pas être appliquée. Cependant, si l'on doit savoir en première instance s'il y a ou non un objet qui correspond à une description, alors le principe de compréhension ne dit plus rien de la façon dont on connaît les objets non existants ou de la façon dont on y a accès. En effet, ce principe devait expliquer comment on pouvait individuer de tels objets et entrer en relation (intentionnelle) avec eux. Mais si cela ne s'applique que s'il y a préalablement un objet, comment saura-t-on dans quelles circonstances l'appliquer ?

Les critères d'identité définis de façon purement descriptive comme c'est le cas dans les thèses de Parsons ou de Zalta ne donnent au final ni une condition suffisante pour l'identité (Ménard), ni une condition nécessaire pour l'identité (Herlock Sholmes). Quel est alors la pertinence d'un tel critère ? Les arguments de Kripke [1980] contre les théories descriptivistes montraient déjà que les propriétés d'un objet ne pouvaient jamais suffire à identifier une référence, qu'elles ne donnaient pas de conditions d'identité suffisantes. Elles ne peuvent pas non plus constituer une condition nécessaire puisque cela supposerait de reconnaître des propriétés essentielles.

Chapitre 16 - Nonéisme - Meinongiannisme dans une structure modale

Une façon de surmonter les difficultés des thèses néomeinongiennes consiste à donner une lecture modale aux principes meinongiens. Dans la troisième partie, on avait introduit la sémantique des opérateurs intentionnels en lien avec des principes problématiques comme l'omniscience logique ou la clôture sous l'implication. On avait solutionné ces difficulté en ajoutant à la structure modale des mondes impossibles et des mondes ouverts, relativement auxquels les formules étaient interprétées en termes de matrices. Concernant l'identité, on avait bloqué la substitution des identiques en récusant la rigidité des noms propres, ce qui menait également à récuser la généralisation existentielle (en abandonnant comme le suggère Hintikka la présupposition d'unicité de la référence des termes singuliers). Une telle solution n'est cependant pas pertinente dans le contexte d'une approche nonéiste qui entend préserver les principes meinongiens et du même coup certaines lois de la quantification comme la généralisation existentielle. Dans ce qui suit, on va revenir sur ce qui encourage Priest à préserver la validité de la généralisation existentielle en lien avec la lecture modale des principes meinongiens qu'il défend.

16.1. Substitution des identiques

Suivant Hintikka & Sandu [1995] on a précédemment récusé la présupposition d'unicité de la référence des termes singuliers dans les contextes intensionnels, ce qui menait entre autres à réviser certaines lois de la logique classique comme la généralisation existentielle.[110] Une telle conséquence ne serait pas acceptable pour Priest qui considère que si l'on pense que Holmes est détective, alors on pense à

---

[110] On rappelle ici que l'invalidation de la généralisation existentielle dans la sémantique des *world-lines* n'est pas liée à des questions de présuppositions ontologiques. On a précédemment discuté ce point en présentant les logiques libres de présupposition d'unicité de la référence (chapitre 6). En effet, faire l'hypothèse que les noms ont une référence existante au monde actuel ne rendrait pas la généralisation existentielle valide pour autant, encore faudrait-il supposer que le noms aient la même référence dans tous les mondes possibles.

quelque chose.[111] Il en conclut que la généralisation existentielle doit être valide. Une condition *sine que non* pour préserver la validité d'une telle inférence, c'est d'interpréter rigidement les noms propres, faire la supposition d'unicité de la référence des termes singuliers. Comment dès lors résoudre le problème de la substitution des identiques dans les contextes intentionnels ?

Pour commencer, et en reprenant la sémantique (avec un domaine d'objets unique et constant), l'identité est maintenant introduite comme un prédicat auquel est attribué pour chaque monde possible une extension et une co-extension conformément à la clause sémantique spécifique suivante :

$$\delta^+(=,w) = \{<d,d> : d \in D\}$$

En d'autres termes, l'identité exprime la relation que tout objet entretient à lui-même. Etant donné que le domaine est unique et constant, son extension ne varie pas selon les mondes. Etant donnée l'interprétation rigide des noms propres, on a ici affaire à une identité qui se comporte de façon classique, c'est-à-dire qui satisfait la substitution des identiques. On retrouve alors naturellement les paradoxes de l'identité qu'on a déjà longuement discutés.

En effet, si « Hesperus » et « Phosphorus » sont des désignateurs rigides, on peut inférer de « les Babyloniens croyaient que Hesperus était Hesperus » la conclusion paradoxale selon laquelle « les Babyloniens croyaient que Hesperus était Phosphorus » et ce par application de la règle de substitution des identiques. Priest [2005, 43sq.] ne récuse pas cette inférence en remettant en cause la rigidité des noms propres, mais plutôt en considérant que Hesperus et Phosphorus sont deux individus qui peuvent partager la même identité à certains mondes, mais pas à d'autres. L'identité est comprise comme un prédicat qui peut s'appliquer de façon contingente, tout comme Hesperus pourrait par exemple satisfaire le prédicat « être brillant » dans un monde et pas à d'autres. Dans les mondes où Hesperus et Phosphorus apparaissent de façon identique, on dit qu'il partagent la même identité. Des noms comme « Hesperus » et « Phosphorus » sont des désignateurs rigides pour des fonctions d'individus et dont les valeurs peuvent être identiques dans certains mondes mais pas à d'autres[112] (les mondes compatibles avec la

---

[111] Voir Priest [2005, 42] où il explique qu'un dispositif qui mènerait à invalider la généralisation existentielle est trop coûteux. Voir également Priest [2010] où sur base du même argument, il admet des domaines variables avec des domaines décroissants pour les contextes intentionnels. On reviendra sur la façon d'introduire des variations de domaines dans la sémantique de Priest par la suite.

[112] Plus formellement, on a donc des structures qui contiennent un ensemble D de fonctions d'individus et un ensemble Q d'objets, les apparitions de ces individus dans chacun des

croyance des Babyloniens notamment). Etant donné que le domaine est constant et que les noms propres sont interprétés de façon rigide, la généralisation existentielle reste valide.[113] La différence avec la sémantique de *world-lines* d'Hintikka qu'on avait présentée au chapitre 10 (troisième partie), c'est que les noms désignent ici directement des individus, alors que chez Hintikka ils désignaient de façon non-rigide des objets qui sont limités à leur apparition dans un monde particulier.[114]

Si Priest veut préserver la généralisation existentielle c'est parce que, s'inspirant des principes meinongiens, il considère que toute intention est dirigée vers un objet, existant ou non. C'est du reste une certaine lecture de ces principes meinongiens qui rend possible l'application d'un schéma d'usage de type kripkéen aux noms propres. En effet, discutant la difficulté de combiner une interprétation rigide des noms propres à une sémantique avec domaines variables, on avait montré suivant Kripke que l'idée même de fixer la référence d'un nom fictionnel était problématique. En l'absence de référence concrète, comment s'assurer de l'unicité de la référence du nom notamment ? Cette difficulté trouve une solution dans la façon dont Priest reformule les principes d'individuation meinongiens. En effet, défendant une lecture modale de ces principes, il prétend qu'on peut fixer la référence d'un nom propre relativement à d'autres mondes possibles, dans lesquels la référence du nom satisfait une caractérisation particulière.

16.2. Principes meinongiens revisités

Réticent aux distinctions entre propriétés nucléaires et extra-nucléaires comme celles de Mally ou Parsons, Priest revisite le principe de caractérisation en lui prêtant une lecture modale. Ce genre d'ostracisme à l'égard des propriétés extra-nucléaires n'est selon lui pas justifié dans la mesure où de telles propriétés, y compris l'existence, pourraient servir à distinguer deux objets, mêmes non existants. En effet, à supposer qu'un agent quelconque se représente un monstre comme existant et un autre comme non existant, l'existence fait toute la différence. Un tel agent pourrait avoir peur du premier, qu'il se représente comme existant, mais pas du second. Cependant, si un objet doit avoir toutes les propriétés qui le caractérisent, comment un non-existant pourrait-il être caractérisé comme

---

mondes. Les noms propres sont interprétés rigidement sur D et pour tout $d \in D$ et tout w, $d(w) \in Q$. Les prédicats, y compris l'identité, sont interprétés sur Q.

[113] Cela suppose que les fonctions d'individus soient complètement définies, c'est-à-dire qu'elles aient une valeur dans chacun des mondes possibles. Dans la sémantique qu'on avait présentée dans la troisième partie, chapitre 10, on avait supposé des fonctions partiellement définies et des domaines d'objets variables.

[114] Les noms ne sont pas interprétés sur D, mais sur les domaines Q_w de chaque monde w.

existant ? C'est que, selon Priest, le principe de caractérisation ne s'applique pas forcément au monde actuel, mais peut l'être relativement à d'autres mondes :

> *Now, I suggest, the object characterized by a representation has the characterizing properties, not necessarily in the actual world, but in the worlds (partially) described by the relevant representation. Thus, Holmes has the properties he is characterized as having not at this world, but at those worlds that realize the way I represent the world to be when I read the Holmes stories.*

[Priest, 2005, 85]

Ce qu'il faut comprendre ici, c'est qu'on peut caractériser un objet intentionnellement en se le représentant. Quand on se représente un objet, il se pourrait que rien (en dehors de la représentation) ne satisfasse réellement cette description. Il n'en demeure pas moins qu'un objet est caractérisé relativement aux mondes compatibles avec la représentation pertinente. Et l'objet ainsi caractérisé aura les propriétés qui le caractérisent dans les mondes compatibles avec la représentation pertinente. Priest donne l'exemple de Holmes, mais on pourrait revenir à l'exemple des deux monstres qu'on vient de décrire. Dans les mondes compatibles avec la représentation de l'agent, il y a un monstre qui existe et un autre qui n'existe pas. Il n'en demeure pas moins que, indépendamment des représentations de cet agent, aucun des deux monstres n'existe.

Plus formellement, on comprend cette nouvelle appréhension du principe de caractérisation en introduisant dans le langage un opérateur de représentation quelconque [Φ], lequel se comporte de façon générale comme les autres opérateurs intentionnels. C'est-à-dire qu'une formule $[\Phi]_a p$ qui se lit « l'agent a se représente les choses de façon telle que p est le cas » sera vraie si et seulement dans tous les mondes compatibles avec ce que l'agent a se représente, p est le cas. Si l'on s'intéresse plus spécifiquement à la fictionalité, on pourra préférer tenir compte d'un opérateur de fictionalité et ce serait alors relativement aux mondes partiellement décrits par une fiction que l'on devrait appliquer le principe de caractérisation.

On peut selon la même intuition reformuler le principe de compréhension, comme le fait Berto [2011, 323] qui parle alors de principe de compréhension nuancé (*qualified comprehension principle*) :

[PCQ] Pour toute condition α[x] avec une variable libre x, un objet satisfait α[x] dans au moins un monde.

On peut dès lors appliquer le principe de caractérisation sans restriction et ce, sans produire des preuves ontologiques arbitraires. En effet, à supposer une caractérisation telle que « la montagne d'or existante », l'objet qui satisfait cette caractérisation n'a pas besoin d'exister au monde actuel, il suffit qu'il existe dans les mondes qui réalisent la représentation pertinente. Il en est de même pour les caractérisations contradictoires qui n'impliqueront plus de contradictions vraies au monde actuel. En effet, à supposer quelque chose caractérisé comme étant rond et carré, on devra juste supposer qu'un objet satisfait ces propriétés dans un monde compatible avec la représentation pertinente, en l'occurrence ici un monde impossible.[115]

Maintenant, par application de ces principes, on peut fixer la référence d'un terme singulier rigide sans présupposer l'existence de cette référence. En effet, rien n'empêche de sélectionner un objet dans un acte de désignation intentionnel, phénoménologique et relativement à d'autres mondes, des mondes qui réalisent la représentation d'un agent donné. En effet, la référence de « Holmes » peut être fixée en termes descriptifs, comme étant l'individu qui selon la représentation de Conan Doyle était un détective, vivait au 221B Baker Street, etc. « Holmes » est alors le nom de cet individu qui dans tous les mondes compatibles avec la représentation (ou la fiction) satisfait cette description. Une fois la référence de « Holmes » fixée, on peut désigner rigidement Holmes dans tous les mondes possibles y compris dans les mondes où il ne satisfait pas la description initiale.

Il en sera de même pour les descriptions définies auxquelles ne correspond aucun objet. Dans le cas de « la coupole ronde carrée de Berkeley College », rien n'empêche de fixer la référence d'une telle description relativement à un monde compatible avec la caractérisation initiale et ensuite de désigner rigidement le même objet par cette description, y compris dans les mondes où il ne satisfait pas les propriétés qui ont servi à fixer la référence. Quand on parle de la coupole ronde carrée au monde actuel, on désigne le même objet, bien qu'il ne satisfasse pas ces propriétés. En fait, l'interprétation des descriptions est similaire à celle des noms propres, bien qu'il s'agisse d'expressions au sein desquelles les propriétés caractérisantes sont reprises explicitement. Leur sémantique est donnée de façon similaire à la façon dont on doit appliquer le principe de compréhension : Si un

---

[115] On a introduit dans les mondes impossibles la troisième partie, chapitre 8, section 8.6. Ces mondes pourraient contenir un objet qui satisfasse une caractérisation contradictoire. Soit la caractérisation $Rx \wedge \neg Rx$ pour le rond carré. On peut avoir $@\Vdash^+_s a[\psi](Rk_1 \wedge \neg Rk_1)$ en considérant que les mondes qui réalisent la représentation pertinente soient des mondes impossibles, soit en relâchant la contrainte d'exclusivité sur la négation, soit en considérant directement la matrice Mk_1k_1.

objet satisfait la condition d'une description dans un monde w où cette description est utilisée, alors cet objet est la référence de la description, sinon un objet doit la satisfaire dans un autre monde.

Plus formellement, on peut tenir compte des descriptions définies en ajoutant au modèle un ensemble de fonctions de choix, noté φ. Si t est un terme descriptif φ(t) est la fonction depuis les sous-ensembles de D vers D, telle que si $X \subseteq D$ et $X \neq \emptyset$, $\varphi(t)(X) \in X$. Maintenant, soit t une description indéfinie de la forme (εx)(Ax), sa dénotation est l'un des objets qui satisfait A(x) s'il y a un tel objet, sinon elle dénote un autre objet qui la satisfait dans un autre monde.

$$\delta_\sigma(t) = \varphi(t)\{d : @\Vdash^+_{s[x/d]} A(x)\} \text{ si l'ensemble est non vide,}$$

$$\varphi(t)(D) \text{ autrement}$$

L'interprétation des descriptions définies est la même sauf qu'on suppose que le d pertinent est unique. Plus précisément, on devrait ici considérer la matrice de telles descriptions afin de préserver les lois de la quantification si des quantificateurs apparaissent dans la portée de tels termes, qui peuvent contenir des opérateurs intentionnels. Cela se fait de façon directe en considérant les explications du chapitre 8.

16.3. Incomplétude et principe de liberté

Les objets non existants ont donc les propriétés qui les caractérisent dans les mondes qui réalisent la représentation pertinente. De telles propriétés ne sont pas essentielles puisqu'un objet caractérisé pourrait, comme tout autre objet, avoir d'autres propriétés dans d'autres mondes. Une autre question se pose à l'égard des propriétés des objets non existants : ont-ils seulement les propriétés qui les caractérisent ?

Cette dernière question renvoie à la question de la soi-disant incomplétude des objets fictionnels et des mondes dans lesquels ils apparaissent. Tout d'abord, dans les mondes qui réalisent la représentation, les objets ont les propriétés qui apparaissent explicitement dans leur caractérisation. Par exemple, dans tous les mondes qui réalisent la représentation de Conan Doyle ou compatibles avec *Les aventures de Sherlock Holmes*, Holmes est un détective. C'est une propriété *déterminée* de Holmes. Maintenant, qu'en est-il des prédicats « est droitier » ou « est gaucher » si Conan Doyle ne dit explicitement rien sur le sujet ? Selon Priest, les représentations ont une cohérence minimale et l'opérateur de représentation est clos sous une « certaine notion de conséquence logique » (sic)[116].

Ce que cela signifie, c'est que dans tous les mondes compatibles avec la fiction, s'il n'est pas dit que Holmes est droitier ni gaucher, alors ce qui sera déterminé c'est que « Holmes est droitier ou gaucher », mais pas que « Holmes est droitier », ni que « Holmes est gaucher ». On a vu que dans l'approche de Parsons, on considérait que les objets non existants, bien qu'incomplets, étaient « logiquement clos », c'est-à-dire que même si Conan Doyle ne dit rien concernant la question de savoir si Holmes est droitier ou gaucher, Holmes a la propriété d'être droitier-ou-gaucher, propriété indécomposable. Dans la sémantique de Priest, les choses sont différentes. En effet, le fait qu'il ne soit pas déterminé que Holmes est droitier ou que Holmes est gaucher n'implique pas que les objets soient incomplets. Bien que la caractérisation soit toujours incomplète, les objets correspondants sont complets. De même, bien que la description d'un monde soit toujours incomplète, les mondes sont eux-mêmes toujours complets. Ainsi, il y aura des mondes où Holmes est gaucher, d'autres ou il est droitier. Ces propriétés qui peuvent varier d'un monde à l'autre, ce sont les propriétés *indéterminées*. Si l'on tient compte des propriétés déterminées, on aura donc dans la sémantique relationnelle de Priest $@\Vdash^+_s a[F](Lh \vee Rh)$, mais on aura ni $@\Vdash^+_s a[F]Lh$, ni $@\Vdash^+_s a[F]Rh$ puisqu'il n'est pas le cas que dans tous ces mondes Holmes est droitier, ni qu'il est gaucher.

La notion de cohérence minimale invoquée par Priest a pour conséquence l'import d'inférences qui sont fondées sur des régularités du monde actuel ou des vraisemblances. En effet, des hypothèses relevant d'un arrière-plan de connaissances ou de croyances peuvent être supposées. Ainsi, étant donnée la fiction de Conan Doyle, on pourrait argumenter sur la situation géographique de Holmes à un instant donné même si cela n'est pas rendu explicite par Conan Doyle. On pourrait notamment déduire du fait que s'il est à Londres à 20h45, alors il n'est pas à Edimbourg à 20h46. On doit donc ajouter la contrainte suivante, suivie immédiatement de la suivante et où $\vdash_L$ est spécifié par un ensemble de règles de preuve :

Si $@R^d_\varphi A$ pour tout $A \in S$, et que $S \vdash_L B$, alors $@R^d_\varphi B$.

Si $@\Vdash^+_s a[\psi]A$ pour tout $A \in S$ et que $S \vdash_L B$, alors $@\Vdash^+_s a[\psi]B$.

Autrement dit, les propriétés des non-existants aux mondes réalisant la représentation sont toutes les propriétés par lesquelles il a été explicitement

---

[116] Voir Priest [2005, 85].

caractérisé plus toutes les propriétés qui en découlent selon la notion de conséquence logique appropriée. Bien que les descriptions soient incomplètes, les mondes qui les réalisent sont complets. On pourrait ici préciser la notion de représentation considérée au moyen d'hypothèses faites sur base d'un arrière plan de connaissances ou de croyances empiriques comme dans l'exemple qu'on vient de donner. En effet, dans le monde de Star Trek, et étant donnée la téléportation, l'inférence qu'un objet qui est à Londres à 20h45 ne peut pas être à Edimbourg à 20h46 ne sera plus justifiée. On notera que tous les opérateurs ne doivent pas être clos de la même manière. Priest donne notamment l'exemple de *réaliser que* : on peut ne pas réaliser toutes les conséquences d'une description.[117]

Un autre point important est que selon Priest les représentations et les fictions peuvent très bien porter sur des objets réels, ce que Parsons appelait des immigrants. Dans ce cas, il considère que les propriétés indéterminées ne peuvent varier que dans la mesure où ils héritent du monde actuel toutes les propriétés qui ne sont pas contre-indiquées dans l'histoire. Il formule alors le *principe de liberté* pour les variations des propriétés indéterminées :

> [G]*iven a characterized object, for any property that is not determined, there will be closed worlds, realizing the representation in question, in which the object has the property and ones in which it does not, subject only to constraints imposed by facts about objects that actually exist.*
>
> Priest [2005, 89]

Ce que cela signifie, c'est que si l'on caractérise par exemple une planète au-delà d'Uranus, comme Le Verrier l'a fait avec Neptune, alors si un objet réel correspond, on devra importer dans les représentations toutes les propriétés réelles de Neptune. Ainsi, peut-être que Le Verrier n'a jamais rien dit concernant la question de savoir si Neptune était une planète gazeuse ou tellurique. Que Neptune soit gazeuse ou que Neptune soit tellurique seraient alors des propriétés indéterminées de Neptune. Cependant, étant donné que le monde actuel réalise la représentation de Le Verrier et que Neptune existe, on devrait selon Priest importer toutes les propriétés réelles de Neptune dans la représentation de Le Verrier. Autrement dit, Neptune est aussi une planète gazeuse dans les représentations de Le Verrier, même s'il ne dit rien à ce sujet. On pourrait cependant se demander ici

---

[117] On pourrait ici préciser quelles sont les inférences permises dans la portée de l'opérateur de représentation ou de fictionalité. Comme on l'a déjà évoqué, Woods considère par exemple que tout ce qui n'est pas explicitement récusé par l'auteur devrait pouvoir être importé dans la fiction. Il appelle cela *anti closed world assumption*, hypothèse selon laquelle s'il n'y a pas de contre-indication, la fiction « hérite du monde ». Tout ce qui est vrai dans le monde réel au moment de l'histoire est vrai dans le monde de l'histoire, moyennant les déviations introduites par l'auteur.

comment de telles propriétés pourraient être importées relativement aux représentations de Le Verrier indépendamment de ses intentions.

Maintenant qu'on a donné des conditions d'individuation précises et qu'on a défini quelles étaient les propriétés des objets non existants, on peut définir un critère d'identité en termes descriptifs y compris pour les non-existants. Un tel critère s'appuie sur l'indiscernabilité des identiques de Leibniz, c'est-à-dire que deux objets (de Q) sont les mêmes dans un monde donné s'ils ont exactement les mêmes propriétés dans ce monde. Deux individus sont identiques si dans tous les mondes ils apparaissent de façon telle que toutes les propriétés de l'un sont aussi des propriétés de l'autre – ils partagent alors la même manifestation dans tous les mondes.

Au problème de l'identité par coïncidence, le nonéisme n'a cependant pas de réponse déterminée à apporter. Ce point n'est peut être pas trop grave. La difficulté majeure concerne plutôt le problème de Moloch et de l'absence de *ficta* : il y a forcément un objet qui satisfait la caractérisation qu'en ont faite les exégètes de la Bible. Mais alors rien n'est X ne peut jamais être vrai. Ces limites de l'approche nonéiste sont symptomatiques d'une forme de platonisme où la relation entre les actes d'un auteur et les objets qu'il décrit demeure inexpliquée. Comme par magie, quelle que soit l'intention, quelle que soit la description, un objet existant ou non est visé. Le domaine est constant et les objets qui le constituent en font partie indépendamment de toute activité humaine. En précisant cette relation au moyen de la notion de dépendance ontologique, la théorie artefactuelle qu'on va maintenant présenter dispose d'un avantage indéniable en ce sens qu'elle apporte des réponses déterminées à ces questions. Priest [2010] envisage quant à lui une prise en compte de ces aspects de la théorie artefactuelle dans le contexte d'une sémantique nonéiste en définissant une notion de *survenance*.[118]

---

[118] On reviendra sur cette notion de *survenance* par la suite quand on comparera la création dans la théorie artefactuelle et la création selon un point de vue nonéiste. On rappelle que dans une approche néo-meinongienne ou nonéiste, la notion de création ne peut être comprise comme le fait de donner l'existence, puisque les fictions n'existent pas. Le terme anglais pour *survenance*, tel qu'on le trouve généralement dans la littérature est *supervenience*.

Chapitre 17 - Théorie artefactuelle

Alors que les théories d'inspiration meinongienne remettent en cause la règle de Parménide selon laquelle il n'est rien qui n'existe pas, d'autres théories préservent cette règle (ou tout au moins la formulent autrement) et remettent en cause le postulat de la non-existence des fictions. Tel est le cas de la théorie artefactuelle de Thomasson [1999] qui considère que les fictions existent grâce aux actes intentionnels et de façon dépendante à des objets concrets. Définissant les conditions d'individuation des fictions relativement à un acte créatif, Thomasson affine leurs conditions d'identité et apporte une solution précise aux problèmes de l'identité par coïncidence ou au problème de la non-existence de Moloch. Cette approche fondée sur la notion de relation de dépendance ontologique et inspirée des travaux d'Ingarden apporte à première vue des réponses séduisantes aux questions de savoir ce que sont les fictions et comment on peut y faire référence. Elle n'en demeure pas moins problématique à certains égards et requiert des approfondissements conceptuels, que ce soit en ce qui concerne les définitions des relations de dépendance ontologique elles-mêmes ou encore la combinaison de cette théorie à une sémantique pour l'opérateur de fictionalité. Dans ce qui suit, on va tout d'abord présenter de façon générale la théorie artefactuelle de Thomasson, ce qui servira de point de départ pour les approfondissements qui suivront.

17.1. Artefacts abstraits

L'importance prêtée à l'acte créatif constitue la différence fondamentale entre la conception artefactuelle et les conceptions meinongiennes et nonéistes des fictions. En effet, les conditions d'individuation de l'approche meinongienne sont définies en termes de correspondance d'un objet à un ensemble de propriétés et font fi de toute activité créatrice et humaine en général. L'auteur ne crée pas des personnages, il ne fait que les sélectionner par un acte de caractérisation et les décrit ensuite dans un acte narratif. Cet objet faisait cependant partie du domaine indépendamment de l'activité de l'auteur. Cette correspondance mystérieuse entre l'acte créatif et des objets qui n'existent pas rend impossible toute réponse déterminée à la question de savoir si le Don Quichotte de Pierre Ménard est le même que le Don Quichotte de Cervantès. Soit ce sont les mêmes, soit ce ne le sont pas[119], l'auteur en tant que tel n'apporte aucune indication qui permette de trancher la question. Une autre difficulté concerne la signification d'une phrase comme « Moloch n'existe pas », qui sera comprise de façon similaire à « Holmes n'existe pas » : les deux ont pour référence un objet non existant.

La théorie artefactuelle place quant à elle l'acte créatif de l'auteur au cœur des conditions d'individuation et apporte ainsi une réponse déterminée à chacun de ces problèmes, tout en rendant plus intelligible la relation entre l'activité créatrice d'un auteur et l'objet fictionnel qui en résulte. Si aucun objet ne préexiste à l'acte intentionnel, alors cet acte devient créatif. Un personnage de fiction est une construction intentionnelle qui existe de façon ontologiquement dépendante de l'acte créatif d'un auteur. Dit autrement, il n'y aurait pas eu cet acte créatif, il n'y aurait pas eu de personnage de fiction, même pas non existant. Si l'acte intentionnel est créatif, alors deux actes créatifs différents, totalement déconnectés l'un de l'autre, créent deux objets différents. Rien dans le domaine n'aurait pu connecter ces deux actes intentionnels au même objet à l'insu des auteurs. Par conséquent, on peut affirmer que le Cervantès de Pierre Ménard est différent du Cervantès de Don Quichotte. Par ailleurs, on peut comprendre « Moloch n'existe pas » littéralement, c'est-à-dire que Moloch n'existe ni de façon concrète, ni comme création.[120]

Thomasson [1999] récuse ainsi le postulat de la non-existence des fictions en conférant aux personnages de fiction un statut ontologique spécifique : ce sont des artefacts abstraits, des créations intentionnelles, qui existent de façon dépendante à des objets concrets et aux actes intentionnels des agents. Pour définir ce qu'est un artefact abstrait, elle s'inspire des notions de *dérivation* et de *contingence* d'Ingarden [1964] telles qu'on les a définies.[121] Elle définit plus précisément des relations de dépendances ontologiques dans le contexte d'une métaphysique modale, c'est-à-dire une métaphysique conçue relativement à une pluralité de mondes possibles. Intuitivement, quand on dit que X dépend ontologiquement de Y, on dit que X n'aurait pas pu exister sans Y et que Y fait exister X. Distinguant différents types de dépendances ontologiques, elle peut définir Holmes comme un

---

[119] Voir à ce sujet Priest [2010, 115] : « *If one is a realist, there is no general answer to the question of whether or not the two are the same.* »

[120] Il semble qu'on aurait ici une contradiction puisque si Moloch n'existe pas, alors l'acte qui consiste à penser à Moloch crée Moloch. Comment expliquer cela ? On devrait probablement affiner le propos en disant que quand des archéologues disent « Moloch n'existe pas », ce qu'ils veulent dire c'est qu'il n'y a pas de démon qui serait désigné par ce nom, voire que le ou les auteurs de la Bible n'avaient pas l'intention de désigner un tel démon, ce qui fait qu'ils n'ont pas créé Moloch tel que l'auraient créé certains exégètes de la Bible.

[121] Voir partie 1, chapitre 1.

artefact c'est-à-dire un objet ontologiquement dépendant d'une création intentionnelle [dérivation]. Holmes est par ailleurs un objet abstrait, puisqu'il n'existe pas concrètement dans le temps et l'espace, mais qu'il survit à l'acte créatif de l'auteur grâce à l'existence de copies qui en gardent la trace [contingence]. Plus précisément, on distingue tout d'abord deux types de relations de dépendance ontologique en tenant compte de la temporalité notamment :

> *We can begin by distinguishing between constant dependence, a relation such that one entity requires that the other entity exists at every time at which it exists, from historical dependence, or dependence for coming into existence, a relation such that one entity requires that the entity exist at some time prior to or coincident with every time at which exists.*

Thomasson [1999, 29]

Par exemple, et comme on vient de l'expliquer, Holmes est ontologiquement *historiquement* dépendant de Conan Doyle pour sa création et il est ontologiquement *constamment* dépendant de l'existence de copies du texte original pour sa survie, sa préservation. Dit autrement, dans tous les mondes et à tous les instants où Holmes existe, il y a un instant antérieur (ou identique) tel que Conan Doyle existe et le crée. Dans tous les mondes et à chaque instant où Holmes existe, une copie du texte original existe.[122] C'est la dépendance à l'existence de copies qui va garantir l'identité du personnage dans le temps et en faire un objet public qui peut être partagé par une communauté.

Outre cette distinction fondée sur la temporalité, une autre distinction est requise. En effet, pour ce qui est de la dépendance historique à l'acte créatif, personne d'autre que Conan Doyle n'aurait pu créer Holmes. On dira dans ce cas que la dépendance historique est *rigide*. En revanche, n'importe quelle copie suffit pour préserver l'existence de l'objet abstrait qu'est Holmes. Il apparaît entièrement dans n'importe quelle copie et n'est pas localisée dans l'une ou l'autre de ces copies. On dit dans ce cas que la dépendance est *générique*, que c'est une relation à un ensemble d'objets partageant une caractéristique commune (être une copie) et chacun de ces objets suffit pour préserver l'existence de l'objet fictionnel qui en dépend.

Une telle approche réaliste à l'égard des fictions permet de résoudre de nombreuses difficultés et notamment d'expliquer les caractéristiques problématiques de

---

[122] On précise ici que n'importe quel support devrait suffire. En effet, même la mémoire d'un peuple ou d'un conteur pourrait suffire à maintenir l'existence d'un personnage de fiction.

l'intentionalité puisqu'il y a toujours un objet qui correspond à l'intention. De ce fait, il n'y a de plus aucune difficulté à rendre compte de la signification des énoncés qui portent sur des objets fictionnels, objets sur lesquels on peut quantifier et qu'on peut désigner comme les objets concrets ordinaires. Par ailleurs, en donnant des conditions d'individuation précises pour les entités fictionnelles, Thomasson prétend pouvoir réhabiliter les thèses de Kripke concernant l'interprétation rigide des noms propres. L'usage d'un nom tel que « Holmes » peut en effet s'inscrire dans une chaîne causale de transmission dont on peut rendre compte en termes de dépendances ontologiques. Il y a un baptême dans un acte créatif de l'auteur, puis la référence est transmise grâce notamment à la transmission de copies qui sont toujours, *in fine*, reliées à l'acte créatif initial. La seule restriction pour la transmission d'un nom fictionnel par rapport aux noms d'objets concrets repose sur le fait que cette transmission se fait le long d'une chaîne de dépendance ontologique, laquelle assure la continuité de l'usage. On peut ainsi utiliser le nom « Holmes » pour désigner rigidement ce personnage dont parlent certains textes et qui a été créé par Conan Doyle.[123]

17.2. Identité des fictions

L'analyse de Thomasson [1999] porte essentiellement sur le point de vue externe. Ayant défini des conditions d'existence pour les personnages de fiction, on peut facilement expliquer les caractéristiques problématiques de l'intentionalité et notamment rendre compte de l'identité entre des non-existants. On peut expliquer le point commun entre deux phrases comme « Jean pense à Holmes » ou « Jean pense à l'ami de Watson » puisqu'il y a effectivement un unique objet qui est la référence de « Holmes » et de « l'ami de Watson ». Cependant, Holmes est un artefact abstrait et au monde actuel, il n'est pas l'ami de Watson, il n'est pas non plus détective, ni n'habite à Londres. Les seules propriétés qu'un tel objet a au monde actuel, c'est le fait d'être un objet créé par Conan Doyle, d'apparaître dans des romans tels que *Une étude en rouge*, *Le cercle des quatre*, etc. Les conditions d'identité ne sont pas définie en termes d'identité qualitative interne, c'est-à-dire relativement aux propriétés qu'un personnage a dans la fiction, mais plutôt en termes de propriétés externes, c'est-à-dire en lien avec les conditions d'existence de ces mêmes personnages.

Les conditions d'identité des personnages de fiction ne peuvent être réduites à des conditions descriptives. Comme l'illustre l'exemple du Don Quichotte de Pierre Ménard, l'identité de propriétés internes ne peut suffire à établir l'identité avec le Don Quichotte de Cervantès. Ils sont certes phénoménologiquement indiscernables, ils ont les mêmes propriétés internes, mais les circonstances de leur création sont différentes. Dans les deux cas, l'intention a un contenu identique, les deux Don

---

[123] Voir Thomasson [1999, 44 sq.]

Quichotte apparaissent qualitativement de la même manière, mais en fonction du contexte, l'objet prescrit par le contenu est différent. Les propriétés internes ne constituent pas non plus une condition nécessaire pour l'identité des personnages de fiction. Rien n'empêche d'écrire une parodie et de faire référence à un personnage de fiction préalablement existant en changeant ses propriétés tout en préservant son identité. Bien que le Herlock Sholmès de Maurice Leblanc soit décrit comme un détective stupide, il pourrait s'agir du même personnage que celui dont parle Conan Doyle si tant est que Maurice Leblanc ait eu l'intention de parler du même personnage. Pour définir les conditions d'identité des personnages de fiction, on doit tenir compte de leurs conditions d'existence et de leur inscription dans un réseau de dépendances ontologiques spécifiques.

Définir des conditions d'identité qui seraient nécessaires et suffisantes demeure une tâche très compliquée, voire impossible puisque cela supposerait d'admettre une forme d'essentialisme. Ce problème est toutefois le même qu'il s'agisse d'objets fictionnels ou d'objets concrets. C'est ainsi que Thomasson [1999, 63] définit tout d'abord un critère d'identité suffisant en mêlant conditions d'existence et considérations descriptives :

[CONDITION SUFFISANTE] Si les deux conditions suivantes sont remplies, alors X et Y sont identiques :

- X et Y apparaissent dans la même œuvre littéraire.
- X et Y ont exactement les mêmes propriétés dans l'œuvre littéraire.

Les seuls commentaires requis pour comprendre cette définition concernent ce qu'il faut entendre par « la même œuvre littéraire », autrement dit, expliciter les conditions d'identité d'une œuvre littéraire. Pour ce faire, on doit tout d'abord identifier un *texte type*, qui est constitué d'une séquence de symboles. Deux séquences de symboles identiques donnent le même texte type. Le texte de Pierre Ménard et celui de Cervantès sont à cet égard identiques. Si l'on ajoute la dépendance d'un certain texte à son écriture par un auteur, autrement dit que l'on ne considère pas simplement le texte mais le texte en tant que rigidement historiquement dépendant de l'auteur, alors on définit ce que Thomasson [1999, 64] appelle *composition*. Les compositions de Pierre Ménard et de Cervantès sont différentes puisqu'elles ne sont pas historiquement et causalement connectées. Enfin, à partir de la composition, on peut définir l'*œuvre littéraire* : c'est le roman en tant qu'il possède certaines qualités artistiques et esthétiques, en tant qu'il est perçu par un public compétent, avec son arrière-plan de croyances et d'hypothèses de lecture diverses. L'œuvre littéraire présuppose donc une interprétation du texte et de tenir compte d'une manière ou d'une autre du point de vue du lecteur. Un public qui ne connaîtrait rien de l'histoire du vingtième siècle pourrait par exemple ne pas comprendre *La ferme des animaux* d'Orwell de la même manière que nous, s'il ne faisait pas le lien entre celui qui est appelé « Napoléon » et Staline par exemple.[124]

Cependant, ce critère ne constitue pas une condition nécessaire pour l'identité entre deux personnages puisqu'on a admis la possibilité de désigner le même personnage dans un autre texte (sur fond d'interprétation rigide des noms propres et d'un schéma d'usage kripkéen) tout en changeant ses propriétés, en le décrivant autrement. Tel est le cas de la parodie par exemple. Dans ce cas, on parle plutôt d'identité *transtextuelle*, une forme d'identité à travers les œuvres. Thomasson [1999, 67] concède ne pas avoir de condition suffisante à donner pour rendre compte de cette relation. La situation n'est finalement pas si différente de celle pour les objets concrets, comme on a pu le voir en discutant le problème de l'identité transmonde. Toujours est-il que Thomasson prétend à ce sujet pouvoir définir une condition nécessaire, fondée sur les relations de dépendance et les intentions des auteurs :

[CONDITION NECESSAIRE] Si deux personnages X et Y apparaissent dans deux œuvres littéraires K et L respectivement alors l'auteur de L doit connaître de façon adéquate le X de K et avoir l'intention d'importer X comme Y dans L.

---

[124] On notera ici la divergence de point de vue entre cette définition de l'œuvre littéraire chez Thomasson et celle de Goodman [1978]. Selon Goodman, les conditions d'identité d'une œuvre littéraire sont définies exclusivement en termes de texte type. C'est que Goodman ne cherche pas à expliquer comment il serait possible de faire référence aux personnages de fiction, les textes littéraires ne faisant pas référence. Il s'agit en effet plutôt de relier l'approche esthétique de l'œuvre littéraire et son épistémologie. Il va même jusqu'à affirmer que même si un singe reproduisait au hasard le même texte qu'un auteur humain, il écrirait la même œuvre. L'auteur ne fait aucune différence quant à l'identité du texte, texte auquel correspond une collection d'interprétations elles-aussi indépendantes des intentions de l'auteur, et donc l'auteur ne fait aucune différence quant à l'identité de l'œuvre littéraire. Le texte supporte toujours les mêmes interprétations, et le texte plus cette collection d'interprétations qui lui appartient constituent l'identité de l'œuvre. Dans le cas de Ménard, on a effectivement la même œuvre que celle de Cervantès. Il s'agit juste d'une nouvelle inscription du même texte et elle est sujette à exactement les mêmes interprétations que le texte de Cervantès. Goodman distingue du reste sur ce point les oeuvres allographique des oeuvres autographiques. Dans la littérature, l'idée de copie de l'original ne fait pas vraiment sens, contrairement aux arts plastiques où la notion de *faux* fait sens. Les oeuvres littéraires sont allographiques en ce sens que leurs conditions d'identité ne sont pas définies en tenant compte de l'histoire de leur production. Voir Goodman [1978, 573] : « *Questions of the intention or intelligence of the producer of a particular inscription are irrelevant to the identity of the work. Any inscription of the text, no matter who or what produced it, bears all the same interpretations as any other.* » Une telle approche qui ne tient pas compte de l'intentionnalité ne pourrait cependant répondre aux objectifs qu'on s'est fixés.

Ainsi, s'il est effectivement le cas que Maurice Leblanc connaissait le Sherlock Holmes de Conan Doyle et qu'il a effectivement eu l'intention de tourner le personnage de Conan Doyle en dérision dans *Arsène Lupin contre Herlock Sholmès*, on peut admettre que Herlock Sholmès et Sherlock Holmes sont le même personnage. Ce critère donne en fait une condition nécessaire pour l'identité des personnages migrants dans la fiction, pour reprendre les termes de Parsons. De la même manière, on peut étendre cette migration aux objets réels. Par exemple, si un auteur connaît suffisamment un personnage historique réel et qu'il a l'intention d'importer ce personnage dans sa fiction, il le peut et ce, indépendamment des propriétés qu'il a dans la réalité ou dans la fiction.

17.3. Propriétés des artefacts abstraits

Les artefacts abstraits n'échappent pas au double aspect de la fictionalité révélé par Woods. En effet, les personnages de fiction existent parce qu'ils s'inscrivent dans un réseau de dépendances ontologiques spécifiques qui renvoient à un acte créatif initial. Un auteur ne crée cependant pas un personnage de fiction en le décrivant comme un objet abstrait, mais plutôt en le décrivant comme s'il s'agissait d'un objet concret. Par un acte narratif, un auteur décrit concrètement un personnage dans une histoire, personnage qu'il fait ainsi exister comme artefact abstrait. On retrouve alors une tension propre à la fictionalité : comment expliquer qu'en décrivant un personnage de façon concrète, comme le fait d'être un humain, vivre à Londres, être un détective, etc., un auteur crée en fait un objet abstrait qui n'a en fait aucune de ces propriétés ?

Thomasson apporte sur ce point une explication contextuelle. Il est parfois naturel de parler depuis un *contexte fictionnel*, à propos de ce qui est vrai selon l'histoire. Tel est le cas quand on affirme des choses au sujet des propriétés internes des personnages comme quand on dit « Holmes est détective ». Un tel contexte de discours peut être expliqué en termes de feintes, c'est-à-dire qu'on fait semblant que ce que raconte l'histoire est vrai, qu'on y fait référence à certains personnages, etc.[125] En fait, on peut rendre explicite le fait qu'il s'agisse d'un point de vue interne en préfixant de telles affirmations de « selon la fiction ». Ce qui est vrai selon la fiction, c'est ce que dit le texte mais aussi ce qu'en infère le lecteur avec son arrière-plan de croyances et d'hypothèses de lecture. Le point de vue externe sur la fiction demeure cependant inévitable, comme c'est le cas quand on affirme des choses comme « Holmes est un personnage de fiction » où l'on se situe dans ce que Thomasson appelle *contexte réel*. De telles affirmations ne supposent pas de faire-semblant et peuvent être comprises directement comme attribuant des propriétés à des entités bien définies.

---

[125] Voir Thomasson [1999, 105]

Thomasson tire pour conséquence de son analyse qu'on n'a pas à admettre que les personnages de fiction puissent être des objets incomplets ou impossibles. En effet, d'un point de vue externe, le rond carré n'est ni rond ni carré, il est tel que selon Meinong il est rond et selon Meinong il est carré.[126] Par ailleurs, comme Sherlock Holmes n'est pas un être humain mais un artefact abstrait, dire dans un point de vue externe que Holmes est soit du groupe sanguin A^+, soit il ne l'est pas ne fait pas vraiment sens. Il n'a en fait aucune de ces propriétés parce qu'une telle propriété ne s'applique pas à la catégorie des artefacts abstraits. Des affirmations de la sorte devraient être comprises depuis un point de vue interne. Et « selon la fiction, Holmes est du groupe sanguin A^+ » est fausse, de même que sa négation, puisque rien n'est dit à ce sujet.

D'un point de vue sémantique, la théorie artefactuelle permet d'expliquer comme on l'a vu la référence aux fictions. Dès lors, les relations intentionnelles décrites du point de vue externe ne posent aucun problème. On peut admettre la vérité d'une affirmation comme « Jean pense à Holmes » en en donnant une explication directe puisque « Holmes » désigne bien un objet existant, distinct des autres objets comme Watson. Ayant admis la référence aux fictions, on peut également apporter des explications aux caractéristiques problématiques de l'intentionalité, pour ce qui est des relations d'identité entre des objets qui n'existent pas concrètement notamment. En effet, ce qu'on de commun des affirmations comme « Jean pense à Holmes » et « Jean pense à l'ami de Watson », c'est que ce à quoi pense Jean est en fait le même personnage. A ceux qui objecteraient à la théorie artefactuelle qu'on ne peut pas nier l'existence des personnages des fictions, Thomasson [1999, 113] répond qu'en effet, les personnages de fiction existent. On devrait certes donner une explication contextuelle aux affirmations ontologiques et par exemple comprendre « Holmes n'existe pas » comme « Holmes n'existe pas de façon indépendante ». Adoptant la contrainte de révision minimale, Berto, qui défend une position nonéiste, critique la théorie artefactuelle qui doit de nouveau passer par des paraphrases pour expliquer les existentiels négatifs.[127] C'est en effet un argument souvent avancé par Thomasson contre les théories irréalistes qui sont contraintes d'expliquer la signification du point de vue externe en termes de paraphrases toujours plus ou moins complexes, rarement intuitives. Il semble que cela ne lui pose pas de problème quand il s'agit d'expliquer la signification des existentiels négatifs comme « Holmes n'existe pas ». On pourra néanmoins

---

[126] Bien qu'elle ne donne pas une interprétation modale au préfixe selon la fiction, Thomasson semble ici user de la stratégie de Lewis qui consiste à traiter les fictions contradictoires en les divisant en fragments consistants. Comme le remarque Berto [2011, 316, note 4], une telle stratégie rend cependant impossible une explication d'une fiction où l'on parlerait d'un mathématicien qui serait parvenu à « rotondiser » un carré.
[127] Voir Berto [2011, 320] : « *However, this is unconvincing. Such nonexistence claims are naturally interpreted as totally unrestricted.* »

objecter aux meinongiens qu'ils ne sont eux pas en mesure de distinguer des affirmations comme « Holmes n'existe pas » de « Moloch n'existe pas » ou « Polmes n'existe pas », ce que peut faire la théorie artefactuelle. C'est donc probablement ici un avantage de la théorie artefactuelle contre les théories d'inspiration meinongienne : on ne peut certes pas nier directemet l'existence, mais on peut distinguer différents types d'existentiels négatifs. En effet, Holmes n'existe pas concrètement ou de façon indépendante, mais Polmes n'existe pas du tout. Pour un meinongiens, ni l'un ni l'autre n'existe, c'est tout.

Bien qu'on ait maintenant produit une théorie de la référence aux personnages de fiction, la combinaison à une sémantique pour l'opérateur de fictionalité n'a pas été véritablement abordée par Thomasson, qui s'en tient à une explication contextuelle sans réellement approfondir la question. Comment s'articulent notamment les différents points de vue sur la fiction ? Certes, Thomasson donne une explication contextuelle d'une affirmation telle que « Holmes est un personnage de fiction », qui serait vraie dans un contexte réel mais fausse dans un contexte fictionnel. Mais quelle est précisément la sémantique de l'opérateur « selon la fiction » ? Au détour d'une note, Thomasson prétend que la sémantique d'un tel opérateur a déjà été discutée par des auteurs comme Lewis et qu'il n'est donc pas nécessaire de donner plus de détail.[128] Cependant, comment pourrait-on combiner la théorie artefactuelle à une interprétation modale de l'opérateur de fictionalité ? En effet, une interprétation modale de l'opérateur de fictionalité supposerait de considérer que ce qui relève du point de vue interne est vrai relativement à d'autres mondes possibles. Le personnage de fiction qui est un artefact abstrait au monde réel serait un personnage concret dans ces mondes possibles compatibles avec ce que dit la fiction. Pourtant, Holmes est notamment dépendant de Conan Doyle, ce qui n'est pas le cas dans le point de vue interne. C'est pourtant une propriété essentielle de Holmes que d'avoir été créé par Conan Doyle. Comment le même Holmes pourrait-il apparaître dans un monde où Conan Doyle ne l'a pas créé, voire où Conan Doyle n'aurait même pas existé ?

Par ailleurs, en l'absence d'une sémantique pour l'opérateur de fictionalité, on pourra toujours s'interroger sur le caractère suffisant des conditions d'existence définies par Thomasson. En effet, la majorité des propriétés qui sont attribuées au personnage dans un point de vue externe ne sont pas des propriétés essentielles puisqu'il se pourrait que « Holmes est un célèbre personnage de Conan Doyle » soit fausse, en fonction de sa réception par le public (s'il n'était pas célèbre). Les seules propriétés essentielles d'un personnage de fiction, ce sont ses conditions d'existence définies relativement aux relations de dépendances ontologiques pertinentes. Les propriétés internes ne sont pas non plus des propriétés essentielles

---

[128] Voir Thomasson [1999, notes 22 et 23]

puisque, si tant est qu'il soit relié au même acte créatif, il se pourrait qu'un même personnage soit décrit de façon radicalement différente par son auteur. La dépendance du personnage à l'œuvre littéraire est du reste générique et il se pourrait donc que son existence soit préservée par des œuvres très différentes de celles qu'on connait. On peut dès lors se demander quelles sont les conditions d'identité de l'acte créatif lui-même, mais cette question n'est pas abordée par Thomasson. On en revient toujours à ce double aspect de la fictionalité dont l'explication est cruciale. En ce qui concerne la théorie artefactuelle, on doit expliquer comment un auteur, en décrivant un personnage de façon concrète dans un processus de narration, en vient à créer un objet abstrait qui n'a aucune des propriétés qui le décrivent. On doit pour ce faire considérer un lien plus étroit entre le personnage et les copies qui préservent son existence : sans l'apparition du personnage dans certains mondes compatibles avec la fiction, le personnage n'existe pas.

Malgré les avancées de la théorie artefactuelle pour ce qui est de faire référence aux fictions, elle ne permet pas en l'état de définir directement une sémantique pour les contextes fictionnels dans une structure modale. Une telle reconstruction sémantique est l'objet du chapitre suivant. On verra que les définitions de relations de dépendances ontologiques fondamentales dans cette théorie sont en elles-mêmes problématiques et sources de nombreuses difficultés. Une autre difficulté consiste à combiner cette théorie à une sémantique pour l'opérateur de fictionalité, essentielle pour articuler les différents points de vue sur la fiction. En bref, la tâche se précise autour de la combinaison des aspects ontologiques de la théorie artefactuelle et des aspects sémantiques de la fictionalité.

CINQUIEME PARTIE :
DEPENDANCES ONTOLOGIQUES DANS UNE STRUCTURE MODALE

Chapitre 18 - Exigence modale dans une structure modale bidimensionnelle

Thomasson [1999] définit des conditions d'existence pour les objets fictionnels dans le cadre d'une métaphysique modale. Les relations de dépendances ontologiques y sont en effet définies relativement à une pluralité de mondes possibles. L'analyse formelle de la notion de dépendance ontologique, qui n'est pas abordée par Thomasson, semble ainsi trouver naturellement sa place dans le contexte des logiques intensionnelles. L'enjeu d'une approche sémantique et formelle des relations de dépendances ontologiques est de caractériser les entités fictionnelles dans une structure modale et ainsi apporter une explication plus fine de la structure des domaines propres à chaque monde. Une telle approche modale fait cependant face à de sérieux problème qui, s'ils ne sont pas résolus, ont pour conséquence de rendre la relation de dépendance triviale. En effet, une définition de la relation de dépendance ontologique d'un objet X à Y comme une nécessité de la forme « nécessairement, si X existe alors Y existe »[129] semble devoir s'appliquer à n'importe quel objet. Bien consciente de ces difficultés, Thomasson introduit une classe primitive d'objets concrets et une autre d'états mentaux pour compléter sa théorie et produire un système de catégories ontologiques. Si cette stratégie peut se justifier par les préoccupations ontologiques et métaphysiques de Thomasson, elle ne peut être satisfaisante relativement aux enjeux sémantiques et formels qu'on vient de définir puisqu'on en reviendrait à postuler une distinction primitive entre objets concrets et objets dépendants : ce type de distinction devrait être établi par les relations de dépendances ontologiques (et non l'inverse).

Cette relation définie comme « nécessairement, si X existe alors Y existe », on l'appellera dorénavant la *relation d'exigence modale*.[130] L'objectif de ce chapitre est d'en montrer les limites lorsqu'il s'agit de capturer une notion de dépendance ontologique pertinente dans une structure modale. On va ainsi commencer par définir différents types d'exigences modales, distinguant notamment les exigences modales rigides et génériques, historiques et constantes. On cherchera alors à identifier précisément leurs insuffisances. Dans les chapitres qui suivent, on discutera la solution de Thomasson [1999] et expliquera plus précisément en quoi on ne peut s'en satisfaire. L'objectif est, *in fine*, de proposer des définitions pour

---

[129] Voir notamment Thomasson [1999, 25].
[130] Ce qu'on appelle *exigence modale* est en fait ce que Simons [1987, 295] appelle *weak foundation* (fondation faible). Par souci de généralité et pour des raisons qui s'éclairciront dans ce qui suit, j'opte pour une terminologie plus neutre.

les relations de dépendances ontologiques dans le contexte d'une structure modale bidimensionnelle de façon à caractériser les artefacts abstraits sans avoir à faire la présupposition de quelque distinction primitive que ce soit dans l'ontologie et plus formellement au sein du domaine du discours.[131] Les différentes catégories ontologiques seront alors définies en termes de relations de dépendances ontologiques, et non l'inverse. On concentrera l'analyse sur le cas des fictions littéraires, ce qui mènera par la suite à penser l'articulation de la théorie artefactuelle à une sémantique pour l'opérateur de fictionalité.

18.1. Exigences modales - Définitions

L'exigence modale est une relation ontologique définie comme « nécessairement, si X existe, alors Y existe », où X et Y sont des objets quelconques. La relation de dépendance ontologique a elle-même été définie de façon aussi générale dans les chapitres précédents, c'est la définition dont se sert Thomasson [1999] dans sa métaphysique modale. Formellement, une telle définition peut être donnée relativement à une structure modale bidimensionnelle, constituée de mondes possibles et d'instants du temps. On va ici distinguer différents types de relations d'exigences modales. Ces relations serviront de base pour ensuite envisager des définitions pour les dépendances ontologiques proprement dites. S'inspirant de Thomasson, on va distinguer les exigences modales rigides et génériques, historiques et constantes, ainsi que la notion d'exigence locale qui servira aussi par la suite.

Tout d'abord, on définit une structure modale bidimensionnelle $(W, R, T, <)$ comme une structure constituée de W, un ensemble non vide de mondes possibles, R une relation d'accessibilité entre ces mondes, T un ensemble d'instants du temps ordonnés par la relation d'antériorité notée $<$.[132] On notera que la relation R pourrait être interprétée différemment en fonction de la façon dont on veut

---

[131] Afin d'éviter toute confusion, on insiste ici sur le fait que Thomasson ne dit rien au sujet d'une telle possibilité de reconstruire ces thèses dans le contexte d'une sémantique formelle comme celle qu'on va proposer. Par ailleurs, on ne confondra pas l'usage qu'on fait de *bi-dimensionnel* ici : il s'agit simplement de considérer une structure où les contextes sont des paires <monde, instant du temps> et qui sont donc définis selon deux dimensions. Il ne s'agit pas de chercher à distinguer ce qu'on pourrait voir comme des intentions premières (épistémiques) ou secondes (métaphysiques) comme ce serait le cas dans la sémantique de Chalmers qu'on avait définie au premier chapitre 9.

[132] Par souci de simplicité technique on présuppose que la relation R ne varie pas relativement aux instants du temps et que la relation $<$ ne varie pas relativement aux mondes possibles. Conceptuellement, admettre des variations de la sorte dans la structure ne poserait aucune difficulté.

délimiter la notion de dépendance ontologique.[133] Plus il y aura de mondes considérés, plus la relation de dépendance capturée sera forte. La seule restriction, c'est d'avoir une relation appropriée qui rende compte de la catégorie ontologique des entités fictionnelles et autres entités dépendantes. C'est-à-dire que si un objet fictionnel est un artefact créé à w, et que v est un monde tel wRv, alors cet objet fictionnel doit d'une manière ou d'une autre être relié à son créateur dans v également. Une paire (w,t) constituée d'un monde possible et d'un instant du temps constitue un contexte auquel on associe un ensemble d'individus noté $D_{w,t}$, le domaine du monde w à l'instant t. Les domaines sont variables et chaque paire (w,t) se voit attribuer son propre domaine, bien que les mêmes objets puissent apparaître dans différents contextes.[134] Etant donnée une structure $<W,R,T,<>$, si l'on ne spécifie pas un monde ou un instant, on parle d'un « habitant » des domaines pertinents, c'est-à-dire un élément de l'ensemble $\cup_{(w,t) \in W \times T} D_{w,t}$.

On commence par définir les notions d'*exigence locale* et d'*exigence modale rigide* :

[D1][EXIGENCE LOCALE] X REQUIERT LOCALEMENT Y à (w_0, t_0) Ssi. la condition suivante tient : Si $X \in D_{w0,t0}$, alors $Y \in D_{w0,t0}$.[135]

[D2][EXIGENCE MODALE RIGIDE] X REQUIERT MODALEMENT RIGIDEMENT Y à un monde w_0 Ssi. pour tout monde w tel que w_0Rw, si $X \in D_w$, alors $Y \in D_w$.

On notera que la condition tient trivialement si X n'existe pas à w. Introduisant la temporalité, on définit maintenant la relation d'exigence modale rigide historique :

---

[133] La relation d'accessibilité R pourrait par exemple être déterminée en termes de considérations épistémiques, de possibilité physique, de possibilité « historique », etc.

[134] On a critiqué cette conception précédemment lorsqu'on a introduit la sémantique des *world-lines*. Une telle approche va cependant requérir une compréhension plus approfondie de la notion de dépendance ontologique. C'est pourquoi on commence par s'en tenir à une conception kripkéenne, qui est de plus celle explicitement présupposée par Thomasson lorsqu'elle décrit l'usage des noms propres. Cela n'aura du reste pas d'influence directe sur les problèmes qui nous occuperons dans un premier temps. La critique d'une telle vue constituera toutefois un point majeur du développement formel de la théorie artefactuelle dans les chapitres qui suivront.

[135] On notera ici que j'utilise le substantif *exigence*, mais que j'utilise dans les définitions le verbe *requérir*. Ils sont tous les deux utilisés pour exprimer l'idée d'*avoir besoin nécessairement*. Il ne me semblait pas, cependant, que *requête modale* aurait exprimé l'idée souhaitée, de même pour l'usage du verbe *exiger*, qui peuvent exprimer l'idée d'une action de X par rapport à Y.

[D3][EXIGENCE MODALE RIGIDE HISTORIQUE] X REQUIERT MODALEMENT RIGIDEMENT HISTORIQUEMENT Y à w_0 Ssi. pour tout w accessible depuis w_0 il y a un instant t* tel que pour tous les instants t, la condition suivante tient : Si $X \in D_{w,t}$, alors :

(1) $t^* \leq t$ et

(2) $Y \in D_{w,t^*}$

(3) $X \in D_{w,s}$ pour tout instant s tel que $t^* \leq s \leq t$.

Que X requiert historiquement Y à w_0 signifie ici que dans tous les mondes accessibles, X existe de façon ininterrompue depuis un instant t^* jusqu'à t, avec Y existant à t^*. Les instants t^* et t peuvent varier en fonction du w considéré. Ce qu'on empêche, c'est la possibilité pour un objet dépendant d'avoir une vie « par intermittence », qu'il cesse d'exister pour exister de nouveau (éventuellement, on pourrait envisager de relâcher cette clause, ce qui ne devrait pas poser de problème technique majeur). On notera que cette définition permet d'appliquer la relation en question à des objets qui ne sont pas forcément fictionnels. On pourrait par exemple admettre qu'un être humain requiert historiquement sa mère et que la date de naissance pourrait varier d'un monde à l'autre.

On définit l'*exigence modale rigide constante* comme un cas particulier de [D3]. Il suffit en effet de stipuler que Y doit exister à tout monde et à tout instant t où X existe :

[D4][EXIGENCE MODALE RIGIDE CONSTANTE] X REQUIERT MODALEMENT RIGIDEMENT CONSTAMMENT Y à w_0 si et seulement si pour tout monde w tel que $w_0 R w$ et pour tout instant t, si $X \in D_{w,t}$, alors $Y \in D_{w,t}$.

L'*exigence modale générique* est quant à elle une relation à une classe d'objets qui partagent des caractéristiques spécifiques et qu'on appellera *genre* ou *ensemble générique*. Tel est par exemple l'ensemble des copies desquelles dépend le personnage chez Thomasson. Le personnage de fiction requiert modalement l'existence d'au moins une copie, n'importe laquelle, aucune en particulier.

[D5][EXIGENCE MODALE GENERIQUE] Soit $\Gamma \cup \{X\}$ un ensemble d'individus qui existent à au moins un monde accessible depuis w_0, on dit que X REQUIERT MODALEMENT RIGIDEMENT Γ à w_0 Ssi. pour tout w tel que $w_0 R w$: Si $X \in D_w$, alors il y a un $Y \in \Gamma$ tel que $Y \in D_w$.

De la même manière qu'on a défini la relation d'exigence modale rigide historique en [D3] on introduit la temporalité pour définir l'exigence modale générique historique :

[D6][EXIGENCE MODALE GENERIQUE HISTORIQUE] Soit $\Gamma \cup \{X\}$ un ensemble d'individus qui existent à au moins un monde accessible depuis w_0, on dit que X REQUIERT MODALEMENT RIGIDEMENT Γ à w_0 si pour tout w accessible depuis w_0 il y a un instant t* tel que pour tous les instants t, la condition suivante tient : Si $X \in D_{w,t}$, alors :

(1) $t^* \leq t$ et

(2) il y a un $Y \in \Gamma$ tel que $Y \in D_{w,t^*}$

(3) $X \in D_{w,s}$ pour tout instant s tel que $t^* \leq s \leq t$.

On donne enfin la définition de l'*exigence modale générique constante* qui dit qu'un élément de G existe à chaque instant où X existe :

[D7][EXIGENCE MODALE GENERIQUE CONSTANTE] X REQUIERT MODALEMENT GENERIQUEMENT CONSTAMMENT Γ à w_0 si et seulement si pour tout monde w tel que w_0Rw et pour tout t, si $X \in D_{w,t}$, il y a un $Y \in \Gamma$ tel que $Y \in D_{w,t}$.

On remarquera que de telles relations satisfont des relations d'implications entre elles. En effet, si un objet X satisfait [D4], qui est la relation la plus forte, alors il satisfait toutes les relations. En revanche, si un objet X satisfait par exemple [D5], cela n'implique pas qu'il satisfasse aussi [D2], [D3] ou [D4]. Plus généralement, on peut reprendre ces implications par le tableau suivant, déjà donné par Thomasson [1999, 123, fig. 8.2] pour sa notion de « dépendance ontologique » :

$$\begin{array}{ccc} DRC \rightarrow & DRH \rightarrow & DR \\ \downarrow & \downarrow & \downarrow \\ DGC \rightarrow & DGH \rightarrow & DG \end{array}$$

(D : dépendance ; R : rigide ; G : générique ; C : constante ; H : historique)

Pour ce qui est des définitions pertinentes dans ce chapitre, on comprendra le D du tableau ci-dessus comme l'exigence modale. C'est à partir de ces implications qu'elle construira son système de catégories ontologiques sur lequel on reviendra.

En l'état, de telles définitions sont triviales. En effet, quel que soit l'objet considéré, il se requiert rigidement constamment lui-même. Comme l'exigence modale rigide implique l'exigence modale générique, il requiert donc génériquement constamment tout ensemble qui le contient. Et comme l'exigence constante est un cas particulier de l'exigence modale historique, alors tout objet satisfera tous les types d'exigences modales définies ici. Avant d'envisager des solutions qui permettront d'affiner la notion et de définir véritablement une notion de relation de dépendance ontologique pertinente, on va préalablement identifier précisément les facteurs qui rendent la relation triviale.

18.2. Insuffisances de l'exigence modale

Outre la trivialisation de la relation d'exigence modale par la réflexivité, d'autres problèmes risquent de mener notre analyse formelle dans l'impasse. De tels problèmes ont notamment été identifiés par Simons [1987], Fine [1995] et approfondis par Correia [2005]. Des solutions *ad-hoc* qui consisteraient à exclure *per fiat* la réflexivité n'empêcheraient pas l'émergence d'autres difficultés. Afin de diagnostiquer précisément les insuffisances de l'exigence modale, on va ici revenir de façon détaillée sur ces difficultés.

18.2.1. Réflexivité : La réflexivité de l'exigence modale fait que tout objet se requiert rigidement constamment lui-même. Par le jeu des implications entre les différentes formes d'exigences modales, tout objet satisfait alors toutes les relations, qui deviennent donc triviales.

18.2.2. Symétrie : Si deux objets X et Y sont co-présents, c'est-à-dire qu'ils existent (même de façon fortuite) dans exactement les mêmes mondes possibles, alors la relation d'exigence modale devient symétrique : X et Y se requièrent modalement l'un l'autre même s'il n'y aucun lien entre les deux. A titre d'exemple, à supposer que Holmes et Watson apparaissent dans exactement les mêmes mondes, on devrait en déduire qu'ils se requièrent modalement l'un l'autre. Il ne semble pourtant pas que l'existence de l'un soit dérivée de l'existence de l'autre ou inversement.[136] Fine [1995, 271-5] discutait ce point en l'illustrant par la co-présence nécessaire de l'individu Socrate avec le singleton {Socrate}, expliquant qu'on ne voudrait pas en déduire la dépendance de Socrate à son singleton. En effet, Fine considère que l'existence des éléments en tant qu'objets explique l'existence de l'ensemble, mais que l'inverse n'est pas vrai.

---

[136] On pourrait relever une ambiguïté dans la notion de co-présence si l'on parle de fictions. En effet, cela peut vouloir dire co-présence d'un point de vue interne à la fiction ou co-présence d'un point de vue externe. Et Holmes pourrait être co-présent à l'intérieur d'une même fiction, mais pas dans un point de vue externe s'il y a des nouvelles sans Watson.

18.2.3. Non-pertinence à droite [137] : A supposer qu'un individu Y existe nécessairement, alors tout X requiert modalement cet individu puisque la conditionnelle *nécessairement, si X existe, alors Y existe* sera trivialement vraie.[138] A supposer qu'on admette la nécessité des nombres par exemple, on serait forcé d'admettre - comme les pythagoriciens - que toute chose dépend des nombres. Or admettre un concept comme celui de dépendance ontologique devrait pouvoir se faire de façon neutre quant à des positions philosophique et métaphysique aussi fortes.[139]

18.2.4. Relations méréologiques du tout aux parties : Le problème peut être illustré par le paradoxe du bateau de Thésée tel qu'exprimé par Plutarque. Le bateau de Thésée aurait selon Plutarque été conservé au port d'Athènes pendant très longtemps, comme vestige de la bataille contre le Minotaure. Les Athéniens le conservèrent en le réparant, changeant des planches, etc., jusqu'à ce qu'il eut été quasi impossible de distinguer les parties originales des parties remplacées. Plutarque pose alors cette question : s'agissait-il encore du même bateau ? Si l'on répond par l'affirmative, alors on présuppose que le bateau requiert génériquement constamment l'existence de planches, de ses parties. Si l'on répond par la négative, alors on présuppose que le bateau requiert rigidement constamment les planches qui le constituent initialement, ses parties. Dans tous les cas, si l'on se contentait de l'exigence modale, la relation deviendrait triviale et ne permettrait plus de distinguer différentes catégories ontologiques.

18.2.5. Partie propre : Dans le même ordre d'idée que la difficulté précédente on définit le problème de la partie propre. On suppose qu'une entité, par exemple une chaise, soit une partie propre d'un élément du genre Γ, par exemple un immeuble, et que tous les autres éléments de Γ, par exemple une ville, un pays, contiennent cet immeuble : On devrait dans ce cas admettre que la chaise en question dépend constamment génériquement de Γ. Comme il y a quasiment toujours un tel

---

[137] Voir, entre autres Simons [1987, 295], Fine [1995, 271] et Correia [2005, 45] (le terme anglais est *right-irrelevance*).

[138] Cela est lié à un problème de pertinence de la conditionnelle et à la validité d'une formule comme $\Box p \rightarrow \Box(q \rightarrow p)$. Fine [1995, 271] insiste sur le fait que la logique de la pertinence ne permet pas de résoudre le problème, en s'interrogeant de surcroît sur le type de pertinence dont il faudrait ici tenir compte.

[139] Correia [2005, 45sq] évoque d'autres problèmes qui semblent s'inspirer de Fine [1995, 271], notamment celui qu'il appelle non-pertinence à gauche (*left-irrelevance*) : si l'on admet un objet nécessairement non existant, alors il dépend de toute chose.

ensemble, tout serait génériquement constamment dépendant si l'on s'en tenait à l'exigence modale.[140]

18.3. Priorité ontologique - Approches essentialistes et *grounding*

Ces difficultés sont symptomatiques de l'absence de prise en considération d'une notion de *priorité ontologique* dans la définition de l'*exigence modale*. En fait, cette priorité ontologique pourrait être comprise comme un deuxième sens inhérent à la relation de dépendance ontologique. En effet, quand on dit que *X dépend de Y*, on dit non seulement que *nécessairement, si X existe alors Y existe*, mais on veut aussi exprimer le fait que *Y fait exister X*, ou que *Y permet d'expliquer l'existence de X*.

Certains auteurs comme Lowe [1994, 1998][141] ou encore Fine [1995] ont combiné l'exigence modale à un essentialisme. Quand on dit que *X dépend de Y*, on ajoute l'idée que c'est par essence que X a besoin de Y, que *X est essentiellement relié à Y* :

[EXIGENCE ESSENTIALISTE] X REQUIERT ESSENTIELLEMENT Y Ssi. X est tel que par essence, s'il existe, alors Y existe.

Fine implémente cette relation dans le langage formel au moyen d'opérateurs essentialistes.[142] Une telle définition pourrait alors être formulée, en faisant usage d'un prédicat d'existence, comme $\Box_X(E!X \rightarrow E!Y)$. On devrait ici préciser la signification de l'opérateur $\Box_X$ qui restreint la modalité aux mondes compatibles avec l'essence de X. On n'entrera cependant pas dans de tels détails et ce, d'autant plus qu'une objection supplémentaire, posée cette fois par Correia [2005, 51], bloquerait cette solution : On suppose une cause C qui a pour effet E si elle existe. C et E seraient tels que $\Box_C(E!C \rightarrow C\ \text{CAUSE}\ E)$, c'est-à-dire que C est telle que par essence, nécessairement, si elle existe, alors elle cause E. On devrait alors en déduire que C dépend de E. Correia illustre ce point avec l'exemple du Dieu de Leibniz qui cause nécessairement le monde. Dieu requiert essentiellement le monde réel dès lors que la Création fait partie de son essence même. On ne voudrait pas pour autant en déduire que Dieu dépend de sa création. C'est l'existence de Dieu qui doit expliquer l'existence de sa création et non l'inverse.

---

[140] Cette difficulté et cet exemple furent formulés par Tero Tulenheimo dans sa communication « Fictionality Operators and the Artifactual Theory of Fictions », lors du workshop *Modalities: Semantics and Epistemology*, MESHS-Lorraine, 3-12-2010, Nancy.
[141] Voir aussi Cameron [2008], Rosen [2010] et Schaffer [2009].
[142] Voir Fine [1995, 273] « *Then the present proposal is that the dependence of x upon y should be defined by $\Box x(Ex \rightarrow Ey)$* », ce qu'on lit comme « il est vrai en vertu de l'essence de X que si X existe, alors Y existe.

On retrouve ici une situation de co-présence problématique où l'on ne peut définir ce qui a priorité ontologique.[143]

Afin de résoudre ces problèmes, Correia introduit une primitive complémentaire, une relation qu'il appelle *grounding métaphysique*[144]. Cette notion doit capturer la priorité ontologique et le deuxième sens de la relation de dépendance ontologique, notamment le fait que si X dépend de Y, alors Y fait exister X. On tient compte du fait que c'est Y qui explique l'existence de X et non l'inverse. Cette relation est introduite comme primitive, définie comme une relation qui n'est ni réflexive ni symétrique. Très généralement, *Y grounde X* signifie que *X existe en vertu de certains faits concernant Y*.

Si Correia [2005, 56] introduit cette relation comme une primitive, dont il étudie ensuite les propriétés, c'est parce qu'une définition modale serait sujette à des difficultés similaires à celles rencontrées par l'exigence modale. En effet, à supposer qu'on définisse cette relation en termes de modalité et d'implication, alors si un objet existe nécessairement, il existera en vertu de toute chose. Plus formellement, il pose donc le *grounding* comme une primitive de la façon suivante :

[GROUNDING] B,C, ... ▷ A : le fait que A est *ancré (grounded)* dans le fait que B, dans le fait que C, ...

Au moyen de sa notion de *grounding*, il complète la notion d'exigence modale et définit une notion de *base* qui servira à définir la notion de dépendance, qu'il appelle *fondation* [2005, 6] :

[BASE] X est basé sur Y ⇔ $\exists F(\Box \forall z(Fz \rightarrow E!z) \land (FY \triangleright E!X))$

---

[143] Correia insiste sur le fait qu'on ne doive pas être troublé par l'apparente dimension théologique de cet argument. Ce qu'il veut, ce n'est pas défendre l'existence d'un tel Dieu, mais critiquer la pertinence conceptuelle de la dépendance ontologique en la repoussant dans ses derniers retranchements. Qu'il y ait un tel Dieu ou non ne doit pas avoir d'influence sur la façon de définir la relation de dépendance ontologique qui, même dans l'hypothèse de tels cas extrêmes, devrait se comporter de façon pertinente.

[144] '*When we say that X depends on Y, we mean not only that X requires Y, but also that X exists in virtue of Y, i.e. Y grounds to the existence of X.*' [Correia 2005: 57] On conserve ici la terminologie anglaise de Correia pour ne pas la confondre avec celle de *foundation* qu'il introduit ensuite et qu'on traduira par « fondation », ce qui aurait été une traduction adéquate pour *grounding* également et pour lequel on n'a pas d'autre mot en français. Il introduit également une notion de *base*, et donc « base » ne fera pas non plus l'affaire. On traduira tout de même « B grounds A » par « A est ancré dans B ».

[**FONDATION SIMPLE**] X est fondé sur Y $\Leftrightarrow \Box(E!X \rightarrow$ X est basé sur Y)

Pour reprendre, on part chez Correia d'une notion d'exigence modale qu'on complète par la notion de *grounding*. La notion de *base* précise qu'il y a une propriété de Y qui fait que Y existe et que Y fait exister X. La notion de fondation ancre l'explication de l'existence de X dans certaines propriétés de Y. Correia solutionne alors le problème du Dieu leibnizien : rien dans les propriétés du monde actuel ne pourrait expliquer l'existence d'un tel Dieu. Malgré la co-présence de Dieu et de sa création, on n'a donc pas à déduire que Dieu dépend de sa propre création. Bien qu'elle mette en avant la nécessité de tenir compte d'un second sens dans la relation de dépendance ontologique, l'analyse de Correia repose comme on l'a déjà dit sur l'introduction d'une primitive supplémentaire et dont il ne donne pas de définition modale.[145]

Les solutions en termes essentialistes ou celle de Correia par la notion de *grounding* précisent la nature de la relation de dépendance ontologique en mettant en évidence la nécessité de compléter la relation d'exigence modale de façon à tenir compte d'une forme de priorité ontologique du second terme de la relation sur l'objet dépendant. La conception essentialiste empêche cependant de définir la notion de dépendance ontologique en s'intéressant uniquement aux apparitions des objets dans les différents mondes possibles. On doit aussi tenir compte d'une essence. Relativement aux objectifs qu'on s'est fixés, ce qu'on vise est cependant la définition de ce que serait l'essence des artefacts abstraits en termes de dépendances ontologiques, et non l'inverse, c'est-à-dire de définir les dépendances en présupposant des essences. On évitera par ailleurs de présupposer une primitive supplémentaire telle que celle de *grounding* introduite par Correia. Avant de voir les solutions qu'on propose, on va s'arrêter sur la position de Thomasson qui, bien que pertinente d'un point de vue purement ontologique ou métaphysique, ne peut constituer une stratégie satisfaisantes relativement aux préoccupations plus formelles qui nous occupent. Ce sera l'occasion d'apporter plus de détails sur son système de catégories ontologiques et de motiver les directions différentes qu'on suivra par la suite.

---

[145] Voir Correia [2005, 56] : « *The notion of grounding will be taken as a primitive. This is not to say that I am convinced that no such an analysis can be provided. I grant there may be such an analysis. But I have none at hand...* » Une définition modale du *grounding* ferait ressurgir des problèmes similaires à ceux de l'exigence modale. En effet, si un objet existe nécessairement, alors il sera *ancré (grounded)* dans tout puisqu'il sera nécessairement le cas que si un objet existe, alors cet objet nécessaire existe.

Chapitre 19 - Objets réels et états mentaux dans l'ontologie de Thomasson

Bien consciente des limites de sa notion de dépendance ontologique définie en termes d'exigence modale, Thomasson définit les relations de dépendances ontologiques pertinentes pour son système de catégories ontologiques en ajoutant une classe primitive d'objets concrets et une classe primitive d'états mentaux. La relation de dépendance ontologique est alors définie en termes d'exigence modale, mais où l'on stipule que le second terme de la relation appartient forcément à l'une de ces deux classes. Pour caractériser les fictions comme des artefacts abstraits, on pourrait dire qu'on capture ainsi une forme de priorité ontologique des objets concrets et des états mentaux sur les objets intentionnels, c'est-à-dire que les premiers *font exister* ces derniers. C'est en ces termes qu'elle définit les conditions d'existence des objets intentionnels. C'est aussi dans le contexte d'une telle ontologie qu'elle produit un argument en faveur du réalisme à l'égard des fictions, ou du moins qu'elle entend montrer que les conceptions irréalistes ne sont à certains égards pas cohérentes. Dans ce chapitre, on va préciser la conception de la notion de dépendance ontologique dans l'ontologie de Thomasson dans le contexte plus général de son système de catégories ontologiques.

Dans la théorie artefactuelle de Thomasson, la relation primitive est celle de dépendance ontologique définie de la même manière que l'exigence modale dans les structures modales. Comme on l'avait précédemment indiqué[146], la dépendance rigide implique la dépendance générique : si une entité telle que Holmes dépend rigidement de son auteur, Conan Doyle, alors elle dépend génériquement de l'existence d'un auteur. Par ailleurs, la dépendance constante implique la dépendance historique : la première est un cas particulier de la seconde où les deux termes de la relation existent à des instants identiques. S'appuyant sur ces implications, on produit un tableau à double entrée qui donne toutes les combinaisons possibles entre les différents types de dépendances. On obtient le tableau suivant où les entrées verticales concernent les dépendances génériques et où les entrées horizontales concernent les dépendances rigides :

---

[146] Voir chapitre 18, section 18.1.

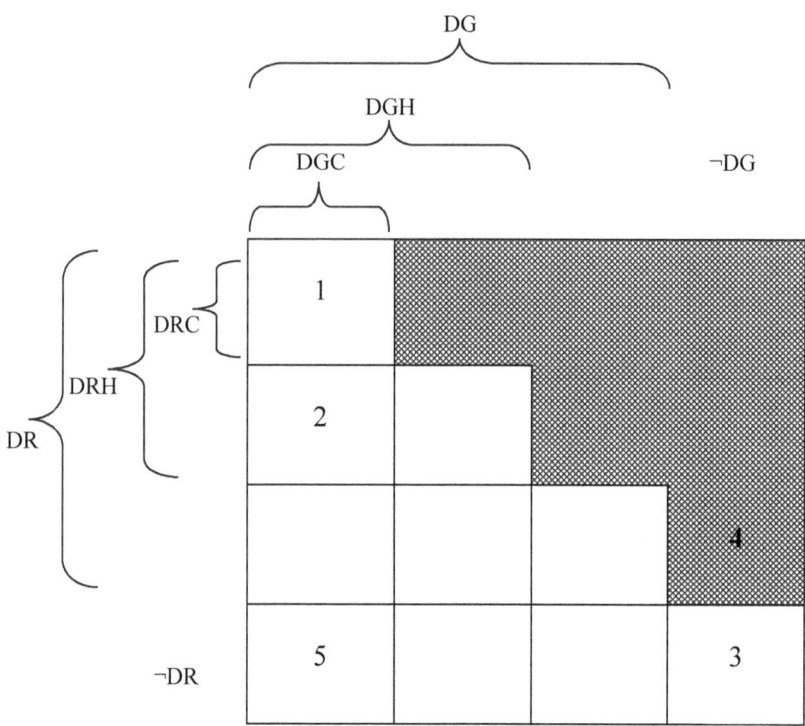

Chaque case de la partie inférieure gauche du tableau (cases vides) représente une catégorie ontologique. La case 1 représente la catégorie des objets qui sont rigidement constamment et génériquement constamment dépendants. Les cases de la partie supérieure droite (hachurées) sont des combinaisons impossibles. En effet, une dépendance rigide implique une dépendance générique puisque si un objet X dépend de Y, alors il dépend aussi de {Y...}. Par conséquent, la case 4 représente une combinaison impossible et ne correspond à aucune catégorie ontologique.

Si l'on s'en tient à de telles définitions, on retrouve cependant les difficultés qu'on a discutées précédemment. En effet, tout objet se requiert rigidement constamment lui-même et tous les objets vont donc appartenir à la catégorie représentée par la case 1. On pourrait ici exclure *per fiat* la réflexivité de la relation ou encore les relations méréologiques du tout aux parties, ce qui permettrait d'éclater la case 1. Ce n'est cependant pas la stratégie adoptée pour Thomasson qui préfère définir différentes dimensions, différents aspects de la relation de dépendance, en stipulant le second terme de la relation de dépendance. En effet, elle considère que l'enjeu n'est pas de partager les objets entre ceux qui sont dépendants et ceux qui ne le sont pas, mais plutôt qu'il faut distinguer les objets en termes de ce dont ils dépendent et comment ils en dépendent :

> [E]ntities *can be more clearly and appropriately classified in terms of what they depend on rather than in terms of whether or not they are dependent, so losing the ability to make such a distinction*[147] *to be lamented, especially as allowing for self-dependence makes it possible to develop a smoother and more general account of existential dependence.*

Thomasson [1999, 26]

C'est ainsi que Thomasson définit les relations de dépendances pertinentes en termes d'exigence modale où elle spécifie le type d'objet qui peut constituer le second terme de la relation, en l'occurrence soit un objet concret, soit un état mental. C'est alors qu'elle parle d'un système de catégories *bidimensionnel*, une dimension étant représentée par la dépendance aux objets concrets et l'autre par la dépendance aux états mentaux. On ne confondra pas cet usage de « bidimensionnel » avec celui qu'on en fait quand on définit une structure modale où les contextes sont constituées de paires (w,t). Ces deux dimensions permettent, en produisant un tableau comme le précédent, de définir différentes catégories ontologiques entre le réel et l'idéal d'une part, entre le matériel et le mental d'autre part.

La première dimension est définie en termes de dépendances aux objets concrets. Un tableau comme celui qu'on vient de présenter permet alors de capturer toute une palette de catégories qui se situent entre le réel et l'idéal. Par objet concret, on entend les objets spatio-temporels.[148] Ces objets concrets font partie de la catégorie des objets qui dépendent rigidement constamment d'eux-mêmes représentée par la case 1. A l'extrême opposé du tableau, case 3, on trouve la catégorie des objets qui ne dépendent d'aucun objet concret. Ce seraient des objets purement abstraits qui existent indépendamment de toute chose concrète, même s'il n'y avait rien de réel, comme ce pourrait être le cas des universaux ou des nombres (dans une conception platonicienne). Maintenant, entre la catégorie des objets concrets (case 1) et celle des objets purement abstraits (case 3), on peut définir toute une variété de catégories d'objets plus ou moins abstraits, lesquels dépendent de façon plus ou moins étroite des objets concrets. Les artefacts abstraits comme les personnages de

---

[147] Entre les objets dépendants et indépendants.
[148] Voir Thomasson [1999, ch. 8, note 11] qui parle plus précisément d'objet « réel », terme sur lequel elle apporte la précision suivante : « *Thus by "real" I do not mean real in the sense of existent, as opposed to the unreal or nonexistent.* » Afin d'éviter toute confusion avec « existant » et étant donné que les objets abstraits peuvent aussi exister, je préfère le terme « concret ».

fiction font partie de la catégorie des objets rigidement historiquement dépendants de l'auteur et génériquement constamment dépendants de copies. Ils font partie de la catégorie représentée par la case 2 et leur existence est contingente.[149]

A titre d'exemple, on pourrait placer les inventions technologiques comme l'invention du téléphone dans la catégorie représentée par la case 5 : ce sont des objets qui auraient pu être créés par différents individus (contrairement aux fictions) et qui ne dépendent génériquement que de la production de tels objets. S'il n'y a plus de production de téléphones et qu'il n'existe plus de téléphones particuliers, alors le téléphone comme invention technologique n'existe plus. Thomasson place aussi dans cette catégorie les entités abstraites comme les mélodies (dans un sens platonicien) qui ne sont pas le résultat de la création d'un auteur. On notera que ce ne sont là que des illustrations et qu'on pourrait très bien classer ces entités dans d'autres catégories si l'on explique leurs dépendances autrement. De même, un tel tableau n'engage pas dans une conception métaphysique qui forcerait à admettre l'existence d'objets concrets. Si l'on est immatérialiste, alors seule la catégorie des objets indépendants (case 3) contiendrait des objets, toutes les autres seraient vides. On pourrait ainsi caractériser une position berkeleyenne par exemple.

Parallèlement à la dépendance aux objets concrets, Thomasson ajoute une seconde dimension ou aspect : la dépendance aux états mentaux. En effet, pour qu'un artefact abstrait existe, il faut qu'il y ait un acte intentionnel créatif. Conan Doyle ne peut suffire à définir les conditions d'existence de Holmes puisque dans un monde où Conan Doyle ne crée pas Holmes, c'est un monde où Holmes n'existe pas. De même, la dépendance générique aux copies ne peut suffire, il faut de plus qu'un public compétent sache lire ces copies pour que se constitue une œuvre littéraire de laquelle dépendent les personnages de fiction. On construit alors le même tableau, sauf qu'on précise qu'il s'agit d'une dépendance aux états mentaux. Ainsi, dans la catégorie représentée par la case 1 on a les états mentaux eux-mêmes, dans la catégorie représentée par la case 3 on a les objets concrets indépendants des états mentaux, entre les deux on peut définir toute une variété de catégories entre le mental et le matériel. Les artefacts abstraits sont toujours dans la catégorie représentée par la case 2.

A titre d'illustration, Thomasson classe par exemple les lois ou un territoire conçu comme propriété privée qui ne seraient pas rigidement dépendantes des états

---

[149] Un avantage de ce système de catégories ontologiques et qu'il rend possible de concevoir des abstraits contingents comme les personnages de fiction dont l'existence dépend de faits concernant le monde. Cela ne serait pas possible dans une ontologie comme celle de Chisholm [1996] qui distingue fondamentalement les entités contingentes et les entités nécessaires, parmi ces dernières se trouvant les objets abstraits.

mentaux, mais qui en supposant une communauté pour leur origine (législateur) et leur préservation (justice), serait génériquement constamment dépendants d'états mentaux (case 5). De nouveau, on pourrait discuter de la catégorie pertinente. En fonction de la position philosophique, on classera les objets dans différentes catégories : par exemple le réaliste classera les nombres dans la catégorie des objets indépendants des états mentaux, tandis que le constructiviste les classera dans la catégorie des objets génériquement constamment dépendants de tels états mentaux. De même, un tel système de catégories n'engage pas dans une posture philosophique ou partisane spécifique. Un matérialiste ne conserverait peut-être que la catégorie des objets indépendants (case 3).

Dans le contexte de système de catégories ontologiques, Thomasson produit un argument ontologique en faveur de l'existence des fictions. Il suffit pour admettre leur existence d'admettre les primitives spécifiées par Thomasson, primitives que mêmes les théories irréalistes à l'égard des fictions pourraient difficilement remettre en cause. Qui plus est, la plupart des entités qui constituent le monde socioculturel se trouvent entre les deux extrêmes de chaque tableau, tout comme les artefacts abstraits. Rejeter les personnages de fiction de l'ontologie devrait dès lors s'accompagner d'un rejet de toute une multitude d'objets qui sont pourtant communément admis. De même, on peut montrer dans ce système que les théories irréalistes qui ont notamment mené à une explication du discours et des expériences fictionnelles en termes de *feinte* ou de *make-believe* ne sont pas cohérentes. En effet, pour que ces théories fassent sens, elles doivent admettre l'existence des œuvres littéraires.[150] Pourtant, les œuvres littéraires, bien qu'étant des entités linguistiques, sont des objets abstraits créés par un auteur et qui requièrent l'existence de copie et d'un public compétent. Ce sont donc des artefacts abstraits dont les conditions d'existence sont les mêmes que pour les personnages de fiction. Les œuvres littéraires comme les personnages de fiction font partie de la même catégorie (case 2) et admettre les premières dans l'ontologie tout en refusant les dernières seraient la marque d'une certaine incohérence ontologique. Thomasson [1999, 139 sq.] taxe alors de telles théories de *fausse parcimonie*.

Concernant les relations de dépendance ontologique proprement dites, les classes primitives d'objets concrets et d'états mentaux suffisent à résoudre les difficultés qu'on a discutées dans la partie précédente. En effet, bien que la relation de dépendance ne soit pas irréflexive, puisque les objets concrets peuvent dépendre d'eux-mêmes, un personnage de fiction tel que Holmes ne dépend pas de Holmes puisque c'est un objet abstrait, ni même de {Holmes} puisque Holmes n'est pas un

---

[150] Comme on l'a vu dans la cinquième partie, Macdonald ou encore Searle sont en effet créationniste à l'égard des œuvres littéraires bien qu'ils soient irréalistes à l'égards des objets sur lesquels portent de telles œuvres.

objet concret. La distinction pertinente n'est donc pas une distinction entre objets dépendants et objets indépendants, mais plutôt entre les différentes formes de dépendances. Un artefact abstrait est un objet rigidement historiquement dépendant d'un auteur et génériquement constamment dépendant de copies, mais c'est surtout un objet qui n'est pas rigidement constamment dépendant de lui-même. De la sorte, Socrate dépend effectivement de Socrate et de {Socrate}, ce qui n'est pas problématique puisque seuls les objets concrets manifestent cette double dépendance. Les relations méréologiques du tout aux parties n'ont pas à être exclues des définitions puisqu'elles ne sont pas problématiques. En effet, les objets concrets dépendront de leurs parties, ce qui n'est pas le cas des objets abstraits puisque leurs parties ne sont pas des objets concrets.

On notera enfin que cette ontologie à double dimension permet aussi de distinguer des objets concrets indépendants des artefacts concrets. En effet, un morceau de bois est toujours rigidement constamment dépendant de lui-même si l'on s'en tient à la dépendance aux objets concrets. Cela peut cependant être un objet rigidement historiquement dépendant d'un acte intentionnel si l'on veut en faire un artefact, un banc par exemple (même si on le laisse à l'état naturel, l'intention peut en changer le statut ontologique).

Thomasson achève donc sa théorie dans un système de catégories ontologiques où elle montre qu'il n'y a rien d'étrange à admettre l'existence des entités fictionnelles. Cependant, la théorie artefactuelle ainsi conçue semble engager dans une forme de nonéisme. Les relations de dépendances ontologiques sont en effet définies en présupposant une classe primitive d'objets concrets desquels dépendraient les objets abstraits. La structure du domaine qu'on cherchait à expliquer au moyen de la notion de dépendance est maintenant présupposée : on a fondamentalement une distinction entre les objets concrets, ou réels chez Thomasson, et tout le reste. Dans le chapitre qui suit on va montrer comment, du fait de l'introduction de cette classe primitive d'objets concrets, on pourrait caractériser les entités fictionnelles comme des entités dépendantes dans le contexte d'une sémantique nonéiste comme celle définie par Priest [2005]. Cette reconstruction formelle permettra d'établir une comparaison plus fine entre la sémantique nonéiste, la théorie artefactuelle de Thomasson et la théorie artefactuelle telle qu'on voudrait la concevoir dans une approche modale de la fictionalité qu'on défendra par la suite.

Chapitre 20 - Sémantique nonéiste, création et dépendances

Bien que la théorie nonéiste de Priest [2005] et la théorie artefactuelle de Thomasson [1999] soient métaphysiquement incompatibles, la sémantique de Priest peut être facilement adaptée de façon à tenir compte de la création et de la dépendance des non-existants aux existants. Dans le contexte de la théorie artefactuelle, on pourrait en effet faire varier les domaines propres à chaque monde et présupposer une classe d'entités concrètes qui feraient exister les entités dépendantes comme les fictions. On présupposerait donc une classe primitive d'objets satisfaisant le prédicat « être concret » qu'on pourrait noter C! et dont la sémantique serait similaire à celle du prédicat d'existence pour le nonéiste. La différence sur ce point serait que la co-extension de C! serait elle aussi constituée d'objets existants, mais dépendants des éléments qui font partie de son extension. Ajoutant aux définitions d'exigences modales une clause qui stipule que le second terme de la relation permet de caractériser les artefacts abstraits dans une structure modale puisque la notion n'est plus triviale, pour les raisons qu'on a données dans le chapitre précédent.

Priest [2008-10] lui-même avait déjà suggéré une telle adaptation de sa sémantique définissant une position antiréaliste selon laquelle l'existant fait exister le non-existant. Il ne définissait pas précisément une notion de dépendance, mais plutôt une notion de *survenance*.[151] Quand on dit qu'un objet X *survient* d'un objet Y, ce qu'on veut dire c'est que X résulte de Y ou de certains faits concernant Y, autrement dit que c'est Y qui fait X. C'est en quelque sorte la converse de la relation de dépendance ontologique. Une approche antiréaliste[152] reposerait alors sur un domaine variable et sur l'exigence que le non-existant *survient* de l'existant. On se doit d'insister ici sur le fait que Priest ne fait que suggérer une adaptation de sa sémantique, mais qu'il n'y adhère pas philosophiquement. En effet, Priest est

---

[151] Je traduis ici le concept de *supervenience* par *survenance*, qui malgré l'apparence n'est pas une traduction littérale. Le problème de la terminologie *survenance* est qu'il existe déjà un tel mot en français mais dont la signification diffère quelque peu et relève du jargon juridique (selon le Larousse, *survenance* signifie « venir après coup »).

[152] On rappelle ici que « antiréaliste » ne s'entend pas ici par opposition au réalisme à l'égard des fictions, mais comme une théorie dans laquelle les fictions sont des créations et ne font pas partie d'un domaine préétabli comme ce serait le cas dans la sémantique nonéiste de Priest. (Voir note 78, chapitre 12.)

sceptique à l'égard d'une notion de création dont on ne saurait véritablement définir le sens si l'on n'admet pas qu'il s'agit de donner l'existence. Or, selon Priest, les fictions n'existent pas et le domaine est indépendants des états cognitifs des agents intentionnels. Selon lui, quand Conan Doyle a soi-disant créé Holmes, il n'a fait que sélectionner un objet dans les mondes qui réalisaient les histoires qu'il était en train de raconter. L'objet a été sélectionné par un acte de désignation phénoménologique, au sein d'une représentation, familier à quiconque imagine un objet.[153]

La sémantique de Priest est définie relativement à des structures similaires à celles qu'on a définies pour l'exigence modale, bien qu'il ne tienne pas compte du paramètre temporel. On l'ajoutera ici si nécessaire. On laisse de côté la quantification et l'interprétation des constantes individuelles.[154] Une restriction essentielle pour Priest concerne la modalité proprement intentionnelle où les domaines doivent être décroissants.[155] Tous les objets qui apparaissent dans un monde compatible avec l'état intentionnel d'un agent doivent avoir été créés au monde actuel, ce qui a pour conséquence de préserver la généralisation existentielle. En effet, s'il pense que Holmes est détective, alors il y a quelque chose à quoi il pense. On introduit donc la contrainte suivante :

(*) Si $w\ R^d_\psi\ w'$, alors $D_{w'} \subseteq D_w$.

La définition de survenance proposée par Priest [2011, 113] capture l'idée selon laquelle les non-existants dépendent des états intentionnels des agents et que lorsque les conditions qui déclenchent la création des non-existants à w_1 sont

---

[153] Voir Priest [2010, 114] : « *When Doyle coined the name 'Holmes' he gave it to a non-existent object, picked out as an object which was detective with acute powers of observation and inference, etc., in the worlds that realised the story Doyle wished to tell. The object was selected by an act of phenomenological pointing, familiar to anyone who imagines an object ; and realistically conceived, the object was available to be pointed at.* »

[154] Priest combine sa sémantique à une logique libre neutre : soit un nom a une référence existante ou non existante et les conditions de vérité d'une formule le contenant ne sont pas sujettes à des contraintes spécifiques, soit un nom n'a pas de référence et dans ce cas toute formule le contenant est indéterminée. Il conviendrait ici de se prononcer sur ce que l'on fait des principes meinongiens. En effet, s'il y a des noms vides et des domaines variables, le principe de compréhension (voir chapitre 1, section 1.4) qui dit qu'à toute caractérisation doit correspondre un objet existant ou non doit notamment être révisé. De quelle manière ? On ne détaillera pas ce point puisqu'on défend ici une théorie artefactuelle et qu'on va même proposer une autre façon d'envisager les relations de dépendances ontologiques par la suite.

[155] Dans le temps, les domaines sont au contraire variables sans restriction et ce, de façon à tenir compte de la création.

réunies dans un autre monde w_2, alors les mêmes non-existants font partie du domaine de w_2.

On note, comme le fait Priest, E^+_{w1} pour l'extension du prédicat d'existence à w_1 et on définit la survenance comme suit :

[SURVENANCE] Etant donné un modèle tel que $w_1, w_2 \in W$, w_1 et w_2 sont *identiques relativement à un ensemble d'objets X*, si les extensions, anti-extensions et relations d'accessibilité aux deux mondes sont les mêmes relativement à tous les membres de X :

Si $E^+_{w1} = E^+_{w2} = X$ et que w_1 et w_2 sont identiques relativement à X, alors $D_{w1} = D_{w2} = $ Y et w_1 et w_2 sont identiques relativement à Y.

Concernant la sémantique des opérateurs intentionnels et de l'opérateur de fictionalité en particulier, on doit noter que la *survenance* ne présuppose pas que toutes les propriétés soient déterminées par l'auteur. Sur ce point, la discorde entre réaliste et antiréalistes sur la notion de création est orthogonale de l'application du principe de liberté notamment.

Cependant, la clôture d'un texte pose la question de savoir si l'on doit présupposer qu'un auteur crée tous les individus qui peuvent apparaître dans les mondes qui réalisent la fiction. Par exemple, les mondes qui réalisent le *César* de Shakespeare contiennent tous une foule d'individus pleurant la mort de l'empereur romain. Le nombre d'individus n'étant pas spécifié, dans un monde il y en a cent, dans un autre peut-être cent-un, etc. Doit-on supposer que Shakespeare a créé tous ces individus ? L'objection pourrait en fait être étendue à l'approche nonéiste : doit-on supposer que le domaine contient tous ces individus ? Si la généralisation existentielle doit être valide, comme le défend Priest, alors on devra tirer la conclusion que oui, que tous ces individus sont déjà créés au monde actuel. Mais l'auteur créant un contenu et non pas toutes les interprétations qui constituent l'œuvre fictionnelle, l'auteur ne crée pas tous ces objets. On expliquera plus précisément cette dernière affirmation par la suite, quand on concevra autrement la signification des noms propres et les individus fictionnels dans une structure modale.

Pour que cette sémantique soit adaptée à la théorie artefactuelle, on récuse le postulat de non-existence des fictions et on définit la survenance relativement à une classe d'objets concrets. Les objets concrets font exister les objets abstraits de différents types. En d'autres termes, le complément de cette classe est constitué d'objets qui existent de façon dépendante aux objets concrets. On définit les dépendances ontologiques comme des relations d'exigences modales, mais où le second terme est forcément un objet concret. On rappelle la définition d'exigence modale rigide :

[EXIGENCE MODALE RIGIDE] X REQUIERT MODALEMENT RIGIDEMENT Y à un monde w Ssi. pour tout monde w_0 tel que wRw_0, si $X \in D_{w0}$, alors $Y \in D_{w0}$.

Si l'on veut maintenant distinguer différentes catégories ontologiques comme dans le système de Thomasson, il suffit de stipuler que $Y \in D_{w0}$ et $Y \in C!^{w0}$:

[DEPENDANCE ONTOLOGIQUE RIGIDE] X DEPEND RIGIDEMENT DE Y à un monde w Ssi. pour tout monde w_0 tel que wRw_0, si $X \in D_{w0}$, alors $Y \in D_{w0}$ et $Y \in C!^{w0}$.

De la même manière, on peut adapter les autres définition, notamment la dépendance ontologique rigide historique et la dépendance générique constante comme suit :

[DEPENDANCE RIGIDE HISTORIQUE] X DEPEND RIGIDEMENT HISTORIQUEMENT DE Y à w_0 Ssi. pour tout w_0 accessible depuis w il y a un instant t^* tel que pour tous les instants t, la condition suivante tient : Si $X \in D_{w0,t}$, alors :

(i) $t^* \leq t$ et

(ii) $Y \in D_{w0,t^*}$ $Y \in C!^{w0,t^*}$

(iii) $X \in D_{w0,s}$ pour tout instant s tel que $t^* \leq s \leq t$.

[DEPENDANCE GENERIQUE CONSTANTE] Soit $\Gamma \cup \{X\}$ un ensemble d'individus qui existent à au moins un monde accessible depuis w_0, on dit que X DEPEND GENERIQUEMENT CONSTAMMENT DE Γ à w Ssi. pour tout w_0 tel que wRw_0 et tout instant t : Si $X \in D_{w0}$, alors il y a un $Y \in \Gamma$ tel que $Y \in D_{w0}$ et $Y \in C!^{w0}$.

Le reste des définitions peut être formulé de la même manière. On ne serait dès lors plus confronté aux limites de l'exigence modale et ce, pour les raisons qu'on a données dans le chapitre précédent. En effet, si Holmes n'appartient pas à l'ensemble des objets concrets, alors il ne peut pas dépendre de lui-même. Si la théorie artefactuelle est ontologiquement et métaphysiquement séduisante, elle n'en demeure pas moins inadéquate si l'objectif est de caractériser les personnages de fiction comme des artefacts abstraits dans une structure modale. L'objectif qu'on s'est fixé consiste en effet à caractériser différentes catégories ontologiques en termes de relations de dépendances ontologiques. On ne pourrait donc présupposer des distinctions ontologiques pour définir les dépendances. Ce qui est pertinent pour Thomasson qui veut montrer qu'on peut définir des conditions d'existence pour les personnages de fiction simplement en admettant l'existence des objets concrets ne l'est pas si l'on veut se servir des relations de dépendances pour expliquer comment se structurent les domaines. Pourtant, si l'on supprime ces primitives, la relation de dépendance est triviale, tout comme l'est la relation d'exigence modale. Dans le chapitre suivant, on va conclure en proposant une autre façon de définir les relations de dépendances ontologiques dans une structure modale. L'enjeu sera alors de préciser des définitions sans présupposer de primitive additionnelle.

Chapitre 21 - Dépendances ontologiques dans une structure modale bidimensionnelle

Définir comme Thomasson les relations de dépendances pertinentes pour caractériser les artefacts abstraits en introduisant une classe primitive d'objets concrets n'est pas une stratégie satisfaisante pour les objectifs qu'on s'est ici fixés. Alors que sémantiquement cela s'est traduit par l'introduction d'un prédicat « être concret » qui permettait de stipuler une scission préalable du domaine, on va maintenant se placer dans une perspective inverse et se servir des relations de dépendances pour expliquer et définir cette scission entre objets concrets et abstraits. On devra pour ce faire définir les relations de dépendances ontologiques pertinentes directement et sans introduire de nouvelle primitive, le matériau de base étant un domaine où les objets ne sont pas préorganisés en fonction de la catégorie ontologique dont ils font partie. On précise et on insiste sur le fait que l'objectif n'est pas ici de définir un système de catégories ontologiques comme ce fut le cas chez Thomasson, mais plutôt de caractériser les personnages de fiction littéraire dans une structure modale. On va donc se concentrer sur la définition des dépendances pertinentes, à savoir les relations de dépendance rigide historique et de dépendance générique constante et ce, en partant des différentes relations d'exigences modales qu'on a précédemment définies.

21.1. Dépendance rigide historique

On définit tout d'abord la relation de dépendance rigide historique, la relation qui tient notamment entre un objet fictionnel et son auteur, qui permet de tenir compte de l'acte créatif. Savoir en quoi consiste précisément l'acte créatif relève cependant d'une question complexe. On peut notamment s'interroger sur la possibilité de saisir l'instant précis de la création. La création se déploie en effet sur un certain laps de temps et il s'agit d'un processus qui peut, comme le reconnaît Thomasson également, être diffus. C'est pourquoi, dans les définitions qui suivent, on s'en tiendra à un acte de *codification*, c'est-à-dire un acte de narration codifié dans le langage de façon à en permettre une certaine publicité et une certaine transmission au sein d'une communauté constituée d'un public compétent.[156] Afin de capturer

---

[156] Le terme *codification* fut suggéré par le Professeur Göran Sundholm alors qu'il était professeur invité à l'Université de Lille 3 - Charles-de-Gaulle de février à avril 2012. En fait, Thomasson [1999, 12-3] est très proche de cette notion quand elle parle de création en

directement la dépendance à un acte créatif sans avoir à introduire de modalité intentionnelle – ce qui pourra se faire en combinaison à une sémantique pour l'opérateur de fictionalité notamment – on va préciser une notion d'exigence modale rigide historique *uniforme*. L'idée est de tenir compte de l'instant de création qui fait partie de l'identité d'un état mental. Ce que signifie l'uniformité, c'est qu'une fois un objet fictionnel créé, on va considérer qu'il est créé au même instant dans tous les mondes où il existe.

En vue de définir une relation de dépendance pertinente pour l'acte créatif, on définit tout d'abord une notion d'exigence modale rigide historique uniforme :

[D3][EXIGENCE MODALE RIGIDE HISTORIQUE UNIFORME] X REQUIERT MODALEMENT RIGIDEMENT HISTORIQUEMENT UNIFORMEMENT Y à w_0 Ssi. il y a un instant t^* tel que pour tout w_0 accessible depuis w et pour tous les instants t, la condition suivante tient : Si $X \in D_{w0,t}$, alors :

(1) $t^* \leq t$ et

(2) $Y \in D_{w0,t^*}$

(3) $X \in D_{w0,s}$ pour tout instant s tel que $t^* \leq s \leq t$.

On notera que l'unique différence avec l'exigence modale rigide historique est la portée large du quantificateur « il y a un instant t^* » par rapport au reste de la définition, ce qui fait que cet instant est le même pour tous les mondes possibles. Cette définition n'est toujours pas suffisante puisqu'elle ne capture pas l'idée d'une priorité ontologique du second terme de la relation sur l'objet dépendant. La relation qu'on vient de définir est donc toujours sujette aux problèmes qu'on a discutés précédemment. Pour ce faire, on restreint la relation et on donne la définition suivante :

[D5] [DEPENDANCE RIGIDE HISTORIQUE UNIFORME] On dit que X DEPEND RIGIDEMENT HISTORIQUEMENT UNIFORMEMENT DE Y à w_0 Ssi. Y est un individu non-nécessairement existant[157] tel que X REQUIERT MODALEMENT RIGIDEMENT HISTORIQUEMENT UNIFORMEMENT Y à w_0 et qu'il n'y a pas d'individu Z tel que X

---

termes d'actes linguistiques. On reviendra sur la difficulté de saisir l'acte créatif, ce que signifie plus précisément cette notion de codification et ses implications dans une théorie de la fictionalité par la suite (voir section 31.3 ci-après).

[157] Par non-nécessairement existant on veut dire qu'il y a au moins un monde w_1 tel que w_0Rw_1 et tel que $Y \notin D_{w1}$.

et Y REQUIERENT MODALEMENT RIGIDEMENT HISTORIQUEMENT UNIFORMEMENT Z à w_0.[158]

On précise tout d'abord que cette définition est définie de façon pertinente en vue de caractériser les artefacts abstraits en lien avec l'instant de leur création. Rien n'empêcherait de la généraliser, mais il convient de prendre conscience de son caractère plus restreint que la relation définie par Thomasson dans son système de catégories ontologiques. Par ailleurs, se concentrant sur les entités fictionnelles en tant que produits de l'activité humaine, on exclut les entités nécessairement existantes, ce qui résout directement le problème de la non-pertinence à droite. Dit autrement, la seconde place de la relation de dépendance rigide historique uniforme ne peut être occupée que par un individu dont l'existence est contingente.[159]

La priorité ontologique du second terme de la relation est capturée au moyen de la restriction selon laquelle il ne doit pas y avoir un individu tiers duquel dépendent les deux objets qui satisfont la relation. Cela rend la relation irréflexive, asymétrique et non transitive.[160] Ainsi, Holmes ne peut pas dépendre de lui-même, puisqu'il y aurait dans ce cas un Z modalement requis par les deux termes de la relation, à savoir Conan Doyle. De même, Holmes et Watson ne dépendraient pas l'un de l'autre même s'ils étaient co-présents puisqu'ils requièrent tous les deux Conan Doyle. Etant donnée la remarque du paragraphe précédent, on notera que la relation entre une mère et le fils qu'elle engendre n'a pas à être uniforme, fixée dans le temps, puisqu'on n'a pas à tenir compte de l'intention créatrice. L'objection selon laquelle la dépendance rigide historique uniforme de Holmes à Conan Doyle ne pourrait tenir puisque les deux exigeraient rigidement historiquement Mary Foley (la mère de Conan Doyle) ne serait donc pas recevable. En effet, Conan Doyle ne requiert pas historiquement uniformément sa mère, il la requiert simplement historiquement.

21.2. Dépendance générique constante

La dépendance générique constante qu'on va définir ici diffère de celle de Thomasson de par les liens plus étroits qu'on établit entre l'entité fictionnelle

---

[158] Par souci de simplicité, on restreint ici la définition à une entité Y, mais on pourrait en fait généraliser à un ensemble d'auteurs $Y_1, ..., Y_n$.

[159] Simons [1987, 295] propose une restriction similaire en affirmant se concentrer sur les objets concrets. On note cependant que dans le contexte de la théorie artefactuelle, les distinctions nécessaire/contingent et abstrait/concret sont orthogonales. Les motivations ne sont donc pas les mêmes.

[160] Les propriétés de la relation de dépendance rigide historique uniforme qu'on définit ici sont donc différentes de celle qui a été définie par Thomasson. En effet, chez Thomasson, une telle relation est notamment transitive.

dépendante et chacun des éléments de l'ensemble générique duquel elle dépend. En effet, chez Thomasson, la dépendance générique est juste la dépendance à un ensemble, ce qui justifiait l'implication entre la dépendance rigide et la dépendance générique. La relation qu'on va définir ici traduira quant à elle l'idée que chacun des éléments de l'ensemble générique suffit à faire exister l'entité qui dépend de cet ensemble. Plus concrètement, si Holmes dépend d'un ensemble de copies, alors chacune de ces copies suffit à faire exister Holmes. En d'autres termes, Holmes requiert génériquement les copies, mais les copies requièrent localement Holmes. Ce deuxième sens de la relation, qui capture l'idée selon laquelle les copies *font exister* le personnage de fiction, n'est pas pris en compte par Thomasson. On perdra de la sorte l'implication entre la dépendance rigide et la dépendance générique. Pour définir une telle relation, on doit combiner les notions d'exigence locale et d'exigence modale générique :

[D6][DEPENDANCE GENERIQUE CONSTANTE] Soit $\Gamma \cup \{X\}$ avec, Γ de taille plus grande que 1, $X \notin \Gamma$ et X n'est partie d'aucun Z dans Γ. X DEPEND GENERIQUEMENT CONSTAMMENT DE Γ à w_0 Ssi. les conditions suivantes tiennent pour tous les mondes w qui sont R-accessibles depuis w_0 et tous les instants t :

(1) Si $X \in D_{w,t}$, alors il y a un $Y \in \Gamma$ tel que $Y \in D_{w,t}$.
(2) Tout Z dans Γ requiert localement X dans w à t.
(3) Il y a au moins un monde w accessible depuis w_0 tel que X ne requiert pas localement Z_i (mais certains $Z_j \neq Z_i$) dans w à t.

La condition (1) introduit dans la définition l'exigence modale générique constante de X à Γ. La condition (2) stipule l'exigence locale de tout élément de Γ à X, c'est-à-dire que quel que soit le monde et quel que soit l'instant considéré, tout élément de Γ suffit à préserver l'existence de X. Cette condition (2), justifiée par le fait que n'importe quelle copie suffise dans le cas des fictions par exemple, empêche d'admettre la dépendance générique constante d'un tout à ses parties. En effet, reprenant l'exemple du bateau de Thésée, une seule planche ne peut suffire à préserver l'existence du bateau. La condition (3) empêche qu'une entité dépendante requiert un élément du genre en particulier et empêche notamment la symétrie de la relation.[161] Enfin, on précise que X n'est jamais une partie de Z de

---

[161] Si une copie devait par exemple exister nécessairement et si l'on n'avait pas la condition (3), alors on aurait une relation symétrique, c'est-à-dire que la copie dépendrait du personnage de fiction. La condition (3) exclut cette possibilité, de façon similaire à l'exclusion des entités existant nécessairement dans la définition de la dépendance rigide historique. De même, les cas de co-présence (comme par exemple entre Holmes et Watson), n'impliqueront pas, du fait de la condition (3), de dépendance mutuelle de l'un à l'autre.

façon à exclure les problématiques d'ordre méréologiques des définitions. Rien n'empêcherait de se servir des relations de dépendance pour un tel propos, mais ce n'est pas ce qu'on veut ici capturer. On se concentre sur ce qui explique l'existence d'une entité par l'existence d'autres entités. On peut stipule des caractéristiques complémentaires pour l'ensemble générique. Si l'on s'intéresse à la fiction littéraire, comme c'est le cas ici, on peut notamment préciser que chaque copie doit dépendre du même acte créatif que le personnage qu'elles requièrent localement. On définit alors une relation suivante, qui n'est pas encore spécifique pour les fictions littéraires :

[D7] [DEPENDANCE GENERIQUE CONSTANTE ARTEFACTUELLE] Soit $\Gamma \cup \{X\}$ avec, Γ de taille plus grande que 1, $X \notin \Gamma$ et X n'est partie d'aucun Z dans Γ ; X est en relation de DEPENDANCE GENERIQUE CONSTANTE ARTEFACTUELLE A Γ à w_0 Ssi.

(1) X DEPEND GENERIQUEMENT CONSTAMMENT DE Γ.
(2) Tout Z dans Γ DEPEND UNIFORMEMENT RIGIDEMENT HISTORIQUEMENT de la même entité que X.

A partir des définitions qu'on vient de donner, on peut maintenant distinguer différentes catégories ontologiques au sein d'un domaine. On notera qu'on distingue ici les entités indépendantes des entités dépendantes comme les personnages de fiction, ce qui marque une fois de plus la différence avec l'approche de Thomasson. En effet, dans le système de catégories ontologiques de Thomasson, on considère que les objets concrets dépendent rigidement constamment d'eux-mêmes. Dans la sémantique qu'on a ici définie, on en vient à définir les objets concrets comme des objets indépendants, relativement aux définitions de dépendances pertinentes. C'est-à-dire qu'on considère un objet indépendant comme un objet qui ne dépend pas génériquement constamment d'un ensemble générique au même titre que les objets abstraits comme les personnages de fiction.

[D8][ENTITE INDEPENDANTE] L'individu X est une ENTITE INDEPENDANTE à w_0 Ssi. il n'y a pas d'ensemble Γ duquel X dépend génériquement constamment à w_0.

[D9][ENTITE ARTEFACTUELLEMENT DEPENDANTE] On dit qu'un objet X est une ENTITE ARTEFACTUELLEMENT DEPENDANTE à w_0 Ssi. les deux conditions suivantes tiennent :

(1) Il y a au moins un individu Y tel que X DEPEND RIGIDEMENT HISTORIQUEMENT UNIFORMEMENT de Y à w_0.

(2) Il y a au moins un ensemble générique Γ tel que X est en relation de DEPENDANCE GENERIQUE ARTEFACTUELLE CONSTANTE à Γ à w_0.

Pour caractériser plus spécifiquement les personnages de fiction littéraire, il conviendrait de tenir compte du double aspect de telles entités et donc des propriétés qu'ils ont dans les histoires qui les décrivent. En effet, si l'on n'apporte pas cette précision, la notion de création devient obscure. C'est pourquoi avant de proposer une définition en ce sens, on va revenir sur les conditions d'individuation des entités fictionnelles et montrer la nécessité de combiner les aspects ontologiques avec des aspects internes aux fictions. Ce sera l'occasion de préciser ce qu'il faut entendre par la notion de codification.

21.3. Création et individuation des fictions

La création, comme le concède Thomasson[162], peut consister en un processus diffus, relever d'une multiplicité d'auteurs et se déployer sur un laps de temps qui n'est que vaguement délimité. Dans les chapitres précédents, on a pallié la difficulté, si ce n'est l'impossibilité, de saisir un instant précis de la création en définissant la dépendance rigide historiquerelativement à un acte de *codification*, ce à quoi on va maintenant apporter des éclaircissements. On va voir que la codification qui résulte d'un processus linguistique de narration est essentielle pour fixer la création d'un personnage de fiction littéraire et en garantir l'existence. Ce qui justifie cette précision de la façon dont on entend l'acte créatif est lié aux conditions d'existence et d'identité qu'on a définies pour les personnages de fiction littéraire. En effet, l'existence du texte de l'auteur est une condition *sine qua non* pour garantir l'identité d'un personnage de fiction littéraire à travers les différents instants du temps et les états intentionnels des divers agents d'une communauté linguistique.

Il y a en effet une tension non résolue dans la théorie de Thomasson. Elle défend la thèse selon laquelle il y a toujours un objet qui correspond à une intention, la relation intentionnelle devenant créatrice si aucun objet ne préexiste.[163] Il devrait donc y avoir création d'un personnage de fiction, sur lequel porte l'expérience créatrice de l'auteur, dès le commencement du processus de création. Par le simple fait que l'auteur pense à un personnage, un artefact abstrait serait créé. Cependant, les conditions d'existence et d'identité des personnages de fiction littéraire supposent l'existence d'un texte (contenu dans le manuscrit ou une copie), qui ne peut par définition pas exister dès le commencement du processus de création. Comment l'identité du personnage de fiction peut-elle dès lors être garantie entre

---

[162] Thomasson [1999, 7]

[163] Voir Thomasson [1999, 89] : « [I]f there is no preexisting object that the thought is about, a mind-dependent object is generated by that act. »

cet instant initial où l'intention est créatrice et un instant final où le texte serait terminé ? Si l'on ne précise pas la nature de l'acte créatif, on va donc se retrouver face à un dilemme : soit le personnage est créé dès le commencement, et ses conditions d'existence vont changer au cours du processus (puisqu'il ne dépendrait pas de l'œuvre au début, contrairement à ce qu'on a défini comme artefact abstrait); soit le personnage n'est pas créé dès le commencement et son identité n'est plus garantie au cours des diverses étapes du processus de création.

On trouve une perplexité similaire chez Voltolini [2006][164] qui s'interroge sur la question de savoir en quoi l'acte créatif pourrait suffire à créer un personnage de fiction. Chez Thomasson, le processus créatif est expliqué essentiellement en termes linguistiques, de la même manière que de nombreuses entités culturelles abstraites communément admises.[165] Elle parle en effet d'un acte créatif puis d'un baptême qui a lieu au cours d'un processus linguistique de narration[166]. Le personnage est en quelque sorte baptisé dans le texte, à l'intérieur de l'œuvre. La référence est ensuite transmise selon une chaîne causale en vertu de l'existence de copies du texte original. L'identité du personnage auquel on fait référence par un nom comme « Holmes », ainsi que l'usage de ce même nom, présupposent donc l'existence de copies. Cependant, si l'intention est immédiatement créatrice, alors on a en première instance un personnage qui est entièrement dépendant d'un état intentionnel déterminé. Or les conditions d'existence des personnages de fiction, conçus comme artefacts abstraits, supposent l'existence de copies d'un texte écrit par un auteur déterminé. Le personnage initialement créé ne serait donc pas un artefact abstrait et changerait par la suite, au terme du processus d'écriture, de statut ontologique devenant génériquement constamment dépendant de l'œuvre. Comment l'identité du personnage peut-elle être garantie dès lors que son statut ontologique (qui fait partie intégrante de son identité) est instable ? Qu'est-ce qui, dans l'acte créatif, garantit l'existence et l'identité d'un personnage déterminé ?

A supposer par exemple que Collodi crée Pinocchio dans un acte créatif identique mais en écrivant simplement « Maître Cerise trouva quelque chose » et qu'il abandonne ensuite son projet littéraire. Dirait-on dans ce cas que Collodi a créé Pinocchio ? On pourrait défendre Thomasson en identifiant l'acte créatif non pas sur base de la phrase qu'on vient de donner, mais plutôt en reprenant la phrase exacte qui commence le livre de Collodi : « Comment Maître Cerise, le menuisier, trouva un morceau de bois qui pleurait et riait comme un enfant. » Cependant, dans

---

[164] Voir aussi Kroon & Voltolini [2011].
[165] Voir Thomasson [1999, 13] : « *Just as marriages, contracts, and promises may be created through the performance of linguistic acts that represent them as existing, a fictional character is created by being represented in a work of literature.* »
[166] Voir Thomasson [1999, 47sq.].

la conception de Thomasson, le point de vue interne à la fiction n'est pas pertinent pour les conditions d'identité d'un personnage de fiction littéraire. Seules les propriétés externes comme les relations de dépendances ontologiques sont nécessaires. Le texte pourrait pas conséquent être différent tout en parlant du même personnage, si tant est que l'acte créatif pertinent soit le même. Une telle réponse serait donc difficilement justifiée dans la théorie de Thomasson. On doit préciser en quoi consiste précisément l'acte créatif pertinent pour faire exister un personnage de fiction déterminé.

Plus généralement, les objections de Voltolini mènent à s'interroger sur la suffisance de l'acte créatif tel que décrit par Thomasson. La tension est liée au fait qu'une entité est générée dans une intention créatrice, mais qu'en même temps la dépendance générique constante à l'existence d'une œuvre fait partie des conditions d'existence du personnage de fiction lui-même. Comment l'identité du personnage peut-elle être fondée sur l'identité de l'œuvre si le personnage est créé avant même que le processus de narration ne soit parvenu à son terme ? Soit on devra définir autrement la nature des artefacts abstraits, de façon à s'accommoder du fait que l'intention soit créatrice en première instance. Ce serait alors l'identité du personnage de fiction qui garantirait l'identité de l'œuvre. Soit on devra considérer qu'il n'y a pas d'artefact abstrait déterminé dès le commencement du processus de création étant donné que ses conditions d'identité sont fondées sur l'identité d'une œuvre littéraire.

Voltolini propose une solution « syncrétique », qui repose sur la première alternative et consiste à combiner les critères d'individuation formulés par les néomeinongiens à ceux de la théorie artefactuelle. Il considère ainsi les entités fictionnelles comme des entités composites constituées d'un ensemble de propriétés et d'un jeu de *make-believe*. L'ensemble de propriétés est une condition nécessaire pour l'individuation. Mais ce ne sont pas les propriétés mobilisées dans l'œuvre littéraire pertinente, plutôt les propriétés qui sont mobilisées dans le jeu de *make-believe* pertinent sous-jacent à la constitution de l'entité fictionnelle en question. Ce jeu de *make-believe* est celui dans lequel l'auteur s'engage quand il écrit un texte. L'acte créatif n'est pour Voltolini pas un simple acte de pensée, c'est une partie pertinente du jeu de *make-believe* à l'origine de la fiction, une partie du jeu où sont mobilisées les propriétés qui constituent l'entité fictionnelle. Et cette partie pertinente est un type qui peut être instancié par différents *tokens* au cours d'un processus de création. Ces deux conditions sont nécessaires, mais pas suffisantes. Elles ne le sont que si elles sont considérées conjointement. En d'autres termes, un personnage de fiction est créé par l'auteur dans un jeu de *make-believe* qui consiste à faire semblant de croire à quelque chose à quoi on attribue des propriétés. Ce jeu de *make-believe* a pour résultat la création d'un personnage déterminé. Dans un processus de narration, on raconte des choses au sujet de ce personnage. L'identité de l'œuvre est quant à elle définie en termes de texte-type et de ce à quoi elle réfère. L'identité de ce à quoi elle réfère est déterminée par une dépendance historique au jeu de *make-believe* pertinent et un ensemble de propriétés mobilisées dans ce jeu. Contrairement à Thomasson, Voltolini fonde ainsi les conditions d'existence et d'identité sur l'identité du personnage de fiction, et non l'inverse. La dépendance générique constante doit relier non pas à des copies, mais à des jeux de *make-believe*. D'autres auteurs pourraient même par la suite poursuivre un jeu de *make-believe* initié par un premier auteur, ce qui expliquerait les cercles littéraires ou les parodies qui engagent des personnages identiques. Le jeu est poursuivi et on attribue de nouvelles propriétés. Cependant, si la création se déploie ainsi dans un processus, alors on ne peut jamais véritablement capturer ce à quoi on finirait par faire référence puisque le jeu serait toujours ouvert.

On va ici opter pour la seconde alternative. En effet, la seule chose qui puisse garantir l'identité de ce qui est créé par un auteur, c'est le texte qui résulte du processus de narration. Si dépendance à un jeu de *make-believe* il doit y avoir, on doit la relativiser à des jeux institutionnalisés par l'existence d'œuvres rendues publiques par la codification. En l'absence d'un tel texte, créé par un auteur déterminé, rien ne garantit l'existence ou l'identité d'un personnage à travers divers états mentaux. Tout ce qu'on a dans ce cas, c'est un objet intentionnel rigidement constamment dépendant d'un état mental et dont l'identité n'est par définition pas garantie au-delà des états mentaux de l'auteur. Tant que le processus de codification n'est pas mené à son terme, on a juste une succession d'états intentionnels qui portent sur des objets éphémères aux conditions d'identités trop vaguement définies pour en garantir l'identité à travers les différentes étapes du processus. C'est seulement en rendant sa création publique dans un texte compris par une communauté linguistique compétente, en rendant possible une intentionalité d'emprunt, qu'est véritablement créé un artefact abstrait déterminé. Les conditions d'existence et d'identité d'un personnage doivent donc être définies sur base de l'existence et de l'identité d'une œuvre littéraire. C'est pourquoi on définit la dépendance rigide historique en termes de *codification*, ce qui force à penser un lien plus étroit entre le texte-type constituant de la copie et l'existence d'un personnage de fiction littéraire. Il n'y a donc rien d'étonnant, à ce qu'on n'ait pas un artefact abstrait littéraire dès le commencement. Il n'y a pas non plus besoin d'envisager quelque altération dans le statut ontologique du personnage au cours du processus de création où les objets peuvent en fait être différents.

L'existence d'un texte et d'une œuvre littéraire est dans la thèse qu'on défend une condition essentielle de l'existence d'un personnage de fiction comme artefact abstrait. Si des jeux de *make-believe* peuvent éventuellement être invoqués, ces jeux doivent être « institutionnalisés » par une œuvre rendue publique résultant d'une codification. La dépendance générique constante à une œuvre étant une condition nécessaire de l'existence d'un personnage de fiction, on est forcé de conclure que le personnage en question n'existe pas tant que le processus de narration n'a pas abouti. On marque ainsi la différence avec les thèses défendues par Sartre dans *Psychologie de l'imagination* où les objets fictionnels (les objets de l'imagination pour être tout à fait précis) dépendent de la conscience et de l'imagination. Chaque agent, en pensant à un objet imaginaire, le fait exister *de nouveau* et il n'y a pas de continuité dans l'existence de l'objet en question : dès qu'on cesse d'y penser, l'objet n'existe plus. Il est dès lors difficile de penser l'identité de tels objets à travers les différents actes intentionnels. Dans les thèses qu'on défend ici, ce qui assure la continuité du personnage et son identité, c'est ce qu'Ingarden [1973] appelait une « intentionalité d'emprunt », fondée sur la notion de contingence reprise en termes de dépendance générique constante par Thomasson. Si cette intentionalité d'emprunt est possible, c'est parce que l'existence d'un personnage est préservée de façon continue dans les mots et phrases d'un texte, et non par le fait que quelqu'un les imagine ce qui rendrait les personnages de fiction dépendants d'acte intentionnels particuliers.

La dépendance rigide historique à la codification qu'on défend ici serait plus naturellement expliquée en lien avec une interprétation non rigide des noms propres. En effet, même si un auteur peut envisager de donner un nom aux divers objets sur lesquels porte l'acte créatif à différentes étapes de la création, on ne peut pas faire l'hypothèse de l'unicité de la référence tant que la codification n'a pas été menée à son terme. On reviendra sur ce point par la suite, montrant qu'une présupposition d'unicité de la référence peut être envisagée à un niveau local, en tenant compte de l'existence d'un texte-type déterminé codifiant la création d'un auteur déterminé. Cela va donc de plus engager à définir des conditions d'existence en combinant des aspects externes exprimés en termes de relations de dépendances ontologiques à des aspects internes de la fiction pertinente. En d'autres termes, on doit en fait tenir compte de ce qu'on a précédemment identifié comme un double aspect de la fictionalité en vue de définir les conditions d'existence de personnages de fictions littéraires qui apparaissent comme des artefacts abstraits dans un point de vue externe, mais qui sont décrits comme des entités concrètes dans un point de vue interne.

En résumé, la dépendance générique constante à l'existence de copies du texte original fait partie des conditions d'existence des personnages de fiction littéraire conçus comme des artefacts abstraits. Cela engage à considérer une dépendance rigide historique non pas à une simple intention créatrice, mais plutôt à une codification. Si cette dépendance doit être rigide, alors on doit supposer que le même texte original apparaît initialement dans tous les mondes où le personnage apparaît. Moyennant les adaptations nécessaires aux définitions qu'on a données dans la reconstruction sémantique des relations de dépendances ontologiques, on précise la définition d'un personnage fictionnel littéraire :

[D10][PERSONNAGE FICTIONNEL LITTERAIRE] On dit qu'un objet X est un PERSONNAGE FICTIONNEL LITTERAIRE Ssi. X

(1) est une entité artefactuellement dépendante,
(2) a les propriétés qui la caractérisent dans les mondes (partiellement) décrits par les histoires pertinentes.

Une telle définition qui fait intervenir le point de vue interne (clause (2)) engage à articuler les considérations ontologiques exprimées en termes de relations de dépendances ontologiques à une sémantique pour l'opérateur de fictionalité. Alors que Thomasson apportait une explication des différents points de vue en termes de contextes réels et fictionnels, au moyen d'un opérateur de fictionalité, elle n'en donnait pas la sémantique. Dans la conception qu'on défend ici, un artefact abstrait comme un personnage de fiction existe s'il satisfait les relations de dépendances ontologiques pertinentes. A cela s'ajoute la précision que si des copies données supportent l'existence d'un personnage, c'est parce qu'elles rendent possible une intentionalité d'emprunt déterminée par la signification linguistique du texte. Les conditions d'existence des personnages de fiction littéraire doivent dès lors être définies selon un double aspect : un artefact abstrait d'un point de vue externe et ontologique, un personnage concret dans les mondes (partiellement) décrits par la fiction. Capturer ce double aspect, essentiel dans la définition d'un personnage de fiction littéraire, engage à combiner la théorie artefactuelle de Thomasson à une sémantique pour l'opérateur de fictionalité et préciser comment la référence aux personnages de fiction est possible à la fois dans un point de vue externe et dans un point de vue interne.

On notera par ailleurs que cette définition ne force pas à une vue selon laquelle les propriétés internes d'un personnage de fiction littéraire sont des propriétés essentielles. En effet, on parle dans la définition de fiction pertinente. A supposer qu'on opte pout une conception avec domaines perméables, c'est-à-dire qu'un auteur peut faire référence à un personnage préalablement existant, on considérera que la fiction pertinente est celle qui résulte du premier acte de codification par l'auteur original. Cela n'empêcherait pas cet auteur de faire évoluer ce personnage dans un autre contexte et avec d'autres propriétés. On pourrait au contraire considérer non seulement que les fictions sont perméables au réel, mais aussi entre elles. Dans ce cas, à chaque fois qu'on écrit une nouvelle œuvre, la fiction pertinente change. Une telle conception est cependant trop contraignante pour les raisons qu'on a déjà évoquées. Elle supposerait par ailleurs de récuser l'interprétation rigide des noms propres puisque selon le contexte, le même nom pourrait dans le cas d'une parodie par exemple référer à un personnage différent.

SIXIEME PARTIE :
FICTIONALITE DANS LA THEORIE ARTEFACTUELLE

Chapitre 22 - Articuler les deux aspects de la fictionalité

La définition d'un personnage de fiction littéraire qu'on a donnée engage à concevoir de telles entités selon un double aspect : un point de vue externe qui a essentiellement trait à des considérations ontologiques exprimées en termes de relations de dépendances ontologiques d'une part, un point de vue interne qui a trait à la façon dont un personnage est caractérisé dans les histoires pertinentes d'autre part. C'est ainsi que de façon générale, en décrivant un personnage concrètement dans un acte narratif, un auteur en vient à créer un objet abstrait. Quand on fait référence aux fictions, on désigne donc un objet abstrait dans une perspective externe, mais qui apparaît de façon concrète d'un point de vue interne. Capturer ce double aspect de la fictionalité suppose d'articuler les points de vue en relation à la définition d'une sémantique pour l'opérateur de fictionalité.

Le double aspect de la fictionalité trouve ici une explication quelque peu différente de celle de Woods. Woods, qui ne prête aucune existence aux fictions, envisager de fonder la sémantique de l'opérateur de fictionalité sur les inférences permises dans sa portée. L'interprétation modale qu'on donne à cet opérateur repose en revanche sur une théorie de la référence aux fictions fondée sur la théorie artefactuelle. Au premier abord, la théorie artefactuelle ne permet pas en elle-même d'éclaircir la sémantique de l'opérateur de fictionalité. Elle permet toutefois d'expliquer comment sont constitués les domaines de la structure modale en situant les entités abstraites et plus particulièrement fictionnelles dans un réseau spécifique de relations à d'autres entités. Elle fournit également les concepts nécessaires pour distinguer les notions de contenu d'une œuvre littéraire et d'interprétation, ce qui mène à l'introduction de deux opérateurs de fictionalité : l'un avec force universelle ([F]), l'autre avec force existentielle (<F>). Dans ce chapitre, il s'agira donc de proposer une interprétation modale de l'opérateur de fictionalité compatible avec la théorie artefactuelle telle qu'on l'a développée formellement dans les chapitres précédents.

22.1. Opérateur de fictionalité

Alors qu'on s'en était tenu à des définitions relativement générales de l'opérateur de fictionalité, la théorie artefactuelle fournit les concepts qui permettent de déterminer plus précisément ce à quoi il se rapporte. En effet, quand on a repris les critères d'identité pour les personnages de fiction définis par Thomasson, on avait préalablement dû définir les conditions d'identité de l'œuvre littéraire, distinguant alors le *texte*, la *composition* et l'*œuvre littéraire* elle-même. On donne maintenant une définition plus précise de cette terminologie sur laquelle on pourra éclaircir la signification de l'opérateur de fictionalité :

- Un *texte* est constitué d'une séquence de symboles dans un langage (ou des langages). On distingue le *texte type* de l'ensemble des textes concrets qui exemplifient ce type et qui constituent en fait les copies. Cette notion est entièrement syntaxique.
- Une *composition* est un texte en tant qu'il est la création d'un auteur. C'est donc une paire (T,A) constituée d'un texte type T et d'un auteur A. Les copies, en tant que reliées à un acte créatif original, sont en fait des instanciations d'une composition. C'est une notion qui est également syntaxique.
- Les *interprétations* du texte sont constituées par un ensemble de mondes ou de circonstances déterminé par la signification linguistique du texte et les efforts interprétatifs du lecteur. Dans de telles circonstances, au moins tout ce qui est dit dans le texte est vrai, d'autres choses étant ajoutées par lecteur (par l'influence de son arrière-plan de croyances, ses hypothèses de lectures, les inférences qu'il fait). L'ensemble des mondes compatibles avec une interprétation peut alors être plus restreint que l'ensemble des mondes générés uniquement par la signification linguistique du texte. On notera que deux interprétations d'un même texte peuvent diverger profondément.
- L'*œuvre littéraire* est l'association d'une composition (T,A) à toutes les interprétations du texte T correspondant. C'est une notion sémantique qui dépend également de la perspective du lecteur, puisqu'on tient compte des interprétations notamment.
- Le *contenu* d'une œuvre littéraire est la collection de toutes les phrases qui sont vraies dans toutes les interprétations du texte pertinent (plus ce qui découle logiquement du texte). On notera que, généralement, le contenu concerne un plus grand nombre de mondes que les interprétations.

La structure modale sur laquelle on va définir la sémantique pour l'opérateur de fictionalité contient maintenant des mondes possibles déterminés par l'interprétation de textes, des mondes compatibles avec des histoires dans la perspective du lecteur. A strictement parler, on devrait ici tenir compte de paramètres temporels puisque les mondes ainsi déterminés ne peuvent être accessibles que le temps de l'existence de copies pertinentes. En effet, si de tels mondes sont accessibles depuis un monde w, c'est parce qu'il existe des copies de l'œuvre pertinente au monde w. Par souci de clarté, on omettra cependant la temporalité qui pourrait être facilement réintégrée.[167] On laisse également de côté les problèmes liés à la contradiction, qu'on pourrait éventuellement résoudre en utilisant les mondes impossibles.

On introduit maintenant dans le langage une paire d'opérateurs modaux notés [F] et <F>. Le premier qui se lit « selon la fiction » est interprété selon une force universelle, c'est-à-dire que [F]φ est vraie si et seulement si φ est vraie dans tous les mondes compatibles avec ce que dit la fiction pertinente.[168] En d'autres termes, ce qui est vrai dans la portée de l'opérateur [F], c'est le *contenu*, tout ce qui est dit explicitement dans le texte (plus ses conséquences logiques). L'opérateur <F> se lit quant à lui « il est compatible avec la fiction que », c'est-à-dire que <F>φ est vraie si et seulement s'il y a au moins un monde compatible avec la fiction, une *interprétation* du texte, selon laquelle φ est vraie. La sémantique de cet opérateur requiert de tenir compte de la perspective du lecteur et de clarifier les inférences permises dans le point de vue interne à la fiction. Bien qu'on admette sur ce point la pertinence des inférences proposées par Woods & Isenberg [2010], on considère que certaines ont des conséquences qui ne peuvent être admises que relativement à certaines interprétations. A titre d'exemple, si rien n'est dit dans la fiction concernant le groupe sanguin de Holmes, mais qu'on admet l'hypothèse selon laquelle si c'est un homme, alors il a un groupe sanguin, alors dans tous les mondes compatibles avec la fiction, il sera vrai que « Holmes est du groupe sanguin A^+ ou Holmes n'est pas du groupe sanguin A^+ ». Maintenant, chacun des disjoints de cette affirmation expriment en fait une propriété indéterminée de Holmes. Selon certaines interprétations, il sera le cas que « Holmes est du groupe sanguin A^+ », selon d'autres non. Ce type d'affirmation ne pourrait donc être vraie que dans la portée de l'opérateur <F>, à la différence de « Holmes est détective » qui relève du contenu et qui est vraie dans la portée de [F]. On ajoutera même que de façon très générale, en l'absence de l'hypothèse selon laquelle les hommes ont un groupe sanguin, y compris dans la fiction, il y a une interprétation selon laquelle « Holmes n'a pas de groupe sanguin » pourrait être admis.[169]

---

[167] En relativisant l'accessibilité de ces mondes depuis des paires (w,t) où les copies existent par exemple.

[168] On notera qu'en fonction du contexte, il peut être pertinent de distinguer différents opérateurs pour différentes fictions, ce qu'on peut faire en ajoutant un indice. On s'en tient ici au cas général, spécifiant à l'occasion de quelle fiction il s'agit.

[169] On peut ici faire le lien avec le principe de liberté chez Priest [2005] et qu'on a discuté dans la quatrième partie.

Le niveau propositionnel ne pose pas véritablement de difficulté si l'enjeu n'est pas de spécifier toutes les inférences permises dans la portée de l'opérateur de fictionalité ou encore les aspects esthétiques de l'œuvre. Sur ce point, un attrait de la théorie artefactuelle est qu'elle permet d'expliquer en quoi les interprétations peuvent constituer des mondes accessibles, à travers l'existence de copie qui préservent la fiction et la signification linguistique du texte écrit par un auteur. Les difficultés dans cette combinaison à la sémantique pour l'opérateur de fictionalité apparaissent surtout quand on passe au premier ordre. C'est en effet à ce moment qu'on doit tenir compte des conditions d'existence des personnages de fiction et les articuler avec le point de vue interne. On doit expliquer comment un artefact abstrait tel qu'un personnage de fiction peut se manifester de façon concrète dans les interprétations pertinentes. Plus techniquement, on doit expliquer comment Holmes peut-il exister dans un monde où Conan Doyle n'existe pas si l'existence de Conan Doyle fait partie des conditions d'existence de Holmes ?

22.2. Domaines de la fiction

La combinaison de l'ontologie artefactuelle à la sémantique pour l'opérateur de fictionalité se heurte au double aspect des personnages de fiction, ces entités dépendantes qui apparaissent comme des artefacts abstraits selon un point de vue externe, mais (généralement) qui sont généralement décrites comme des individus concrets selon un point de vue interne. Bien que les relations de dépendances ontologiques soient pertinentes surtout d'un point de vue externe, les conditions d'existence et d'identité des personnages de fiction doivent également être satisfaites dans le point de vue interne. En effet, on a expliqué qu'on pouvait faire référence à un personnage comme Holmes en définissant ses conditions d'existence au moyen des relations de dépendances ontologiques, la dépendance rigide historique à l'auteur notamment. Ainsi, dans tous les mondes où Holmes existe (et où on peut y faire référence), Conan Doyle doit exister ou avoir existé. Or, dans les mondes compatibles avec les fictions où Holmes existe, il n'est pas le cas que Conan Doyle existe. Comment Holmes peut-il donc exister dans un tel monde ?

Techniquement, on résout assez facilement cette difficulté en distinguant au sein du domaine les entités pertinentes d'un point de vue ontologique et celles qui sont pertinentes d'un point de vue sémantique (par rapport à ce que dit un texte). Pour ce faire, on scinde le domaine D_w propre à chaque monde en un sous-ensemble C_w constitué des objets qui apparaissent effectivement dans les mondes compatibles avec la fiction pertinente, et son complément $D_w \backslash C_w$ constitué de ceux qui n'apparaissent pas dans la fiction, mais qui la supportent, la font exister en tant que telle.[170] L'ensemble C_w contient au moins tout ce que la fiction dit explicitement

---

[170] Cette façon de distinguer les domaines de la fiction s'inspire de Rahman & Tulenheimo [2010].

qu'il y a, mais peut éventuellement varier selon les interprétations. L'intersection $\cap_w C_w$ sur les mondes compatibles avec la fiction contient tout ce dont la fiction parle explicitement. Le sous-ensemble C_w peut contenir des objets qui, dans le point de vue externe, sont définis comme des artefacts abstraits, autrement dit des objets dépendants qui répondent à des conditions d'existence déterminées. C'est pour préserver leurs conditions d'existence qu'on ajoute son complément $D_w \backslash C_w$ dont les éléments n'apparaissent pas dans la fiction, c'est comme si d'un point de vue interne il n'y avait pas trace de tels objets, mais la supportent et la font exister. On notera qu'au monde actuel, ces deux domaines sont en fait confondus puisque doivent exister aussi bien les objets dépendants des objets desquels ils dépendent.

Par exemple, le domaine des mondes compatibles avec *La vallée de la peur* est constitué d'un domaine C_w qui contient tout ce qui existe selon l'histoire (Holmes, Watson, Moriarty, Londres, etc.), plus éventuellement des personnages ajoutés par les efforts interprétatifs du lecteur (la Reine Victoria par exemple, en fonction des importations réelles autorisées dans la portée de l'opérateur[171]). Ces individus dépendent pour la plupart de Conan Doyle et de copies, qu'on va retrouver dans le complément du domaine, $D_w \backslash C_w$. Ces entités n'apparaissent pas véritablement dans les mondes compatibles avec la fiction, mais en sont ontologiquement constitutives. On notera que pour ce qui est des autres mondes possibles, qui ne sont pas déterminés par la signification d'un texte, les domaines peuvent eux aussi être déterminés différemment. En effet, au monde actuel par exemple, ce qui fait partie de C_w est ce qui existe dans le point de vue externe et non pas relativement à ce que dit la fiction. On y trouvera donc aussi bien les individus concrets comme Conan Doyle que ses créations comme Holmes.

Maintenant, pour ne plus devoir inférer l'existence de Conan Doyle dans ses propres fictions du fait de la dépendance à l'auteur, on restreint la portée des quantificateurs à C_w et les prédicats n-aires sont interprétés sur C_w^n. Les constantes individuelles sont quant à elles interprétées sur les deux domaines et l'identité tient trivialement pour tout objet, qu'il fasse partie de C_w ou de son complément $D_w \backslash C_w$. Ce que disent les définitions de relations de dépendance ontologique, c'est que si Holmes est dépendant de Conan Doyle, alors Conan Doyle doit faire partie du domaine D_w de tous les mondes où Holmes existe, mais il n'est pas nécessaire qu'il existe, qu'il fasse partie de C_w.

On notera enfin que dans le point de vue interne, un personnage comme Holmes n'a pas l'apparence d'un objet dépendant puisque les objets desquels il dépend dans une perspective externe n'existent pas dans les mondes compatibles avec la

---

[171]Voir chapitre 13, section 13.4, ce que Woods appelle *license type* dans les règles qu'il suggère.

fiction. Or pour prédiquer une dépendance à deux individus, il faut admettre l'existence des deux individus. Un personnage comme Holmes n'apparaît donc de façon abstraite que dans un point de vue externe et quand les objets desquels il dépend existent (font partie de C_w) également. Dans la fiction, il prend l'apparence d'un objet concret, c'est-à-dire que les relations aux objets desquels il dépend ne sont pas apparentes. Bien que la dépendance ontologique relève de considérations structurelles et engagent une perspective globale sur la structure, les objets dépendants comme les personnages de fictions littéraires sont des objets abstraits dans le point de vue externe, mais qui prennent l'apparence d'objets concrets dans le point de vue interne. Dit autrement, les considérations ontologiques supposent une perspective plus large que celle qu'on a depuis le point de vue interne, une perspective qui est notamment possible selon un point de vue externe. C'est pourquoi on considérera qu'attribuer une dépendance ontologique à un objet par rapport à un autre, cela ne peut se faire que dans une perspective où les deux termes de la relation font partie de C_w. On pourrait sur ce point apporter les restrictions nécessaires aux définitions de dépendances ontologiques.

22.3. Sémantique

La sémantique est définie dans un modèle <W,R,D,I> - avec W un ensemble de mondes possibles (parmi lesquels les mondes compatibles avec la fiction), D étant défini comme expliqué ci-dessus, de même que la fonction d'interprétation I^{172}, et enfin R est une relation d'accessibilité qu'on distingue entre $R_\Box$ et R_F, qui relie aux mondes compatibles avec une fiction[173], au moyen des clauses suivantes :

$$M,w,g \vDash Pt_1, ..., t_n \text{ Ssi. } \|t_1\|_{M,g}, ..., \|t_n\|_{M,g} \in I_w(P)$$

Les clauses pour $\land, \lor, \rightarrow, \neg, \Box, \Diamond$ et l'identité sont les mêmes que d'habitude, l'identité tenant pour tout $d \in D_w$.

$$M,w,g \vDash \exists x \varphi \text{ Ssi. pour au moins un } d \in C_w : M,w,g[x/d] \vDash \varphi.$$

$$M,w,g \vDash \forall x \varphi \text{ Ssi. pour tout } d \in C_w : M,w,g[x/d] \vDash \varphi.$$

---

[172] C'est-à-dire que les constantes individuelles sont interprétées sur D_w - et non pas sur C_w uniquement - et que $I_w(P)$ est un sous-ensemble de C_w.
[173] Bien qu'on ne le fasse pas pour ne pas surcharger la sémantique, on pourrait définir plus précisément cette relation en faisant usage des relations de dépendances ontologiques. On spécifierait alors un ensemble de mondes accessibles en lien avec l'existence de copies pertinentes dans le monde de départ. Par ailleurs, $R_\Box$ doit relier à des mondes compatibles avec la création telle qu'on l'a définie, mais on pourrait lui attribuer les différentes propriétés supplémentaires en fonction du contexte.

$M,w,g \models \langle F \rangle \varphi$ Ssi. pour au moins un w' tel que wR_Fw' : $M,w'g \models \varphi$.

$M,w,g \models [F]\varphi$ Ssi. pour tout monde w' tel que wR_Fw' : $M,w',g \models \varphi$.

Concernant la quantification et l'existence, une phrase telle que « Conan Doyle existe », traduite par $\exists x(x = \text{Conan Doyle})$ est fausse à un monde w si Conan Doyle ne fait pas partie de C_w. Une telle affirmation serait vraie au monde actuel puisque Conan Doyle existe (ou a existé). Si elle est évaluée depuis une perspective interne relativement à une interprétation w' du texte pertinent, *Les aventures de Sherlock Holmes* par exemple, elle sera fausse si Conan Doyle ne fait pas partie de $C_{w'}$. Il n'en demeure pas moins que si dans de telles interprétations w' Holmes existe, il sera le cas que Conan Doyle fait partie de D_w, conformément aux définitions des relations de dépendances ontologiques pertinentes. On notera à cet égard que si Conan Doyle fait partie de D_w, que ce soit dans C_w ou $D_w \setminus C_w$, alors il sera le cas que Conan Doyle = Conan Doyle. Comme on ne peut pas en inférer systématiquement que $\exists x(x = \text{Conan Doyle})$, la généralisation existentielle n'est pas valide.

Comme on l'a déjà mentionné, cette sémantique ne permet pas d'inférer $[F]\exists x(x = \text{Conan Doyle})$ du fait que Holmes dépende rigidement historiquement de Conan Doyle. On pourrait cependant s'interroger sur l'inférence converse. A supposer qu'il soit le cas que dans une fiction, l'auteur apparaisse explicitement et qu'on ait par exemple $[F]\exists x(x = \text{Conan Doyle})$. Devra-ton en inférer que selon la fiction, Holmes dépend de Conan Doyle ? Répondre à cette question supposerait un examen approfondi des énoncés modaux dans la portée des opérateurs de fictionalité, voire de ce que seraient ce qu'on pourrait appeler les fictions dans la fiction où s'emboîteraient deux opérateurs de fictionalité. Sans aller jusque là, on peut néanmoins répondre qu'une telle conséquence ne serait pas nécessaire. En effet, soit on considère qu'il n'y a pas de monde accessible depuis les mondes partiellement décrits par une fiction et dans ce cas, l'auteur ne pourrait pas satisfaire la clause de la définition [D5] selon laquelle l'existence de l'auteur doit être contingente puisqu'il n'y aurait aucun monde accessible tel que l'auteur ne fait pas partie de D_w. Soit on considère qu'il y a effectivement des mondes accessibles depuis la fiction, mais qui seraient alors en partie peuplés d'individus dépendants de l'auteur dans une perspective externe. On aurait alors l'exigence que l'auteur appartienne à D_w pour tout w accessible depuis les mondes compatibles avec la fiction. L'auteur ne satisferait donc pas, dans les mondes compatibles avec la fiction, la clause de l'existence contingente en [D5].[174]

On peut également donner une explication de ce que Woods appelait l'*interne explicite*, qui n'est rien d'autre que le contenu : « Holmes est détective » est par exemple vraie dans toutes les interprétations de la fiction pertinente. Du point de vue du monde actuel, on a donc [F](Holmes est détective), même s'il n'est pas le cas que Holmes est détective. Ce que Woods appelle l'*interne implicite* devrait être précisé en clarifiant les inférences autorisées dans la portée de l'opérateur de fictionalité. En effet, il donne l'exemple de « Holmes avait probablement un quotient intellectuel très élevé ». En mobilisant l'introduction d'hypothèses de lecture supplémentaires, une telle affirmation devrait cependant être de façon générale comprise comme relevant d'une certaine interprétation et ne serait vraie que dans la portée de l'opérateur <F>. En revanche, l'implicite pourrait aussi concerner des conséquences logiques de ce qui est dit dans le texte et ferait dans ce cas partie du contenu.[175]

Le point de vue externe comme « Agatha Christie admirait Holmes » ne pose aucun problème puisque les deux existent au monde actuel. Les affirmations d'ordre ontologique comme « Holmes a été créé par Conan Doyle » ou « Holmes est fictionnel » ne posent pas non plus de problème, ils peuvent être explicités en lien avec les relations de dépendances ontologiques appropriées. De telles affirmations ne sont cependant pertinentes que d'un point de vue externe et supposent une perspective d'ensemble sur la structure. Dans le point de vue interne, bien que Holmes soit un objet dépendant, il apparaît comme un objet concret. Ce double aspect est rendu possible par la scission des domaines de la structure.

Ce que Woods appelait *intensionnel* comme dans « Othello n'est pas le personnage principal d'Othello » peut être expliqué de la même manière. On pourrait cependant apporter une explication plus complexe et plus fine de l'expression « être le personnage principal » qui combinerait points de vue externe et interne, c'est-à-dire en faisant référence à Othello en tant que personnage de fiction, mais aussi en tant qu'il apparaît d'une certaine façon dans la fiction.

---

[174] Voir note 149 au sujet de la définition [D5] où l'on définit non-nécessairement existant comme : il y a au moins un monde w_1 tel que $w_0 R w_1$ et tel que $Y \notin D_{w1}$.
[175] Si l'on tenait véritablement compte de la perspective du lecteur et du caractère constructif des mondes fictionnels, on devrait ici restreindre le contenu en tenant compte du caractère problématique de l'omniscience logique ou de la clôture déductive. On s'en tient ici à une caractérisation générale de la sémantique des opérateurs de fictionalité.

Les affirmations *transfictionnelles* comme « Holmes était certainement plus intelligent que Hercule Poirot » sont fausses dans un point de vue externe puisque les artefacts abstraits ne sont pas intelligents. On doit pour comprendre une telle affirmation se placer dans un point de vue interne, mais relativement à des interprétations parallèles des deux fictions. Il y a une interprétation w de la fiction de Conan Doyle dans laquelle le lecteur fait apparaître Hercule Poirot (dans C_w) et où il le compare à Holmes. Il y a une interprétation w' de la fiction d'Agatha Christie dans laquelle le lecteur fait apparaître Holmes (dans $C_{w'}$) et où il le compare à Hercule Poirot. On aura donc une affirmation de la forme $<F>_1$(Holmes est plus intelligent que Hercule Poirot) $\wedge$ $<F>_2$(Holmes est plus intelligent que Hercule Poirot). On notera que dans ce cas, dans les interprétations pertinentes, Conan Doyle et Agatha Christie doivent faire partie des compléments $D_w \backslash C_w$ et $D_{w'} \backslash C_{w'}$.

Bien qu'on ait commencé ce chapitre en affirmant que la théorie artefactuelle n'aidait pas directement à définir la sémantique pour l'opérateur de fictionalité, elle permet toutefois de définir la structure sur laquelle on interprète un tel opérateur et le domaine sur lequel porte le discours. Cela a une conséquence non négligeable quant à l'explication de la différence entre les mondes compatibles avec l'œuvre de Cervantès et celle de Pierre Ménard. Ce sont tout simplement des mondes différents qui, pour leur préservation et leur accessibilité, ne nécessitent pas les mêmes entités dans le complément de leur domaine. Ayant deux Don Quichotte aux conditions d'existence différentes, on ne fait pas référence au même individu en utilisant le nom « Don Quichotte » dans tous les mondes.[176] Dans les mondes compatibles avec l'œuvre de Cervantès, Pierre Ménard ne fait pas forcément partie du complément du domaine et réciproquement dans l'œuvre de Pierre Ménard. Les Don Quichotte ne sont pas identiques. On notera que de tels mondes sont discernables depuis un point de vue externe.

La façon dont on comprend des énoncés qui « fictionaliseraient » le réel, en faisant intervenir des personnages, événements ou lieux qui auraient réellement existé, dépend de la façon dont on conçoit les domaines de la fiction. En effet, dans toutes les interprétations de *Guerre et Paix* de Tolstoï, apparaît un personnage du nom de « Napoléon ». Si l'on admet qu'on puisse désigner les individus réels de la sorte, et qu'on opte ainsi pour une conception perméable des domaines de la fiction, alors ce type d'énoncé ne pose aucun problème. On considérerait que Tolstoï n'a pas créé son personnage, qu'il a juste imaginé des situations fictionnelles au sujet de ce personnage. Une telle conception semble cependant ignorer la perspective du

---

[176] On verra par la suite qu'il serait plus naturel de donner une interprétation non rigide aux noms propres, mais on peut ici considérer qu'on a deux homonymes.

lecteur en important dans le contenu ce qui relèverait plus d'une compréhension esthétique que purement linguistique d'un texte.

Si au contraire on considère comme Genette que la fiction conçue comme totalité « fictionalise » tout ce dont elle parle, que les domaines de la fiction sont étanches aux éléments du réel, alors on ne pourra admettre qu'il s'agit du Napoléon qui a réellement existé, mais qu'il doit s'agir d'un nouveau personnage créé par Tolstoï et répondant aux conditions d'existence spécifiques aux personnages de fiction littéraire. La conception étanche des domaines de la fiction peut-être caractérisée en ajoutant une contrainte sur la structure qui dit que tous les éléments d'un domaine C_w d'un monde R_F-accessible ne peut contenir que des individus dépendants, c'est-à-dire satisfaisant la définition [D10] selon un point de vue externe.

Cette conception étanche des domaines est probablement trop rigide pour rendre compte de la perspective du lecteur et rend inintelligibles des genres littéraires comme la satire. C'est pourquoi il serait intéressant d'expliquer l'identité en termes d'interprétation et en définissant une troisième conception dans laquelle les domaines sont *faiblement étanches*. Alors que le contenu ne pourrait porter que sur des individus dépendants, certaines interprétations pourraient intégrer des éléments du réel. Plus formellement, la conception faiblement étanche des domaines est caractérisée par la restriction selon laquelle l'intersection des C_w de toutes les interprétations w ne peut être constituée que d'entités dépendantes. Dans le cas de *Guerre et Paix* de Tolstoï, le Napoléon réel n'apparaîtrait sous certaines interprétations qu'en fonction de certains efforts de la part du lecteur. Une telle explication suppose cependant une sémantique où l'identité est contingente puisque les deux Napoléons seraient différents au monde actuel, l'un étant un personnage réel l'autre un personnage de fiction, mais identiques sous certaines interprétations. On redéfinira pour ce faire les relations de dépendances ontologiques et la sémantique de l'opérateur de fictionalité dans le contexte de la sémantique des *world-lines*.

Avant de conclure sur cette conception faiblement étanche des domaines dans le contexte de la sémantique des *world-lines*, on va s'intéresser à l'approche dialogique des relations de dépendances ontologiques. L'enjeu est sur ce point de faire usage des concepts de la dialogique pour donner un autre aperçu de la façon dont les relations de dépendances ontologiques pourraient aider à expliquer la constitution des domaines dans une dimension constructive. Plus que de définir un cadre exhaustif pour l'analyse de la fictionalité dans le contexte de la logique dialogique, il s'agira de saisir certains aspects généraux des relations de dépendances ontologiques sous un autre jour en lien notamment avec la notion de choix, dont on a déjà expliqué l'importance pour la signification des quantificateurs.

Chapitre 23 - Esquisse d'une approche dialogique de la fictionalité

On a précédemment défendu une compréhension dynamique de l'engagement ontologique en faisant porter l'analyse sur les pratiques argumentatives et ce, dans le contexte de la logique dialogique avec règle d'introduction . Plutôt qu'en termes de relations entre des propositions, on a capturé l'engagement ontologique au niveau des actions de choix inhérentes à la signification des quantificateurs.[177] Cette compréhension dynamique de l'engagement ontologique dans les pratiques argumentatives va maintenant être développée de façon à montrer comment les relations de dépendances ontologiques peuvent elles aussi être appréhendées aux niveaux des choix qui apparaissent au cours d'un dialogue. On intégrera pour ce faire des prédicats de relations de dépendances ontologiques dans le langage objet et en définira la sémantique à un niveau local, c'est-à-dire au moyen d'une règle de particule qui régit une séquence d'attaques et de défenses. De telles règles de particules donnent en fait les règles de construction de tels prédicats de dépendances ontologiques, de façon similaire aux règles de formation des prédicats dans la théorie constructive des types.[178]

---

[177] Voir deuxième partie, chapitre 6.

[178] Dans la théorie constructive des types, on considère qu'un prédicat n'a pas pour extension un ensemble qui serait donné dans un modèle, mais qu'il est plutôt une fonction propositionnelle qui devient une proposition quand la variable de la fonction porte sur un ensemble qui est construit selon certaines règles. Chaque prédicat est ainsi explicitement défini et son contenu exemplifié. Dans la théorie constructive des types, on peut ainsi comprendre les prédicats de deux façons : comme une fonction propositionnelle ou comme un ensemble. Par exemple, le prédicat « être français » (Fx) est une fonction propositionnelle qui rend vraie une proposition quand x est un élément de l'ensemble, disons l'ensemble E des Européens : Fx est de type proposition (une fonction) et E est un ensemble sur lequel la proposition est définie. On peut comprendre les prédicats utilisés ici comme étant formés par d'autres expressions. Plus précisément, les prédicats de dépendances ontologiques qu'on va ici définir ne le seront plus relativement à un modèle comme ce fut le cas précédemment, mais relativement à des combinaisons de choix, à partir desquels on pourrait construire leur extension. En d'autres termes, les choix inhérents à la signification des quantificateurs rendent compte de la construction de la dépendance ontologique dans les pratiques argumentatives. Pour plus de détails sur la théorie constructive des types, voir notamment Sundholm [1986]. Pour l'implémentation

L'enjeu est de montrer que malgré la complexité de la notion de dépendance ontologique, la sémantique de tels prédicats peut en fait être capturée au niveau de certains choix effectués dans un dialogue, pour la défense et l'attaque des quantificateurs notamment. Sur base de la logique dialogique libre telle qu'elle a été précédemment définie, il s'agira plus formellement de poser les fondements d'une approche dialogique de la notion de dépendance ontologique en définissant la règle pour la dépendance ontologique rigide. On introduira ensuite l'opérateur de fictionalité de façon à montrer comment envisager différents types de dialogues sur la fiction. Les règles structurelles peuvent en effet être ajustées de façon à spécifier des conceptions perméabilistes ou étanchéistes des domaines de la fiction par exemple. Il ne s'agira pas ici de se servir de la logique dialogique comme d'un système de preuve ou de faire porter l'analyse sur une notion de validité qui serait propre à la fictionalité. Il s'agit pour l'instant d'analyser des fragments de dialogues en vue de proposer une conception approfondie de la notion d'introduction d'une constante notamment et d'en mesurer le champ d'applications.

23.1. Dépendances ontologiques dans les pratiques argumentatives

La logique dialogique sur laquelle on va ici s'appuyer est la logique dialogique modale avec domaines variables telle qu'elle a été envisagée au chapitre 7. Cela signifie que l'attaque et la défense des quantificateurs seront soumises à la règle d'introduction. Pour implémenter les relations de dépendances ontologiques dans les dialogues, on doit ajouter au langage des prédicats intensionnels particuliers dont on définira la sémantique en termes de règles qui régissent des séries d'attaques et de défenses. La sémantique dialogique de tels prédicats va être donnée à un niveau local, comme la signification des connecteurs. De tels prédicats auront alors une signification constante. On va ici se concentrer sur la définition du prédicat de dépendance ontologique rigide, qu'on notera $\mathbb{D}_R k_1 k_2$ pour « k_1 dépend rigidement de k_2 ». Par souci de simplicité, on omettra le paramètre temporel, lequel pourrait être réintroduit en ajoutant des règles pour la logique dialogique temporelle.[179]

On exprimera l'existence au moyen des quantificateurs et du symbole d'identité, l'engagement ontologique étant compris en termes de choix effectués lors de la défense ou l'attaque de quantificateurs.[180] Ces attaques et défenses sont en effet

---

dialogique de certaines de ces considérations, voir les travaux récents de Rahman [2012] et de Rahman, Clerbout & McConaughey [2013].

[179] Concernant la formulation des règles pour la logique dialogique temporelle voir sur ce point Rahman, Damien & Gorisse [2004].

[180] On rend explicite le fait que k_1 existe par une formule comme $\exists x \, x = k_1$.

soumises à la règle d'introduction. On notera en revanche que les formules atomiques contenant des prédicats intensionnels de dépendances ontologiques ne sont pas soumises à la règle formelle puisqu'on peut les analyser en attaquant le prédicat par application des règles qu'on va maintenant définir. Une telle règle repose sur l'idée selon laquelle quand on asserte $\mathfrak{D}_R k_1 k_2$, cela signifie certes que k_1 dépend rigidement de k_2, mais aussi et surtout qu'on est en mesure de défendre et donc de justifier la satisfaction des trois clauses suivantes parmi lesquelles on introduit un autre prédicat intensionnel d'exigence modale rigide qu'on note $\mathfrak{E}_R$ xy et dont on détaille la sémantique par la suite :

(1) $\Diamond \neg \exists x \, x = k_2$ (k_2 n'existe pas nécessairement)
(2) $\mathfrak{E}_R \, k_1 k_2$ (k_1 requiert modalement rigidement k_2)
(3) $\neg \exists z (\mathfrak{E}_R \, k_1 z \wedge \mathfrak{E}_R \, k_2 z)$

Ces clauses traduisent en fait les réquisits de la définition modèle-théorique [D5] de la dépendance rigide historique uniforme.[181] Ces clauses contraignent la relation d'exigence modale sur laquelle est fondée la relation de dépendance et ce, de façon à éviter la trivialisation de la relation.[182] Avant de formuler la règle pour le prédicat de dépendance ontologique rigide, on doit préciser la signification du prédicat d'exigence modale rigide, tel qu'il est utilisé dans les clauses (ii) et (iii) et qu'on a noté $\mathfrak{E}_R$. Ce prédicat intensionnel particulier peut être défini de façon simple : un joueur qui asserte une formule du type $\mathfrak{E}_R k_1 k_2$ (k_1 requiert modalement rigidement k_2) doit être mesure de justifier que dans tous les contextes où k_1 existe, alors k_2 existe également. On introduit donc la règle locale suivante qui permet de donner la sémantique de ce prédicat dans la logique dialogique :

Exigence modale rigide		
Assertion	Attaque	Défense
X - $\mathfrak{E}_R \, k_1 k_2$ - w	Y - ? $\mathfrak{E}_R$\w' - w	X - $\exists x \, x = k_1 \rightarrow \exists y \, y = k_2$ - w'

Une fois cette règle appliquée, le dialogue se poursuit normalement. Y concèdera alors l'antécédent $\exists x \, x = k_1$ à w', et X devra justifier $\exists y \, y = k_2$ à w'. Etant donné que la règle d'introduction est en vigueur, si X = P, X ne pourra pas introduire de constante pour défendre l'existentielle de son assertion. Il est évident qu'une telle règle ne pourrait suffire pour caractériser les fictions en termes de dépendances

---

[181] Voir chapitre 21, section 21.1.
[182] Voir cinquième partie.

ontologiques. On se retrouverait en effet confronté aux mêmes difficultés que celles discutées précédemment. En l'occurrence, et malgré la règle d'introduction, une telle relation tient trivialement pour n'importe quel choix engagé dans la défense du quantificateur existentiel. Ce qui permet de capturer la dépendance rigide proprement dite, ce sont les trois restrictions qu'on reprend ici dans la règle pour le prédicat $\mathbb{D}_R$:

Dépendance rigide		
Assertion	Attaque	Défense
X - $\mathbb{D}_R k_1 k_2$ - w	Y - ? $\mathbb{D}_R$ - w	X - ($\mathbb{E}_R k_1 k_2 \land \neg \exists z (\mathbb{E}_R k_1 z \land \mathbb{E}_R k_2 z)) \land \Diamond \neg \exists x \; x = k_2$ - w

Une fois la relation de dépendance ontologique ainsi défendue, le jeu se poursuit en appliquant les règles pour les connecteurs habituels et la règle pour l'exigence modale rigide. Cette règle de particule contraint des relations entre des choix, mais de façon plus complexe que celle pour l'exigence modale rigide. Affirmer la dépendance de k_1 à k_2, cela revient à s'engager à justifier que l'introduction de k_1 (ou d'une constante qui lui est identique) dépend de l'introduction d'un certain k_2 dont l'existence est soumise à des conditions bien spécifiques. En effet, X devra progressivement défendre chacun des conjoints et donc justifier certaines relations entre les constantes choisies au cours du dialogue. Dialogiquement, on peut dire que les choix qui impliquent l'existence de k_1 sont dépendants de choix qui doivent impliquer l'existence de k_2. Et k_2 doit être tel que son existence est contingente et qu'il n'y a pas d'identité tierce requise modalement rigidement tant par k_1 et k_2. Au final, la notion de dépendance ontologique en vient à être définie en termes d'attaques et de défenses des quantificateurs relativement à différents contextes, les choix inhérents aux conditions d'usages de ces mêmes quantificateurs expliquant non seulement l'existence, mais également le mode d'existence (dépendant ou non).

On notera que pour que ce type de règle soit applicable, on doit en fait la considérer comme étant appliquée au cours d'un dialogue bien plus complexe, ou en lien avec des concessions initiales de l'opposant. En effet, en l'état, le proposant ne pourrait jamais gagner directement une partie dialogique dont la thèse initiale concerne une dépendance ontologique. On a cependant précisé qu'on ne s'intéressait pas ici à un système de preuve et qu'on ne cherchait pas à définir une notion de validité pour la fictionalité. Cela demeure un objectif non négligeable du développement de la logique dialogique, même si on ne pourra le traiter ici. De même, on ne détaillera pas ici toutes les relations qu'on avait précédemment définies dans l'approche modèle-théorique, mais qu'on envisage de développer de la même manière dans des recherches ultérieures. En effet, la dépendance générique pourrait elle aussi être définie par une règle locale qui ferait usage d'un prédicat d'exigence locale et un autre d'exigence modale générique et ce, moyennant l'implémentation des clauses restrictives qu'on avait fournies dans la formulation de la définition [D6] de dépendance générique constante.[183] Toujours est-il que malgré sa complexité, la dépendance ontologique peut maintenant être comprise relativement aux quantificateurs et à certaines combinaisons de choix qui n'ont rien d'obscur et ce, sans introduire quelque nouvelle primitive ou autre distinction ontologique fondamentale mystérieuse que ce soit.

23.2. Opérateurs de fictionalité

L'enjeu est maintenant de combiner ces relations de dépendances ontologiques qui permettent de spécifier le statut ontologique des individus par le biais des pratiques argumentatives à une sémantique dialogique pour les opérateurs de fictionalité. Dialogiquement, la signification locale des opérateurs de fictionalité est donnée de la même manière que celle des opérateurs modaux de nécessité □ et de possibilité ◊ :

Opérateurs de fictionalité		
Assertion	**Attaque**	**Défense**
$X - ! - [F]\varphi - w_i$	$Y - ? [F]\backslash w_{Fj} - w_i$ Y choisit un contexte	$X - ! - \varphi - w_{Fj}$
$X - ! - <F>\varphi - w_i$	$Y - ? <F> - w_{Fj}$	$X - ! - \varphi - w_{Fj}$ X choisit un contexte

On doit maintenant modifier la règle structurelle pour les introductions de contexte. Comme pour les opérateurs modaux, seul O peut introduire un contexte accessible, mais il devra en plus concéder ce qui est dit explicitement dans le texte :

[RS-F1] Seul O peut introduire un contexte fictionnel w_F.

[RS-F2] Quand un nouveau contexte fictionnel w_F est ouvert, lors de l'attaque de [F] ou lors de la défense de <F>, O concède dans ce contexte w_F tout ce qui est explicitement dit dans le texte pertinent.

---

[183] Voir chapitre 21, section 21.2.

Une sémantique complète pour l'opérateur de fictionalité supposerait un éclaircissement des inférences permises dans sa portée, ce qui pourrait se faire par l'addition de règles supplémentaires. De telles règles pourraient intégrer des considérations d'ordre plus épistémique et ayant trait à un arrière-plan d'hypothèses de lecture.[184] On n'entrera cependant pas dans de tels détails, se concentrant sur les questions d'engagement ontologique et de structure des domaines.

On doit ici préciser que l'opposant, on introduisant un contexte fictionnel, concède aussi l'accessibilité à ce contexte. On doit alors prendre garde au type de contexte qui est introduit. En effet, si un opposant a par exemple concédé une accessibilité vers un monde possible w_1 en attaquant un opérateur de nécessité $\Box$, le proposant ne peut pas utiliser ce contexte w_1 pour attaquer un opérateur [F] ou défendre un opérateur <F>. En effet, pour ces derniers, les règles [RS-F1] et [RS-F2] s'appliquent et aucune d'elle dit que P peut utiliser les contextes introduits pour l'attaque et la défense d'autres types d'opérateurs.

23.3. Etanchéité dans une perspective dialogique

L'usage des relations de dépendances ontologiques permet de définir le statut ontologique des constantes jouées dans un dialogue relativement à des choix opérés par les différents joueurs. S'engager à défendre l'existence d'un objet dépendant, c'est aussi s'engager à défendre l'existence des objets desquels il dépend dans des contextes choisis par son adversaire. Le statut ontologique est ainsi déterminé à un niveau structurel, et non pas relativement à des propriétés qui apparaîtrait relativement à un contexte déterminé.

En faisant maintenant usage des règles pour la logique libre dynamique, on peut distinguer ce que seraient des dialogues pour la fiction avec domaines perméables et d'autres avec domaines imperméables.[185] On peut ainsi, par des considérations structurelles, répondre à des questions qu'on avait laissées en suspend au chapitre six. En fonction du contexte d'introduction dans lequel certaines constantes symboliques seraient utilisées, on pourrait envisager que l'adversaire demande des comptes à la fin du dialogue. Tel serait le cas si l'on dialoguait en présupposant des

---

[184] Fontaine & Rahman [2010] implémentent l'opérateur de fictionalité en considérant des concessions relativement à différentes interprétations. Il s'agit cependant dans leur cas d'illustrer la différence entre [F] et <F>, ce qu'on a déjà fait ici avec une sémantique modèle-théorique. On n'ira pas aussi loin ici.

[185] Des dialogues similaires ont été proposés par Fontaine & Rahman [2010], mais où l'on ne détaille pas la signification dialogique des relations de dépendances ontologiques comme ici. Qui plus est, les personnages de fictions littéraires n'étaient à ce moment pas encore définis comme on l'a fait ici.

domaines étanches, c'est-à-dire où toutes les entités introduites dans un monde fictionnel doivent être des entités dépendantes au monde actuel.

Un contexte fictionnel sera défini comme un contexte introduit pour la défense de <F> ou pour l'attaque de [F]. Supposant maintenant les règles pour la logique dialogique libre dynamique, on ajoute la règle structurelle suivante :

[**RS-Etanche**] Lorsqu'un dialogue est terminé, X peut demander à Y de justifier que toutes les constantes qui ont été $\exists$-introduites dans des contextes fictionnels satisfont les relations de dépendances ontologiques pertinentes dans le contexte initial du dialogue (où la thèse a été affirmée par le proposant).

Plus généralement, si l'on s'en tient à la façon dont sont définies les relations de dépendances ontologiques (indépendamment de l'opérateur de fictionalité) dans le contexte d'une logique dialogique libre (sans constante symbolique), on comprend l'engagement ontologique en termes de choix et peut ainsi expliquer comment se structure un domaine dans les pratiques argumentatives. On montre aussi comment on peut comprendre les considérations ontologiques à un niveau structurel, plutôt qu'en termes de propriétés qui apparaîtraient dans un contexte déterminé. Ce qui permet de définir le statut ontologique d'un objet n'est pas une propriété contextuelle, mais est déterminé par les conditions d'apparition de cet objet dans différents contextes. Ces conditions sont définies en termes de relations aux apparitions d'autres objets. Dans le contexte de la logique dialogique, le statut ontologique est ainsi relatif à l'introduction de constantes dans différents contextes. Par ailleurs, cette notion de choix qu'on a placée au cœur de l'analyse permettrait d'envisager de nouveaux développement plus formels pour la notion de dépendance ontologique. On dispose en effet d'un outil qui permet de définir des variations de certaines relations en termes de combinaisons de choix comme cela est flagrant dans les exigences modales rigide simple et générique qu'on a définies. Cette analyse devrait permettre d'éclaircir et d'approfondir les différents types de relations de dépendances ontologiques qu'on pourrait définir. En effet, plutôt que de partir d'une compréhension intuitive et d'exemples, on partirait vraiment d'une définition fondée sur la structure des domaines, sur la façon dont on envisage leur construction. La dialogique, en mettant l'accent sur les choix, permet de se focaliser sur l'introduction des différentes constantes dans les différents contextes. En termes plus intuitifs, on en revient à l'idée de caractériser le statut ontologique d'un individu en se concentrant sur ses apparitions et les conditions de ces apparitions dans les différents contextes.

Chapitre 24 - Double aspect des artefacts abstraits

Les conditions d'existence qu'on a définies pour les personnages de fictions littéraires combinent un critère externe, exprimé en termes de dépendances ontologiques, et un critère interne, fondé sur les propriétés qui le caractérisent dans la fiction pertinente. Un personnage de fiction n'en vient en effet à exister comme artefact abstrait qu'au terme d'un processus de narration qui aboutit dans un acte de codification, lequel rend publique l'œuvre fictionnelle ou institutionnalise d'une certaine manière un jeu de *make-believe*. L'articulation de ces deux aspects (externe et interne) des personnages de fiction est rendue possible par l'opérateur de fictionalité, un opérateur intentionnel d'un type particulier. Faisant fi des difficultés longuement discutées dans les trois premières parties, on a défini une sémantique sur base d'une conception kripkéenne des domaines et de la signification des noms propres. Une telle sémantique présuppose une conception perméabiliste des domaines où l'on fait référence à des objets qui voyagent d'un monde à l'autre par des désignateurs rigides. Cette approche semble cependant ignorer la perspective du lecteur, essentielle dans la mesure où la notion d'interprétation fait partie intégrante de la sémantique de l'opérateur de fictionalité.

Tenir compte de la perspective du lecteur supposerait de tenir compte du fait qu'il pourrait ne pas savoir, ou se rendre compte, qu'un nom comme « Napoléon » dans *Guerre et Paix* désigne un personnage historique. Le texte n'en resterait pas moins parfaitement intelligible. L'identité entre ces deux personnages ne devrait dès lors pas être une nécessité, mais plutôt être liée à des propriétés esthétiques de l'œuvre et des hypothèses de lecture complémentaires. L'identité relèverait de l'interprétation. Cela suggère l'abandon d'une conception perméabiliste des domaines de la fiction. Une conception étanche des domaines serait cependant problématique dans la mesure où l'identité entre un personnage réel et un personnage de fiction serait tout simplement impossible, de même que l'explication de styles littéraires comme la satire, voire la parodie. On aurait besoin pour ce faire de domaines faiblement étanches, c'est-à-dire où des personnages qui ne sont pas des personnages de fictions littéraires pourraient apparaître dans certaines interprétations. Une telle explication supposerait cependant que l'identité soit contingente. C'est pourquoi on va dans ce qui suit adapter la sémantique aux considérations du chapitre 10, c'est-à-dire en se fondant sur la sémantique des *world-lines* d'Hintikka. On défendra alors une conception faiblement étanche des domaines de la fiction où l'identité entre un personnage réel et un personnage fictionnel relève de l'interprétation, moyennant des efforts interprétatifs du lecteur.

On commencera par redéfinir les relations de dépendances ontologiques dans la sémantique des *world-lines*. On envisagera ensuite la combinaison à l'opérateur de fictionalité sur le même modèle que précédemment, distinguant ce qu'on appellera des *manifestations apparentes* et des *manifestations non apparentes*. On discutera enfin les aspects plus philosophiques et plus spécifiquement la façon dont on comprend l'identité dans les contextes fictionnels.

24.1. Relations de dépendances ontologiques

La sémantique est définie sur une structure bidimensionnelle (W,R,T,<,D,Q), où D est un ensemble de fonctions d'individus et où l'on attribue à chaque contexte (w,t) son propre domaine d'objets $Q_{w,t}$. (On omettra le paramètre temporel s'il n'est pas requis.) On rappelle que les objets qui font partie d'un ensemble $Q_{w,t}$ quelconque sont limités au contexte (w,t) et qu'ils ne peuvent pas apparaître dans d'autres contextes. Les individus de D sont représentés par des fonctions dont la valeur à chaque contexte (w,t) où elles sont définies est un élément de $Q_{w,t}$.

Avant de redéfinir les relations de dépendances ontologiques, se pose la question de savoir ce sur quoi elles portent. Les personnages de fictions sont des individus essentiellement modaux, leur statut ontologique étant défini relativement à une pluralité de mondes possibles et selon un double aspect qui engage à tenir compte de différents points de vue. La notion de dépendance ontologique devrait donc en premier lieu concerner les individus, relativement à leurs manifestations dans les différents mondes possibles. Les dépendances sont des relations structurelles qui concernent un individu relativement à ses apparitions dans une pluralité de mondes possibles.

On ne revient pas sur tout le détail des définitions qu'on a données précédemment, on se contente de celles qui permettent de caractériser les fictions comme artefacts abstraits. On reprend tout d'abord les notions d'exigence locale, d'exigence modale rigide puis celles de dépendance rigide historique et de dépendance générique constante :

[D24.1][EXIGENCE LOCALE] On dit de l'individu d_X à (w_0,t_0) qu'il REQUIERT LOCALEMENT l'individu d_Y Ssi. la condition suivante tient : Si $d_X(w_0,t_0) \in Q_{w_0,t_0}$, alors $d_Y(w_0,t_0) \in Q_{w_0,t_0}$.

[D24.2][EXIGENCE MODALE RIGIDE] On dit de l'individu d_X à w_0 qu'il REQUIERT MODALEMENT RIGIDEMENT l'individu d_Y à w_0 Ssi. pour tout w tel que $w_0 R w$ et tout instant t, si $d_X(w) \in Q_w$, alors $d_Y(w) \in Q_w$.

[D24.3][EXIGENCE MODALE RIGIDE HISTORIQUE UNIFORME] On dit de l'individu d_X à (w_0,t) qu'il REQUIERT MODALEMENT RIGIDEMENT HISTORIQUEMENT UNIFORMEMENT l'individu d_Y à w_0 Ssi. il y a un instant t^* tel que pour tout w accessible depuis w_0 et pour tous les instants t, la condition suivante tient : Si $d_X(w,t) \in Q_{w,t}$, alors :

(1) $t^* \leq t$ et

(2) $d_Y(w_0,t^*) \in Q_{w_0,t^*}$

(3) $d_X(w_0,t^*) \in Q_{w_0,s}$ pour tout instant s tel que $t^* \leq s \leq t$.

[D24.4][DEPENDANCE ONTOLOGIQUE RIGIDE HISTORIQUE UNIFORME] On dit de l'individu d_X à (w_0,t) qu'il DEPEND RIGIDEMENT HISTORIQUEMENT UNIFORMEMENT DE d_Y Ssi. d_Y est individu non-nécessairement existant[186] tel que d_X REQUIERT MODALEMENT RIGIDEMENT HISTORIQUEMENT UNIFORMEMENT d_Y à w_0 et qu'il n'y a pas d'individu d_Z tel que d_X et d_Y REQUIERENT MODALEMENT RIGIDEMENT HISTORIQUEMENT UNIFORMEMENT d_Z à w_0.

[D24.5][DEPENDANCE GENERIQUE CONSTANTE] Soit $\Gamma \cup \{d_X\}$ avec Γ de taille plus grande que 1, $d_X \notin \Gamma$ et d_X n'est partie d'aucun d_Z dans Γ. On dit de l'individu d_X à (w_0,t) qu'il DEPEND GENERIQUEMENT CONSTAMMENT DE Γ Ssi. les conditions suivantes tiennent pour tous les mondes w qui sont R-accessibles depuis w_0 et tous les instants t :

(1) Si $d_X(w,t) \in Q_{w,t}$, alors il y a un $Y \in \Gamma$ tel que $d_Y(w,t) \in Q_{w,t}$.
(2) Tout d_Z dans Γ REQUIERT LOCALEMENT d_X dans w à t.
(3) Il y a au moins un monde w accessible depuis w_0 tel que d_X ne requiert pas localement d_{Zi} (mais certains $d_{zj} \neq d_{zi}$) dans w à t.

A partir de ces définitions, on définit comme précédemment les notions de *dépendance générique constante artefactuelle*, d'*entité indépendante*, d'*entité artefactuellement dépendante* et de *personnage fictionnel littéraire*, cette dernière supposant la combinaison à la sémantique pour l'opérateur de fictionalité.

---

[186] C'est-à-dire qu'il y a au moins un monde w w accessible depuis w_0 tels que d_Y n'est pas définie à w.

24.2. Fictionalité

Pour articuler ces considérations ontologiques avec la sémantique pour l'opérateur de fictionalité, on doit résoudre les mêmes difficultés que précédemment. On distingue alors le domaine Q_w de chaque interprétation w en un sous-domaine C_w qui est l'ensemble des objets *apparents* et son complément $Q_w \backslash C_w$, l'ensemble des objets *non apparents*.[187] On définit maintenant la sémantique en donnant une interprétation non rigide pour les noms propres et reprenant les clauses pour la sémantique des *world-lines* qu'on avait données :

[INTERPRETATION] Une fonction d'interprétation I pour un modèle M est telle que :

- Si t est un terme singulier, l'interprétation $\|t\|_{M,w,g}$ de t dans le modèle M à w est :

  Si t est une constante, $\|t\|_{M,w,g} = I_w(t)$ - et $I_w(t) \in Q_w$, si $I_w(t)$ est définie.

  Si t est une variable, $\|t\|_{M,w,g} = g(x)(w)$ - et $g(x)(w) \in Q_w$, si $g(x)(w)$ est définie.

- Si P est un prédicat n-aire de L, alors $I_w(P) \subseteq C_w^n$.

L'assignation étant comme au chapitre 10, on définit maintenant la sémantique :

[SEMANTIQUE]

$M,w,g \vDash Pt_1, ..., t_n$ Ssi. $<\|t_1\|_{M,w,g}, ..., \|t_n\|_{M,w,g}> \in I_w(P)$

$M,w,g \vDash t_i = t_j$ Ssi. $\|t_1\|_{M,w,g}, \|t_n\|_{M,w,g} \in Q_w$ et que $\|t_1\|_{M,w,g} = \|t_n\|_{M,w,g}$

$M,w,g \vDash \exists x\varphi$ Ssi. il y a au moins un individu $d \in D$ tel que $d(w) \in C_w$ et $M,w,g[x/d] \vDash \varphi$

$M,w,g \vDash \forall x\varphi$ Ssi. pour tout individu $d \in D$ tel que $d(w) \in C_w$: $M,w,g[x/d] \vDash \varphi$

$M,w,g \vDash [F]\varphi$ Ssi. pour tous les mondes w_0 tels que wRw_0 $M,w_0,g \vDash \varphi$

---

[187] On parle d'objet non apparents dans la mesure où il ne font partie de Q_w que pour des raisons ontologiques et qu'ils n'apparaissent pas à proprement parler dans la fiction, d'un point de vue interne.

$M,w,g \vDash \langle F \rangle \varphi$ Ssi. pour au moins un monde w_0 : wRw_0 et $M,w_0,g \vDash \varphi$

Etant donné que les quantificateurs portent sur des individus qui se manifestent localement dans C_w, et que l'auteur pourrait ne se manifester que dans $Q_w \setminus C_w$, cette sémantique ne force pas à inférer l'existence de l'auteur dans les mondes compatibles avec la fiction. C'est ce qui explique le double aspect de la fictionalité dans la théorie artefactuelle : Un individu qui se manifeste comme un objet abstrait dans une perspective externe a l'apparence d'un objet concret dans le point de vue interne. Dans les mondes où l'individu appelé « Conan Doyle » au monde actuel ne se manifeste que dans $Q_w \setminus C_w$, l'individu dont la manifestation est appelée « Holmes » prend l'apparence d'un objet concret. A supposer que celui qu'on appelle « Conan Doyle » existe dans certains mondes fictionnels où Holmes existe, encore faudrait-il que toutes les conditions requises soient satisfaites pour en déduire que Holmes y apparaît de façon abstraite. On a déjà discuté ce point.[188]

Un résidu de réalisme semble persévérer de par l'usage qu'on fait des fonctions d'individus. En effet, alors qu'on dit que les personnages de fictions qu'ils sont des créations humaines dont l'existence est contingente, ils ne sont pas en eux-mêmes réductibles à un contexte ou un ensemble de contextes déterminés. Il ne faudrait en fait pas donner une interprétation ontologique ou métaphysique trop forte à ce que sont les individus de la structure. En effet, de tels individus sont relatifs à une perspective donnée et ne font que constituer une précondition du discours intentionnel. La création d'un individu devrait ici être comprise en lien avec sa première apparition dans un contexte donné. Dans un monde où Conan Doyle n'a pas créé Holmes, l'individu Holmes n'apparaît pas et la fonction d'individu par laquelle on représente formellement ce personnage n'est pas disponible.

Enfin, on notera que cette sémantique n'est pas en elle-même une sémantique faiblement étanche, ni même perméable ou étanche. En effet, rien n'empêche de définir un analogue à des domaines perméables, en considérant simplement que les mondes fictionnels puissent contenir des manifestations apparentes tant de personnages historiques ou réels que de personnages de fictions littéraires. Autrement dit, rien n'empêche d'admettre que se manifestent de façon apparente des individus qui se manifestent comme objets indépendants au monde actuel. Les partisans de l'étanchéité considéreraient en revanche que le domaine C_w de chaque interprétation w ne contient véritablement que des personnages de fictions littéraires, des artefacts abstraits dans le point de vue externe. Enfin, si les domaines sont faiblement étanches, on considérera que c'est le contenu qui est

---

[188] Voir chapitre 22, section 22.2, p. 275, où l'on discute les deux aspects d'un personnage de fiction littéraire, qui bien qu'étant un individu dépendant peut dans le point de vue interne prendre l'apparence d'un objet concret.

restreint aux personnages de fictions, mais que dans certaines interprétations, des personnages historiques peuvent apparaître (dans C_w).

24.3. Identité dans les structures faiblement étanches

On en revient maintenant à la question de l'identité prétendue entre le Napoléon de *Guerre et Paix* et le Napoléon qui a réellement existé. Dans le point de vue externe, on a deux individus qui se manifestent différemment : l'un est artefact abstrait, l'autre est un objet concret. Le contenu de l'œuvre de Tolstoï concerne un personnage de fiction, qu'il a lui-même créé. C'est-à-dire que dans la portée de [F], on ne parle que de personnages de fictions. Il n'y a donc pas, dans le contenu, identité entre le Napoléon historique et le Napoléon fictionnel. Néanmoins, moyennant certains efforts interprétatifs du lecteur, probablement ici sur base de comparaisons qualitatives, voire tout simplement du contexte et de l'usage du nom « Napoléon », il se pourrait que ces individus différents se manifestent de façon identique dans certains mondes compatibles avec la fiction. On aurait donc une identité entre ces deux personnages qui ne serait possible que dans la portée de <F>, relativement à des mondes où les deux personnages se manifestent de façon identique pour un lecteur.

Cette explication peut être étendue aux parodies, où l'identité entre le personnage principal et celui d'une autre œuvre relèverait de l'interprétation. Si l'on prend l'exemple du personnage créé par Maurice Leblanc, et dont les apparitions dans les mondes compatibles avec *Arsène Lupin contre Herlock Sholmès* sont appelées « Herlock Sholmès », l'identité prétendue entre ce personnage et celui qui est appelé « Sherlock Holmes » dans les romans de Conan Doyle relève de l'interprétation. Il y a deux individus différents, l'un créé par Conan Doyle, l'autre créé par Maurice Leblanc. Si l'on s'en tient au contenu de l'œuvre de Leblanc, le personnage créé par Leblanc apparaît toujours sous le nom de « Herlock Sholmès ». Ce personnage pourrait exister même si Conan Doyle n'avait jamais existé. Cependant, selon certaines interprétations, dans certains mondes compatibles avec l'histoire d'*Arsène Lupin contre Herlock Sholmès*, il se pourrait que les deux individus partagent la même apparition. L'étanchéité ne serait alors plus relative aux éléments du réel, comme dans la conception de Genette, mais plutôt aux limites d'une fiction donnée. Les personnages sur lesquels porte le contenu d'une fiction doivent avoir été créés par l'auteur de cette même fiction. Ils peuvent néanmoins se manifester de façon identique dans certaines interprétations.

Ces explications sont rendues possibles dans une sémantique libre de présupposition d'unicité de la référence des noms fictionnels. En effet, un nom pourrait très bien désigner dans différents mondes des objets qui ne sont pas reliés par une *world-line*. Si maintenant l'on veut admettre que dans les mondes partiellement décrits par les fictions de Conan Doyle « Holmes » désigne toujours le personnage créé par Conan Doyle, on devra rendre explicite la présupposition selon laquelle $\exists x[F](x = $ Holmes$)$ et dont la légitimité serait justifiée par les conditions d'existence qu'on a définies. On notera que l'unicité de la référence est ici envisagée à un niveau local : il n'y a pas de raison de supposer que dans d'autres contextes le nom « Holmes » désigne des objets reliés par la même *world-line*.[189]

Plus généralement, en l'absence de cette présupposition, la généralisation existentielle n'est pas valide. On pourrait alors parfaitement rendre compte du fait que dans certains cas, un auteur pourrait utiliser un nom pour un personnage indéterminé, c'est-à-dire pour désigner des objets différents selon les interprétations, des objets qui ne sont pas reliés par une *world-line*. On aurait dans ce cas une certaine forme d'indétermination dans le contenu quant à la référence du nom. C'est pour ces mêmes raisons qu'il n'y a pas à présupposer que tous les personnages qui apparaissent dans une interprétation donnée soient en fait des manifestations de personnages créés par l'auteur. En effet, à supposer la bataille de Borodino dans *Guerre et Paix* : le nombre exact de participants à cette bataille ne fait pas partie du contenu. En fonction des interprétations, il pourrait y en avoir cinquante mille, deux-cent mille, voire plus. On pourrait être tenté d'objecter à la théorie artefactuelle que Tolstoï aurait dû créer cette infinité de combattants concevables. Il n'y a cependant pas à supposer que tous ces combattants soient en fait la manifestation de personnages de fictions individués au monde actuel en lien avec la codification de Tolstoï. En effet, les efforts interprétatifs du lecteur devraient dans ce genre de situation permettre d'augmenter ou de réduire la taille du domaine C_w, sans que cela ait d'influence sur la création des personnages de fictions littéraires au monde actuel. Si la généralisation existentielle devait être valide, alors on serait contraint d'admettre que Tolstoï a créé une infinité de personnages, malgré lui. En fait, une telle objection serait un problème surtout pour une sémantique nonéiste avec domaine constant, où l'infinité de combattants devrait faire partie du domaine, que ce soit de façon existante ou non-existante, dans les divers mondes partiellement décrits par l'œuvre pertinente.

---

[189] Dans l'exemple de *Guerre et Paix*, on pourrait notamment présupposer que $\exists x[F](x = $ Napoléon$)$, sans pour autant présupposer $\exists x \Box (x = $ Napoléon$)$. Les conditions d'existence pour les personnages de fictions littéraires qu'on a définies présupposent seulement de tirer une *world-line* à travers les mondes partiellement décrits par la fiction de Tolstoï, pas les autres mondes.

24.4. Réalisation de la fiction ?

A supposer que le monde réel puisse faire partie des mondes partiellement décrits par une fiction, et être compté parmi les interprétations possibles, un objet concret devrait satisfaire certaines descriptions de l'auteur. Mais, défendant une conception faiblement étanche des domaines de la fiction, on a affirmé que le contenu ne pouvait porter que sur des personnages de fictions. On aurait donc dans le point de vue externe une identité entre un objet abstrait et un objet concret, ce qui n'est pas concevable. On devrait de même attribuer à un objet abstrait des propriétés qui ne s'appliquent qu'à des objets concrets, puisque les personnages sont généralement décrits comme des objets concrets par leurs auteurs. Le double aspect des personnages de fictions conçus dans le contexte d'une structure avec domaines faiblement étanches empêche donc d'envisager la possibilité de la réalisation du fictionnel.

Que les fictions littéraires n'aient pas vocation à décrire la réalité n'apparaît pas en soi comme une difficulté. La tension se révèle surtout au niveau des théories scientifiques, si tant est que l'on cherche à expliquer le discours scientifique sur le même modèle que la fiction littéraire. Il est en effet tentant de compter parmi les fictions des entités comme Vulcain, dont Le Verrier avait fait l'hypothèse de l'existence pour expliquer la variations dans l'orbite de Mercure : Vulcain n'existant pas, on dirait alors que Le Verrier a créé Vulcain, comme Conan Doyle aurait créé Holmes. Pourtant, l'hypothèse de l'existence de Vulcain aurait pu se vérifier et il y aurait eu identité entre la planète découverte et celle créée par Le Verrier. Qu'aurait dans ce cas été le statut ontologique de Vulcain ? Si ça avait été un objet concret, alors ça n'aurait pas pu être ce qu'a créé Le Verrier. Si ça avait été est un objet abstrait, alors il n'aurait pas pu se situer entre Mercure et le Soleil.

Il ne faudrait pourtant pas croire qu'une conception perméable des domaines couplée à usage kripkéen des noms propres serait immunisée face à une telle difficulté. En effet, comment pourrait-on dans ce cas baptiser des objets déterminés dans le contexte d'une théorie scientifique, qui plus est si cette théorie s'avère être fausse ? En l'absence d'objet concret à baptiser, on devrait supposer que Le Verrier baptise un objet qu'il a lui-même créé. Maintenant, supposons une hypothèse similaire, celle de l'existence de Neptune par ce même Le Verrier. Il s'est avéré que Neptune existait. Mais qu'aurait baptisé Le Verrier lorsqu'il a formulé ses hypothèses ? Un objet qu'il a lui-même créé ? Un objet simplement possible ? Le baptême des objets simplement possibles est problématique pour une conception kripkéenne des noms propres. La référence de « Neptune » aurait-elle changé ? Auquel cas une interprétation rigide des noms propres devrait être récusée. Si le nom « Neptune » avait dû dans un premier temps servir à désigner un objet créé par Le Verrier, sa référence ne pourrait pas changer pour ensuite désigner un objet concret. De même pour Vulcain, si l'on suppose que Le Verrier ait baptisé un objet abstrait, alors sa théorie ne pourrait se réaliser. Si l'on suppose qu'il ait baptisé un objet simplement possible, alors on devrait en déduire suivant Kripke[190] que rien n'aurait pu être Vulcain. Dans tous les cas, la théorie n'aurait pu se réaliser.

Comme le remarque à juste titre Berto,[191] un scientifique comme Le Verrier n'a jamais eu l'intention de décrire des objets abstraits : quand il parlait de Vulcain, il n'envisageait certainement pas que la description qu'il en faisait fusse satisfaite par un objet abstrait, mais bien un objet concret. Quel est alors le statut ontologique de Vulcain au monde actuel ? En réaction à ces tensions, on défendra ici la thèse selon laquelle le discours scientifique ne peut pas être assimilé au discours fictionnel littéraire. La création d'hypothèses scientifiques, comme celles au sujet de Vulcain ou de Neptune, ne consiste pas en un processus de création identique à celui des personnages de fiction littéraire. Si Vulcain ou Neptune ne sont pas des artefacts abstraits, c'est parce que Le Verrier ne les a pas créées. Aucun individu n'a été créé par Le Verrier quand il a formulé ses hypothèses. Supposer que les objets désignés par « Vulcain » dans les différents mondes partiellement décrits par la théorie soient reliés par une même *world-line* ne serait pas légitime. La différence ici entre la création de Le Verrier et celle de Conan Doyle par exemple, c'est que Le Verrier a cherché si la soi-disant planète dont il parlait existait, alors qu'il aurait été absurde que Conan Doyle ait cherché après Holmes.

Prenons l'exemple suivant :

    Le Verrier cherche Vulcain dans le système solaire.

Dans les mondes compatibles avec ce que cherche Le Verrier, il se pourrait que ce qui est désigné par « Vulcain » désigne des objets qui ne soient pas reliés entre eux par une *world-line*. Quel que soit l'objet qui satisferait la description que Le Verrier en faisait, et quel que soit l'individu dont il pourrait éventuellement en être la manifestation dans les mondes pertinents, ça aurait été Vulcain.[192] Par contraste,

---

[190] Voir deuxième partie, chapitre 7, section 7.3 : le problème serait le même, aucun objet ne pourrait être Neptune, tout comme rien ne peut selon Kripke être une licorne.
[191] Berto [2011, 321] y voit une objection à la théorie artefactuelle : « *Were our world Newtonian, they might have guessed well. In this case, to be sure, they wouldn't have discovered an abstract object, but a concrete planet.* » Il y voit surtout un argument en faveur du nonéisme : un monde peut réaliser la fiction à l'insu de son auteur. Vulcain n'existe pas, mais elle aurait pu exister. Il se trouve que Neptune existe. Si l'objet existe, ce qui changera ce sera en fait la façon dont on applique le principe de liberté (voir quatrième partie, chapitre 16, section 16.3).
[192] On analyse finalement cet énoncé comme Priest [2005, 63] analysait des énoncés du type « je te dois un euro » ou « je cherche un hôtel » où il n'y a pas d'individu défini duquel on parlerait. (Voir première partie, chapitre 1, section 1.2.3.)

qu'un objet satisfasse au monde actuel la description que Conan Doyle a fait de Holmes, ça ne ferait pas de cet objet une manifestation de l'individu créé par Conan Doyle. La présupposition d'une clause additionnelle ($\exists x$ [*selon la théorie*] (x = Vulcain)) n'est pas légitime pour l'explication de la construction d'hypothèses scientifiques comme celles de Le Verrier. Le monde actuel pourrait très bien vérifier ses hypothèses sans que cela n'implique la tension qu'on a évoquée : il n'y aurait pas à supposer d'identité entre un objet abstrait et un objet concret au monde actuel tout simplement parce qu'on ne présuppose pas la création d'un individu par Le Verrier, comme ce serait le cas pour les personnages de fiction.[193]

On pourrait ici objecter qu'on ne serait alors pas en mesure d'expliquer comment il aurait été possible que Le Verrier pense à Vulcain, qu'il doit bien y avoir un objet intentionnel sur lequel faire porter son esprit. Cependant, tout comme on a admis qu'il pourrait y avoir des objets intentionnels antérieurs à l'acte de codification dans l'acte créatif,[194] on pourrait ici admettre que s'il doit y avoir un objet auquel pense Le Verrier, c'est la manifestation d'un individu qui serait rigidement constamment dépendant de ses états mentaux, une entité éphémère dont l'existence et l'identité à travers le temps n'est par définition pas garantie. Une telle explication supposerait naturellement de définir des conditions d'existence pour des objets intentionnels autre que les personnages de fiction littéraires, mais on ne pourra aller si loin ici. Ce qu'il convenait de montrer ici, c'était surtout que la création d'hypothèses scientifiques requiert de plus amples approfondissement et qu'elle n'est probablement pas à comprendre exactement sur le même modèle que la création des personnages de fictions littéraires.

On pourrait également envisager l'absence de présupposition d'unicité de la référence ici invoquée en lien avec l'explication du rôle de la fiction chez Goodman.[195] En effet, Goodman distingue deux modes de références : la dénotation proprement dite et l'exemplification. La dénotation est la relation entre le nom et ce pour quoi il tient, entre un prédicat et les membres de son extension, une image et son sujet. Selon Goodman, les symboles fictionnels n'ont pas de dénotation. Leur signification dérive des symboles qui les dénotent. Bien que le

---

[193] Pour reprendre les explications qu'on avaient données dans la troisième partie, chapitre 10, on pourrait ici faire le lien avec une idée selon laquelle pour qu'un auteur parle d'un individu déterminé, il faudrait qu'il y ait une connaissance sur le modèle du *knowing-who*, ce qui ne peut ici être attribué à Le Verrier puisqu'il ne sait pas « qui » est Vulcain. Si l'on parlait en termes de jeux de *make-believe*, faisant ici le lien avec la sémantique pour l'opérateur de fictionalité (ou de théorie), on pourrait dire qu'on ne peut concevoir le processus dans lequel s'engage Le Verrier comme un jeu de *believing-who*, seulement d'un *believing-that*.

[194] Voir cinquième partie, chapitre 21, section 21.3.

[195] Voir notamment Goodman [1976, 1978].

terme « licorne » n'ait pas de dénotation, les termes « description de licorne » ou « image de licorne » dénotent toute une variété de symboles qui, collectivement, constituent la signification du terme « licorne ». De nombreux types d'arts tels que les arts abstraits, la musique ou la danse, ne chercheraient pas à dénoter quoi que ce soit. Ils réfèrent selon Goodman au moyen de l'exemplification. Dans l'exemplification, un symbole désigne et réfère donc aux caractéristiques qui servent d'échantillon ou d'exemple. Ainsi, certaines peintures néoplasticistes de Mondrian exemplifieraient la *carréité*.

On notera par ailleurs que les symboles appartiennent généralement à des schémas qui classent les objets. Dans une métaphore, un schéma qui trie normalement le réel est importé pour suggérer un autre tri. Le point est que, bien que « Tom Sawyer » ne dénote pas, il exemplifierait une certaine combinaison de propriétés. C'est un nouveau prédicat qui pourrait être appliqué à des objets réels de façon à produire des assertions du type : « les justification du Président sont tom sawyeresques », c'est-à-dire que le Président exemplifie ceux qui mentent, donnent des explications tortueuses et fantasques pour se sortir de situations périlleuses et faire croire qu'ils disent vrai. A ce niveau l'enjeu n'est pas pour Goodman d'expliquer comment on pourrait faire des assertions vraies au sujet des fictions, mais plutôt comment on peut produire des assertions vraies au moyen de personnages fictionnels conçus comme des combinaisons de propriétés pour décrire et comprendre le réel.

Il ne s'agit pas pour ma part de suivre ici les thèses de Goodman puisqu'on prête une importance toute particulière à l'intentionalité dans la création littéraire et qu'on considère que des noms de personnages de fictions ont une dénotation. Il s'agit surtout de s'inspirer de ses thèses pour comprendre comment une fiction peut servir non pas à désigner des faits du monde actuel, mais plutôt à comprendre le monde. Dire d'une planète qu'elle est Vulcain ou qu'elle est Neptune, cela reviendrait à dire d'un objet réel qu'il satisfait un prédicat complexe déterminé par la théorie de Le Verrier et non à affirmer quelque relation d'identité que ce soit entre la manifestation d'un individu indépendant et celle d'un individu qui aurait été créé par Le Verrier. Plus que la création d'un artefact abstrait, il y aurait en fait création d'un type, d'une description-type, en vue d'expliquer le monde réel. Dire « le Président est un Tom Sawyer » ne consiste pas à établir quelque relation d'identité que ce soit entre le Président et Tom Sawyer au monde actuel, comme si le Président concret était identique à un artefact abstrait, mais à dire que le Président exemplifie une certaine description-type. De même, dire d'une planète qu'elle aurait pu être Vulcain ne consisterait pas à établir une relation d'identité entre cette planète et ce dont il est question dans la théorie de Le Verrier. La différence serait toutefois ici que « Tom Sawyer » peut être utilisé pour désigner un artefact abstrait créé par Mark Twain, contrairement à « Vulcain » puisque Le

Verrier n'a pas créé Vulcain (auquel cas, il ne l'aurait pas cherchée). Il n'a fait que donner un nom pour tout la manifestation de tout individu qui satisferait la description qu'il faisait. Cette explication exigerait naturellement de plus amples développements. On devrait sur ce point envisager l'extension des thèses qu'on a défendues ici à des catégories d'objets intentionnels autres que les personnages de fictions littéraires, mais face à l'étendue de la tâche, on s'en tiendra ici à ces premières considérations.

Conclusion

Trois difficultés ont initialement permis de jeter un pont entre philosophie de la logique, philosophie du langage et phénoménologie. L'indépendance à l'existence, la dépendance à la conception et la sensibilité au contexte forçaient à envisager l'intentionalité de façon plus complexe que comme une simple relation entre un agent intentionnel et un objet. Des difficultés similaires empêchaient par ailleurs de concevoir la signification du langage comme une simple relation entre des signes et les objets pour lesquels ils tiennent, c'est-à-dire de façon purement extensionnelle. C'est ainsi qu'on allait analyser l'intentionalité dans le contexte des logiques intensionnelles explicites et ainsi se confronter dans un premier temps aux questions de l'engagement ontologique et de conditions d'identité des objets intentionnels.

Face à au caractère problématique de la généralisation existentielle, de l'instanciation universelle et de la substitution des identiques dans les contextes intensionnels, on a d'abord répondu au scepticisme des auteurs comme Quine en s'inspirant des thèses de Kripke et plus spécifiquement en partant d'une interprétation rigide des noms propres. C'est alors qu'on s'est engagé dans un panorama ouvertement critique des outils formels existants, montrant leur inadéquation avec les objectifs qu'on s'était fixés dans la mesure où ils ne pouvaient rendre compte des caractéristiques problématiques de l'intentionalité de façon pertinente. Le passage aux logiques intensionnelles supposait de reconstruire les logiques intensionnelles sur des logiques libres d'engagement ontologique, mais aussi et surtout sur des logiques libres de présuppositions d'unicité de la référence.

Les contextes intentionnels sont en effet des contextes anarchiques où les individus ne laissent pas si facilement contrôler leur identité. S'accommodant du caractère turbulent des objets intentionnels, on en est venu à concevoir autrement les domaines de la structure remettant en cause la nécessité de l'identité, qu'elle soit de nom ou d'objet, et s'est engagé dans la sémantique des *world-lines* d'Hintikka. Comment allait-on cependant expliquer la référence à des personnages déterminés mais qui n'existeraient pas concrètement ? C'est à ce moment qu'on recentré la discussion sur la question de la fictionalité littéraire.

Critiquant les approches purement internalistes de la fiction, on a sur ce point défendu la nécessité de rendre compte du double aspect de la fictionalité et d'articuler un point de vue externe et un point de vue interne sur la fiction. Adoptant une posture irréaliste à l'égard des fictions, Woods cherchait ainsi à expliquer comment une réaction émotionnelle à l'égard de faits dont on sait qu'ils n'ont pas existé était possible. Adoptant une posture réaliste, dans le contexte d'une théorie artefactuelle, on chercherait en revanche à expliquer comment on pouvait faire référence à des objets abstraits existants, mais qui étaient pourtant décrits concrètement par leurs créateurs. Alors qu'on s'intéressait plus spécifiquement au point de vue externe, on a montré qu'il n'est pas impossible de définir des conditions d'individuation et d'identité pour les personnages de fiction qui seraient au moins aussi précises que celles qu'on donne habituellement pour les objets concrets ordinaires.

Bien que s'en étant dans un premier temps remis aux thèses de Thomasson [1999] pour définir la théorie artefactuelle, on devait non seulement penser plus précisément en quoi consistait un acte créatif pertinent, mais on devait de plus définir plus finement la notion de dépendance ontologique et envisager sa combinaison avec une sémantique pour l'opérateur de fictionalité. On est finalement parvenu à proposer une sémantique qui permettrait l'analyse du discours fictionnel, que ce soit dans une perspective interne ou externe à la fiction. Bien entendu, tous les aspects de l'intentionalité, ni même de la fictionalité n'ont pas ici été abordés. Face à l'ampleur de la tâche, on devait restreindre les enjeux autour des questions de l'engagement ontologique et de l'identité, faisant de la définition d'une théorie de la référence aux fictions un objectif majeur.

On peut cependant prétendre avoir comblé certaines lacunes de la théorie artefactuelle telle que définie par Thomasson. On a tout d'abord défini des relations de dépendances ontologiques pertinentes pour caractériser les personnages de fiction dans une structure modale. On n'a pas introduit pour ce faire de primitive additionnelle, comme Thomasson le faisait dans son ontologie où les dépendances pertinentes étaient définies relativement à des objets réels ou des états mentaux. On a en fait défini directement les relations de dépendances ontologiques en se focalisant sur les apparitions des objets dans les différents domaines. S'interrogeant sur ce dont il était question dans la dépendance historique à un acte créatif, on a introduit la notion de codification qui demanderait à définir les personnages de fictions littéraires en lien avec l'articulation d'un point de vue interne et d'un point de vue externe sur la fiction. C'est ce qui menait à combiner cette théorie avec une sémantique pour l'opérateur de fictionalité qui permettrait de capturer ce double aspect.

Ce double aspect explique notamment comment un auteur crée un objet abstrait par le biais d'un processus narratif, une description de faits auxquels il donne l'apparence du réel, donnant à son personnage l'apparence d'un objet concret. C'est ce double aspect, et surtout l'articulation des considérations ontologiques avec le point de vue interne qui manquait cruellement aux thèses de Thomasson. Le double aspect devait notamment permettre d'expliquer la réaction émotionnelle qu'on peut avoir dans l'expérience littéraire. En effet, il serait absurde de considérer que ce qui suscite la crainte ou la tristesse soit en fait un objet abstrait. Si l'on réagit émotionnellement à la fiction, c'est parce que bien que l'esprit se tourne vers des objets abstraits, le point de vue interne peut donner l'apparence d'un objet concret. Cette apparence aurait alors le même effet sur le psychisme du lecteur que des faits réels : reprenant les termes de Woods, la fiction « appuie sur les boutons psychologiques ».

Cherchant à tenir compte de la perspective du lecteur pour expliquer l'interprétation, inhérente à la sémantique de l'opérateur de fictionalité qu'on a définie, on a préconisé une conception faiblement étanche des domaines de la fiction. Le contenu d'une fiction ne peut en effet porter explicitement que sur des personnages de fictions littéraires. Néanmoins, les efforts interprétatifs du lecteur peuvent mener à faire apparaître un personnage historique réel dans la façon dont il se représente la fiction. Il se peut dans certains cas, probablement sur base de comparaisons qualitatives, que le personnage historique et le personnage de fiction se manifestent de façon identique dans certaines de ces interprétations. Une telle explication qui supposait une identité contingente et une certaine conception de la structure des domaines s'inscrivait dans le contexte d'une reconstruction de la théorie artefactuelle dans une sémantique des *world-lines*.

Plus généralement, on a surtout défendu une approche dans laquelle les considérations ontologiques étaient capturées à un niveau structurel. Certes la théorie artefactuelle est sémantiquement plus complexe qu'une approche nonéiste comme celle de Priest [2005], mais elle possède un pouvoir explicatif de la structure des domaines sans comparaison. Non seulement les objets fictionnels ne sont pas découverts en ce sens qu'ils résultent de l'activité créatrice des agents intentionnels mais, de plus, leur statut ontologique n'est pas déterminé relativement à une distinction primitive inexpliquée parmi les éléments du domaine. C'est que le statut ontologique d'un objet ne peut pas être déterminé en se fiant aux propriétés à travers lesquels il apparaît. Ce dont on doit tenir compte, c'est des conditions dans lesquelles il apparaît, en relation notamment aux apparitions d'autres objets dans les différents domaines de différents contextes. Le statut ontologique d'une entité est déterminé de façon structurelle et de façon essentiellement modale. Il n'y a pas de distinction ontologique qui pourrait être établie relativement à des contextes considérés isolément et indépendamment les uns des autres, comme ce serait le cas en relativisant l'extension d'un prédicat d'existence à chaque monde possible. Le statut ontologique des personnages de fiction est déterminé à un niveau global et non pas relativement à un seul contexte. Ce qui explique que dans le point de vue interne les personnages de fiction prennent l'apparence d'objets concrets, c'est le fait que le point de vue interne ne permet précisément pas cette vue plus globale qu'on peut avoir dans un point de vue externe. Dans la fiction, on pourrait dire qu'on manque de recul.

Dialogiquement, on en est venu à comprendre l'engagement ontologique en termes de fonctions de choix, relativement à l'introduction des individus dans différents contextes. Dans les pratiques argumentatives, certains choix peuvent engager à justifier d'autres choix à travers lesquels on précise le statut ontologique des constantes utilisées. L'approche dialogique demanderait toutefois à être approfondie. Il serait notamment intéressant, en partant des propositions qu'on a faites, d'envisager l'interprétation d'un texte littéraire en termes de processus argumentatif. On devrait dans ce cas réviser certaines caractéristiques de la logique dialogique - l'idée de jeu à somme nulle mettant en opposition deux joueurs ne semble en effet pas traduire la relation du lecteur à un texte - où devrait être saisie une certaine forme de complicité entre l'auteur et le lecteur. Le rapport à un texte n'est en effet pas un rapport conflictuel où seul l'un des joueurs gagne. Sans entrer dans les détails, on pourrait envisager des jeux avec des éléments qui indiqueraient la possibilité d'introduire une hypothèse de lecture qui permette de préciser des inférences au-delà de ce qui est explicite. Une telle approche supposerait probablement de s'intéresser aux raisonnements non monotones qui permettraient de capturer cette attitude qui consiste à faire des inférences par défaut, mais qu'on révise parfois au cours du texte. Cela relève cependant de considérations programmatiques qui sont au-delà des objectifs qu'on s'étaient fixés.

Un tel développement dialogique supposerait par ailleurs un examen approfondi des inférences permises dans la portée de l'opérateur de fictionalité. Bien qu'on ait invoqué de telles inférences pour expliquer ce qu'il fallait comprendre par une interprétation et ce qui permettrait d'expliquer les relations d'identités dans la perspective du lecteur par exemple, on n'a pas précisé toutes les règles d'inférence qu'il pourrait appliquer. On ne s'est pas non plus posé la question de savoir ce que serait une *bonne interprétation*, on a juste défini ce qu'était une interprétation. L'approfondissement de ces recherches devrait mobiliser un examen des connaissances et croyances d'arrière-plan, mais aussi des hypothèses de lecture généralement admises par une communauté culturelle. Ces hypothèses de lecture, on n'a fait que les présupposer, sans les formuler explicitement. Il conviendrait également à d'autres égards d'étudier de façon plus détaillée les inférences problématiques comme l'omniscience logique et la clôture sous l'implication. Quel est en effet le rapport du lecteur aux interprétations ? Comment rendre compte de la représentation que se fait un lecteur qui ne se rendrait pas compte de toutes les conséquences logiques d'un texte de fiction ? On pourrait éventuellement s'appuyer ici sur la sémantique des mondes impossibles et ouverts, mais la combinaison d'une telle sémantique à la théorie artefactuelle exigerait elle aussi une étude attentive.

L'étude de ces inférences et des aspects plus épistémiques, bien que cruciale pour une théorie de la fictionalité, se situait cependant au-delà des objectifs qu'on s'était fixé. On s'est en effet attaché à définir une théorie de la référence aux fictions et défendre une interprétation modale de l'opérateur de fictionalité. D'un point de vue purement sémantique, et concernant les questions de référence et d'identité, les objectifs sont pour l'essentiel remplis.

Enfin, comme le montrent les difficultés ayant trait par exemple à la réalisation du fictionnel, l'extension de la théorie artefactuelle (formelle) à d'autres catégories d'objets intentionnels exigerait des recherches supplémentaires et approfondies sur le sujet. Même si la théorie artefactuelle constitue un cadre pertinent pour de tels développement, il est essentiel de repenser les différentes catégories si l'on veut les définir dans une structure modale et ce, comme on l'a fait pour les personnages de fiction. Doit-on notamment admettre cette affirmation fondamentale dans la théorie de Thomasson selon laquelle si aucun objet ne préexiste à une intention, alors l'intention devient elle-même créatrice ? Devra-t-on considérer que tout acte intentionnel qui n'est pas dirigé vers un objet qui existe concrètement ou de façon indépendante crée son objet, au sens de créer un individu qui pourrait être ré-identifié dans différents contextes ? Peut-on par exemple admettre que l'objet d'une hallucination ait des conditions d'identité suffisamment définies et suffisamment stables pour qu'on puisse y faire référence dans différents contextes ?

Annexe 1. Logique et dialogique propositionnelles

Dans cette annexe, sont définis le langage - vocabulaire et syntaxe - pour la logique propositionnelle, ainsi que sa sémantique et les règles pour la logique dialogique propositionnelle.

A1.1. Langage

[**Vocabulaire**] Un langage L pour la logique des propositions est constitué par des lettres propositionnelles qu'on notera p, q, p_1,... et des connecteurs habituels noté $\wedge$ (conjonction), $\vee$ (disjonction), $\rightarrow$ (conditionnelle) et $\neg$ (négation). On utilisera parenthèses et crochets ouvrants et fermants pour désambiguïser le connecteur principal.

[**Syntaxe**] La définition d'une expression bien formée (EBF) est donnée par les clauses suivantes :

(i) Toutes les lettres propositionnelles de L sont des EBF.
(ii) Si φ est une EBF, alors $\neg \varphi$ est une EBF.
(iii) Si φ et ψ sont des EBF, alors $\varphi \wedge \psi$, $\varphi \vee \psi$, $\varphi \rightarrow \psi$ sont des EBF.
(iv) Seul ce qui peut être généré par les clauses (i)-(iii) dans un nombre fini de pas est une EBF.

A1.2. Sémantique

On définit un modèle M en définissant une fonction de valuation qui attribue à toute lettre propositionnelle de L une valeur de vérité parmi l'ensemble {0,1}, 0 pour le faux, 1 pour le vrai. On peut à partir de là définir récursivement la sémantique pour les formules complexes :

$M \vDash \varphi$ Ssi. $V_M(\varphi) = 1$

$M \vDash \neg\varphi$ Ssi. $M \nvDash \varphi$

$M \vDash \varphi \wedge \psi$ Ssi. $M \vDash \varphi$ et $M \vDash \psi$

$$M \vDash \varphi \vee \psi \text{ Ssi. } M \vDash \varphi \text{ ou } M \vDash \psi$$

$$M \vDash \varphi \rightarrow \psi \text{ Ssi. } M \nvDash \varphi \text{ ou } M \vDash \psi$$

[Validité] Une proposition est valide si et seulement elle est vraie dans tous les modèles.

A1.3. Logique dialogique propositionnelle

La signification des connecteurs logiques va maintenant être définie dans le contexte d'une sémantique interactive : la logique dialogique. Dans la logique dialogique, la notion de preuve est abordée en termes de processus argumentatifs qui prennent la forme de jeux entre le proposant d'une thèse et l'opposant à cette thèse. L'opposant attaque la thèse en fonction de son connecteur principal conformément à des règles prédéfinies. Ces mêmes règles permettent la poursuite d'un dialogue, un jeu où s'enchaînent des attaques et des défenses, jusqu'à ce qu'il n'y ait plus de coup permis pour l'un ou l'autre des joueurs. La thèse du proposant est valide si et seulement s'il parvient à la défendre contre les tous coups possibles. On dit alors que le proposant a une stratégie gagnante pour la thèse qu'il défend. En s'intéressant aux pratiques argumentatives et en mettant l'accent sur la façon dont on attaque et défend un connecteur, la logique dialogique permet de capturer des aspects différents de leur signification, des phénomènes notamment de choix qui ne peuvent apparaître dans une sémantique statique en termes de valeurs de vérité comme on vient de la définir.

Les dialogues sont organisés selon deux types de règles. Les règles de particules donnent la signification locale des connecteurs. Les règles structurelles régissent l'organisation générale du dialogue. Quand on analyse un dialogue, on pourrait voir un troisième niveau de règles : les règles stratégiques, qui poussent les joueurs à faire certains choix étant donnés certains états de jeu. Mais de telles règles ne font pas partie de la signification propre des connecteurs. Dans ce qui suit, on donne tout d'abord les règles de particule, puis les règles structurelles.

A1.3.1. Règles locales

Une *règle de particule* est une description abstraite de la façon dont on peut critiquer une formule en fonction de son connecteur principal et des réponses possibles à ces critiques. C'est une description abstraite en ce sens qu'elle ne contient aucune référence à un contexte de jeu déterminé et ne dit rien de plus que la manière d'attaquer ou défendre une formule. Du point de vue dialogique, on dit que ces règles déterminent la *sémantique locale* parce qu'elles indiquent le déroulement d'un fragment du dialogue, où tout ce qui est en jeu est une critique qui porte sur le connecteur principal de la formule en question et la réponse correspondante.

Ces règles sont définies de façon symétrique pour les deux joueurs (elles s'appliquent de la même manière à l'un et l'autre), on les exprime donc au moyen de deux variables de joueurs (X et Y) qui peuvent tenir pour n'importe lequel des deux joueurs, le proposant (P) ou l'opposant (O). De façon générale, on a deux types de coups dans les dialogues : les *attaques* qui peuvent consister en des questions ou des concessions, les *défenses* qui consistent en réponses à ces attaques. Dans le tableau ci-dessous, où l'on donne les règles de particule, le symbole « ! » signifie qu'il s'agit d'une assertion, le symbole « ? » qu'il s'agit d'une question :

	Assertion	Attaque	Défense
$\wedge$	X-!-A $\wedge$ B	Y-?-$\wedge_1$ Y-?-$\wedge_2$	X-!-A X-!-B
$\vee$	X-!-A $\vee$ B	Y-?-$\vee$	X-!-A ou X-!-B
$\rightarrow$	X-!-A $\rightarrow$ B	Y-!-A	X-!-B
$\neg$	X-!-$\neg$A	Y-!-A	Pas de défense

Quand un joueur asserte une conjonction, il s'engage à justifier ses deux conjoints et on peut donc l'attaquer en demandant de justifier les deux conjoints. C'est-à-dire que l'adversaire choisit l'un des conjoints et demande à celui qui asserte la conjonction de justifier à défendre ce conjoint. Si un joueur asserte une disjonction, il ne s'engage pas à justifier les deux disjoints, mais au moins un. Quand on l'attaque, on ne choisit donc pas le disjoint qu'il doit justifier. C'est celui qui asserte la disjonction qui choisit lequel des deux disjoints il défend. La conditionnelle s'attaque en concédant l'antécédent. Celui qui a asserté la conditionnelle doit alors justifier le conséquent. Enfin, on attaque une négation en assertant l'affirmation contraire, ce à quoi il n'y a pas de défense possible. On notera par la suite que, étant données les règles structurelles, on n'est pas toujours forcé de répondre immédiatement à une attaque, mais qu'on peut la différer tout en contre-attaquant. On appelle ronde un ensemble de coups contenant l'attaque et la réponse à cette attaque.

A1.3.2. Règles structurelles

Les règles structurelles établissent l'organisation générale du dialogue : quand commencer la thèse, à quel moment peut-on appliquer une règle de particule, quand se termine la partie, qui gagne. En logique dialogique, la notion de validité est fondée sur l'existence d'une stratégie gagnante pour le proposant. En fonction du type de logique dans laquelle on argumente, les règles structurelles sont différentes. Comme on va le voir avec les règles [RS-1I] et [RS-1C] notamment, la différence entre la logique classique et la logique intuitionniste peut être expliquée en termes de jeux différenciés par les règles structurelles qui leurs sont propres.

On notera que les dialogues s'appuient sur l'hypothèse que chacun des joueurs suit toujours la meilleure stratégie possible. C'est-à-dire que les participants aux dialogues, P et O, sont en fait des agents idéalisés. Dans la vie réelle, il pourrait arriver que l'un des joueurs soit cognitivement limité au point d'adopter une stratégie qui le fasse échouer contre certaines ou contre toutes les séquences de coups joués par l'opposant même si une stratégie gagnante était disponible. Les agents idéalisés des dialogues ne sont donc pas limités et dire qu'ils « ont une stratégie » signifie qu'il existe, par un critère combinatoire, un certain type de fonction ; cela ne signifie pas que l'agent possède une stratégie dans quelque sens cognitif que ce soit.

[RS-0] [Début de partie] Les expressions d'un dialogue sont numérotées, et sont énoncées à tour de rôle par P et O. La thèse porte le numéro 0 et est énoncée par P. Tous les coups suivant la thèse sont des réponses à un coup joué par un autre joueur, obéissant aux règles de particule et aux autres règles structurelles. On appelle D(A) un dialogue qui commence avec la thèse A, les coups pairs sont des coups faits pas P, les coups impairs sont faits par O. On appelle rondes les paires attaque-défense dont est constitué un dialogue.

[RS-1I] [Clôture de ronde intuitionniste] A chaque coup, chaque joueur peut soit attaquer une formule complexe énoncée par l'autre joueur, soit se défendre *de la dernière attaque contre laquelle il ne s'est pas encore défendu*. On peut attendre avant de se défendre contre une attaque tant qu'il reste des attaques à jouer. Si c'est au tour de X de jouer le coup n, et que Y a joué deux attaques aux coups l et m (avec $l < m < n$), auxquelles X n'a pas encore répondu, X ne peut plus se défendre contre l. En bref, on peut se défendre seulement contre la dernière attaque non encore défendue.

[RS-1C] [Clôture de ronde classique] A chaque coup, chaque joueur peut soit attaquer une formule complexe énoncée par l'autre joueur, soit se défendre contre *n'importe quelle* attaque de l'autre joueur (y compris celles auxquelles il a déjà répondu).

Remarque : Dans un dialogue, on joue soit avec les règles intuitionnistes et donc [RS-1I], soit avec les règles classiques et donc [RS-1C]. On n'applique donc jamais ces deux règles en même temps.

[RS-2] [Ramification] Si dans un jeu, c'est au tour de O de faire un choix propositionnel (c'est-à-dire lorsque O défend une disjonction, attaque une conjonction ou répond à une attaque contre une conditionnelle), O engendre deux dialogues distincts. O peut passer du premier dialogue au second si et seulement s'il perd celui qu'il choisit en premier. Aucun autre coup ne génère de nouveau dialogue.[196]

[RS-3] [Usage formel des formules atomiques] Le proposant ne peut introduire de formule atomique : toute formule atomique dans un dialogue doit d'abord être introduite par l'opposant. On ne peut pas attaquer les formules atomiques.

[RS-4] [Gain de partie] Un dialogue est *clos* si, et seulement si, il contient deux occurrences de la même formule atomique, respectivement étiquetées X et Y. Sinon le dialogue reste *ouvert*. Le joueur qui a énoncé la thèse gagne le dialogue si et seulement si le dialogue est clos. Un dialogue est terminé si et seulement s'il est clos, ou si les règles (structurelles et de particule) n'autorisent aucun autre coup. Le joueur qui a joué le rôle d'opposant a gagné le dialogue si et seulement si le dialogue est terminé et ouvert.

Terminé et clos : le proposant gagne

Terminé et ouvert : l'opposant gagne

Afin d'introduire la règle suivante, [RS-5], on doit définir la notion de répétition :

[Répétition stricte] d'une attaque / d'une défense :

---

[196] Chaque ramification – scission en deux parties - dans un dialogue, doit être considérée comme le résultat d'un choix propositionnel fait par l'opposant. Il s'agit des choix effectués pour :
- défendre une disjonction
- attaquer une conjonction
- répondre à l'attaque d'un conditionnel

Chacun de ces choix donne une nouvelle branche. Par contre, les choix du proposant ne génèrent pas de nouvelles branches.

On parle de **répétition stricte d'une attaque** si un coup est attaqué bien que le même coup ait été attaqué auparavant par la même attaque. (On notera que dans ce contexte, les choix de ?-$\wedge_1$ et ?-$\wedge_2$ sont des attaques différentes.)

On parle de **répétition stricte d'une défense**, si un coup d'attaque m_1, qui a déjà été défendu avec le coup défensif m_2 auparavant, est à nouveau défendu contre l'attaque m_1 avec le même coup défensif. (On notera que la partie gauche et celle de droite d'une disjonction sont dans ce contexte deux défenses différentes).

La règle [RS-5] a de nouveau deux variantes, l'une classique et l'autre intuitionniste, chacune dépendant du type de règles structurelles avec lesquelles est engagé le dialogue.

[RS-5I] [Interdiction des répétitions à l'infini intuitionniste] Si O a introduit une nouvelle formule atomique qui peut maintenant être utilisée par P, alors P peut exécuter une répétition d'attaque. Les répétitions strictes ne sont pas autorisées.

[RS-5C] [Interdiction des répétitions à l'infini classique] Les répétitions strictes ne sont pas autorisées.

A1.3.3. Exemples

Les dialogues se présentent sous forme d'un tableau à six colonnes. Dans les colonnes externes, on numérote les coups des joueurs. Dans les colonnes internes, on indique le coup qui est attaqué. Entre ces colonnes, de chaque côté, on indique les coups des joueurs proprement dits.[197] Sur une même ligne, on trouve l'attaque et la défense qui correspond. A titre d'illustration, on montre dans les dialogues ci-dessous que le proposant n'a une stratégie gagnante pour $A \vee \neg A$ que si l'on joue avec les règles classiques :

	O			P	
				$A \vee \neg A$	0
1	?∨	0		¬A / **A**	2
3	A	2		---	

---

[197] Au niveau modal, on ajoutera des colonnes externes pour indiquer le contexte dans lequel le coup est joué. (voir Partie 1, chapitre 3 REF)

Pour se défendre de l'attaque sur la disjonction (coup 1), P n'a d'autre choix que de choisir ¬A (coup 2). Il ne peut en effet pas asserter une formule atomique qui ne lui a pas été concédée par O ([RS-3]). O l'attaque alors (coup 3), ce à quoi P ne peut répondre. Il répète alors sa défense du coup 2 (A en gras), ce que O ne peut pas attaquer. Le dialogue est terminé et clos, P gagne. Si l'on avait ici joué avec les règles pour la logique intuitionniste, la répétition du coup 2 n'aurait pas été possible ([RS-1I]) et P aurait perdu. La règle [RS-1I] empêche de revenir en arrière, tenant ainsi compte de la temporalité de la preuve fondamentale pour les logiques intuitionnistes.

Afin d'illustrer l'application des autres règles, on donne ci-dessous les dialogues qui montrent que le proposant a une stratégie gagnante pour le *modus ponens* $(((p \rightarrow q) \wedge p) \rightarrow q)$, mais pas pour la thèse fallacieuse de l'affirmation du conséquent $(((p \rightarrow q) \wedge q) \rightarrow p)$:

	O			P	
				$((p \rightarrow q) \wedge p) \rightarrow q$	0
1	$(p \rightarrow q) \wedge p$	0		q	8
3	$p \rightarrow q$		1	$?\wedge_1$	2
5	p		1	$?\wedge_2$	4
7	q		3	p	6

Explication : Le proposant, P, asserte la thèse $((p \rightarrow q) \wedge p) \rightarrow q$ (coup 0). L'opposant, O, l'attaque en concédant l'antécédent $(p \rightarrow q) \wedge p$ conformément à la règle de particule pour le conditionnel $\rightarrow$ (coup 1). P devrait répondre avec le conséquent, q, mais il ne peut pas asserter une formule atomique tant que 0 ne lui en a pas fait la concession. P ne peut donc que contre-attaquer le coup 1 en demandant à 0 chacun des deux conjoints (coups 2 et 4). O se défend en concédant successivement $p \rightarrow q$ (coup 3) et p (coup 5). C'est alors que P peut se servir de la concession de p par O et attaquer le conditionnel asserté par 0 (coup 6). O n'a d'autre choix que de concéder q (coup 7), dont P se sert pour se défendre de l'attaque 1 (coup 8). Le dialogue est terminé et clos, P gagne. La thèse défendue par P est valide.

	O			P	
				$((p \rightarrow q) \land q) \rightarrow p$	0
1	$(p \rightarrow q) \land q$	0			
3	$p \rightarrow q$		1	$?\land_1$	2
5	q		1	$?\land_2$	4

Explication : P asserte la thèse $((p \rightarrow q) \land q) \rightarrow p$ (coup 0). O l'attaque en concédant l'antécédent $(p \rightarrow q) \land q$ conformément à la règle de particule pour le conditionnel $\rightarrow$ (coup 1). P devrait répondre avec le conséquent, p, mais il ne peut pas asserter une formule atomique tant que 0 ne lui en a pas fait la concession. P contre-attaque alors l'antécédent concédé par O (coups 2 et 4) et O se défend (coups 3 et 5). A ce stade, P ne peut plus jouer. Il ne peut ni attaquer le coup 3 puisque p, l'antécédent, n'a pas été concédée par O, ni répondre à l'attaque 1 puisqu'il aurait besoin de ce même P. Le dialogue n'est pas clos, mais terminé (on ne peut plus jouer) : O gagne et la thèse du proposant n'est pas valide.

Annexe 2. Logique et dialogique de premier ordre

Dans cette annexe, sont définis le langage - vocabulaire et syntaxe - pour la logique propositionnelle, ainsi que sa sémantique et les règles pour la logique dialogique propositionnelle.

A2.1. Langage

[Vocabulaire] Un langage L pour la logique des premier ordre est constitué des mêmes connecteurs que ceux de la logique propositionnelle. On ajoute un ensemble de termes singuliers parmi lesquels les constantes individuelles notées k_1, k_2, ... et les variables notées x, y, z..., puis un ensemble de lettres de prédicats P_1, P_2, Q,... avec une arité fixe. On ajoute également le quantificateur existentiel $\exists$ et le quantificateur universel $\forall$. On appelle termes singuliers les constantes individuelles et les variables.

[Syntaxe] La définition d'une formule est donnée par les clauses suivantes :

(i) Si A est une lettre de prédicat n-aire de L et t_1, ..., t_n sont des termes singuliers, alors $At_1, ..., t_n$ est une formule dans L.

(ii) Si φ est une formule, alors $\neg\varphi$ est une formule.

(iii) Si φ et ψ sont des formule, alors $\varphi \wedge \psi$, $\varphi \vee \psi$, $\varphi \rightarrow \psi$ sont des formule.

(iv) Si φ est une formule et x une variable, alors $\exists x\varphi$ et $\forall x\varphi$ sont des formules.

(v) Seul ce qui peut être généré par les clauses (i)-(iv) dans un nombre fini de pas est une formule.

A2.2. Sémantique

Pour définir la sémantique, on définit un modèle M en spécifiant son domaine (non vide), noté D, d'éléments d et une interprétation, notée I, qui donne la signification des constantes individuelles et des prédicats relativement à D. Mais avant cela, on définit une fonction d'assignation, qui attribue à chaque variable un objet du domaine D.

[Assignation] Une fonction g d'assignation est une fonction qui associe les variables à des individus du domaine D. Si g est une assignation et x une variable, alors g[x/d] est l'assignation qui associe x à d et qui s'accorde avec g sur toutes les autres variables.

On définit maintenant l'interprétation de façon à donner la signification des termes de façon uniforme :

[**Interprétation**] Une fonction I d'interprétation pour un modèle M satisfait les clauses suivantes :

- Si t est un terme singulier, l'interprétation $\|t\|_{M,g}$ de t dans le modèle M est :

    Si t est une constante, $\|t\|_{M,g} = I(t)$ - et $I(t) \in D$.

    Si t est une variable, $\|t\|_{M,g} = g(t)$ - et $g(t) \in D$.

- Si P est un prédicat n-aire de L, alors $I(P) \subseteq D^n$.

On peut maintenant définir la sémantique relativement à un modèle M quelconque :

$M, g \vDash At_1,...,t_n$ Ssi. $<\|t_1\|_{M,g},...,\|t_n\|_{M,g}> \in I(A)$.

$M, g \vDash \exists x\varphi$ Ssi. il y a au moins un élément $d \in D$ tel que $M, g[x/d] \vDash \varphi$.

$M, g \vDash \forall x\varphi$ Ssi. pour tout élément $d \in D : M, g[x/d] \vDash \varphi$.

Les autres connecteurs sont définis comme en logique propositionnelle. Une formule est valide si et seulement elle est vraie dans tous les modèles et sous toute assignation.

A2.3. Logique dialogique de premier ordre

A.2.3.1. Règles de particule

Les règles pour les connecteurs propositionnels sont les mêmes que pour la logique dialogique modale propositionnelle. On doit ici ajouter les règles pour les quantificateurs :

Assertion	Attaque	Défense
$X - ! - \exists x\varphi$	$Y - ? - ?\exists$	$X - ! - \varphi[x/k_1]$
$X - ! \, \forall x\varphi$	$Y - ? - ?k_i$	$X - ! - \varphi[x/k_1]_i$

On notera de nouveau l'importance du choix inhérente à la signification des quantificateurs. Quand on attaque un quantificateur universel, on choisit la constante que son adversaire doit instancier. En effet, si l'on asserte une universelle, on s'engage à défendre l'affirmation pour n'importe quel individu. En revanche, quand on attaque un quantificateur existentiel, on laisse le choix au défenseur.

A.2.3.2. Règles structurelles

Les règles structurelles sont les mêmes que pour la dialogique propositionnelle, moyennant une adaptation de la définition de ce que sont les répétitions strictes dont il est question en [RS-5].

[**Répétition stricte**] d'une attaque / d'une défense :

a) On parle de répétition stricte d'une attaque, si un coup est actuellement attaqué bien que le même coup ait été attaqué auparavant par la même attaque. (On remarquera que choisir la même constante est une répétition stricte, tandis que les choix de $?-\wedge_1$ et $?-\wedge_2$ sont des attaques différentes.) Dans le cas d'un coup où un quantificateur universel a été attaqué avec une constante, le type de coup suivant doit être ajouté à la liste des répétitions strictes :

- Un coup contenant un quantificateur universel (c'est-à-dire une formule quantifiée universellement) est attaqué en utilisant une nouvelle constante, bien que le même coup ait déjà été attaqué auparavant avec une autre constante qui était nouvelle au moment de cette attaque.
- Un coup contenant un quantificateur universel est attaqué en utilisant une constante qui n'est pas nouvelle, bien que le même coup ait déjà été attaqué auparavant avec la même constante.

b) On parle de répétition stricte d'une défense, si un coup d'attaque m_1, qui a déjà été défendu avec le coup défensif m_2 auparavant, est à nouveau défendu contre l'attaque m_1 avec le même coup défensif. (On remarquera que la partie gauche et celle de droite d'une disjonction sont dans ce contexte deux défenses différentes).

Dans le cas d'un coup où un quantificateur existentiel a déjà été défendu avec une nouvelle constante, les types de coups suivants doivent être ajoutés à la liste des répétitions strictes :

- Une attaque sur un quantificateur existentiel est défendue en utilisant une nouvelle constante, bien que le même quantificateur ait déjà été défendu auparavant avec une constante qui était nouvelle au moment de cette attaque.
- Une attaque sur un quantificateur existentiel est défendue en utilisant une constante qui n'est pas nouvelle, bien que le même quantificateur ait déjà été défendu auparavant avec la même constante.

Remarque : Selon ces définitions, ni une nouvelle défense d'un quantificateur existentiel, ni une nouvelle attaque sur un quantificateur universel, n'est, à proprement parler, une stricte répétition si l'on utilise une constante qui, même si elle n'est pas nouvelle, est différente de celle utilisée dans la première défense (respectivement, la première attaque) et qui était nouvelle à ce moment.

On donne maintenant un exemple, on en verra d'autres par la suite quand on s'intéressera aux logiques libres :

	O			P	
				$\forall x Ax \to \neg \exists x \neg Ax$	0
1	$\forall x Ax$	0		$\neg \exists x \neg Ax$	2
3	$\exists x \neg Ax$	2		—	
5	$\neg Ak_1$		3	$?\exists$	4
7	Ak_1		1	$?k_1$	6
			5	Ak_1	8

Explication : Ce dialogue montre l'importance de la stratégie quant aux choix qui sont opérés pour l'attaque et la défense des quantificateurs. En effet, plutôt que d'attaquer l'existentielle concédée par O (coup 3), P aurait pu attaquer l'universelle (coup 1). Cependant, un tel choix ne serait pas judicieux puisque P devrait choisir en premier, tout en laissant le choix d'une constante à O par la suite. Il force donc O à choisir en premier en attaquant l'existentielle (coup 4). O concède alors ¬Ak$_1$ et P sait qu'il peut attaquer judicieusement l'universelle en demandant à O de l'instancier par k$_1$ (coup 6). Il se servira de Ak$_1$ pour attaquer la négation (coup 8). Le dialogue est terminé et clos, P gagne.

Bibliographie

AQUIN, Th. d'. 1993. *Somme contre les gentils*. Traduction de R. Bernier, M. Corvez, M.-J. Gerlaud, F. Kerouanton, L.-J. Moreau. Paris : Cerf.

ARISTOTE. 1934. *De l'âme*. Traduction J. Tricot. Paris : Vrin.

BENCIVENGA, E. 1986. Free Logics, *Handbook of Philosophical Logic vol.3*, D. Gabbay and F. Guenther (ed.). Dordrecht : Reidel : 373-426.

BERTO, F. 2008. Modal Meinongianism for Fictional Objects, *Metaphysica* 9 : 205-18.

BERTO, F. 2011. Modal Meinongianism and Fiction: The Best of Three Worlds, *Philosophical Studies* 152 : 313-35.

BORGES, J.L. 1994. *Ficciones/Fictions*. Paris : Gallimard, Folio bilingue.

BRENTANO, F.. 2008. *Psychologie du point de vue empirique*. Traduction M. De Gandillac, 2e édition revue par J.-F. Courtine. Paris : Vrin.

CAMERON, R. 2008. Turtles All The Way Down : Regress, Priority and Fundamentality, *Philosophical Quarterly* 58 : 1-14.

CARNAP, R. 1947. *Meaning and Necessity*. Chicago : University of Chicago Press.

CHALMERS, D. J. 2004. Epistemic Two-Dimensional Semantics, *Philosophical Studies* 118 : 153–226.

CHISHOLM, R. 1996. *A Realistic Theory of Categories*. Cambridge : Cambridge University Press.

CHURCH, A. 1951. A formulation of the logic of sense and denotation, *Structure, Method and Meaning*, P. Henle (ed.), New York : The Liberal Arts Press : 3-24.

CORREIA, F. 2005. *Existential Dependence and Cognate Notions*. Munich : Philosophia Verlag.

CORREIA, F. 2008. Ontological Dependence, *Philosophy Compass* 3 (5) : 1013-32.

CURRIE, G. 1990. *The Nature of Fiction*. Cambridge : Cambridge University Press.

DESCARTES, R. 1956 (2000 : 5ᵉ édition). *Méditations métaphysiques*. Paris : PUF, Quadriges.

DUMMETT, M. 1973. *Frege, Philosophy of Language*. London : Duckworth.

FINE, K. 1995. Ontological Dependence, *Proceedings of the Aristotelian Society*, New Series 95, Blackwell Publishing : 269-90.

FINE, K. 2001. The Question of Realism, *Philosophers Imprint* 1 : 1-30.

FITTING, M. & MENDELSOHN, R.L. 1998. *First-Order Modal Logic*. Dordrecht : Springer, Synthese Library.

FONTAINE, M. & RAHMAN, Sh. 2010. *Fiction, Creation and Fictionality : An Overview*, Methodos (en ligne) 10 (avril 2010), URL : <http://methodos.revues.org/2343>.

FONTAINE, M. & RAHMAN, Sh. 2012. Individuality in Fiction and the Creative Role of the Reader, *Revue Internationale de Philosophie* 66 (4) : 539-60.

FONTAINE, M. & RAHMAN, Sh. 2013. Towards a Semantics for the Artifactual Theory of Fiction and Beyond, *Synthese*, Springer: DOI 10.1007/s 11229-013-0287-z (published on line May 2013).

FONTAINE, M. & REDMOND, J. 2012. To Be Is To Be Chosen. A Dialogical Understanding of Ontological Commitment, *Logic of Knowledge. Theory and Applications*. C. Barés Gomez, S. Magnier et F. Salguero (ed.). Londres : College Publications, Dialogues and the Games of Logic : 203-22.

FONTAINE, M. & REDMOND, J. 2008. *Logique dialogique, une introduction. Volume 1 : Méthode de dialogique : Règles et exercices*. Londres : College Publications, Cahiers de Logique et d'Epistémologie.

FONTAINE, M., GORISSE M.H. et RAHMAN, Sh. 2011 Dynamique Dialogique : Lecture d'une controverse entre logiciens jaïns et grammairiens en Inde classique, *Kairos, revista de filosofia & ciência vol.2*, O. Pombo & N. Melim (ed.). URL : <http://kairos.fc.ul.pt/>

FREGE, G. 1971. Sens et Dénotation, *Ecrits logiques et philosophiques*. Traduction par Cl. Imbert. Paris, Seuil, Point Essais : 102-26.

GENETTE, G. 1962. *Figures II*, Paris: Seuil.

GENETTE, G. 1987. *Seuils*. Paris : Seuil.

GENETTE, G. 1991. *Fiction et diction*, Paris: Seuil.

GOODMAN, N. 1968. *Languages of Art - An Approach to a Theory of Symbols*. Indianapolis: The Bobbs-Merrill Company.

GOODMAN, N. 1978. *Ways of Worldmaking*. Indianapolis : Hackett Publishing.

HINTIKKA, J. & SANDU, G. 1995. The Fallacies of the New Theory of Reference, *Synthese* 104 : 245-83.

HINTIKKA, J. 1966. On the Logic of Existence and Necessity I: Existence, *The Monist* 50 : 55-76.

HINTIKKA, J. 1967. Individuals, Possible Worlds, and Epistemic Logic, *Noûs* 1 (1) : 33-62.

HINTIKKA, J. 1969. *Models for Modalities*. Dordrecht : Reidel.

HINTIKKA, J. 1970. Objects of Knowledge and Belief: Acquaintance and Public Figures, *The Journal of Philosophy* 67 : 869-83.

HINTIKKA, J. 1975. Impossible Possible Worlds Vindicated, *Journal of Philosophical Logic* 4 : 475-84.

HINTIKKA, J. 2005. *Knowledge and Belief, An Introduction to the Logic of the Two Notions*. Londres : College Publications.

HUSSERL, E. 1962. *Recherches Logiques* Tome II, vol.2 : *Recherches pour la phénoménologie et la théorie de la connaissances*, Recherches III, IV et V. Traduction par H. Elie, L. Kelkel & R. Schérer. Paris : PUF, Epiméthée.

INGARDEN, R. 1964. *Time and Modes of Being*. Traduction anglaise de H. R. Michejda. Springfield, Illinois : Charles C. Thomas Publisher.

INGARDEN, R. 1968. *Vom Erkennen des literarischen Kunstwerks*. Tübingen: Max Niemeyer.

INGARDEN, R. 1973. *The Literary Work of Art*. Traduction anglaise par George G. Grabowicz, Evanston : Northwestern University Press.

JACOB, P. Intentionality, *The Stanford Encyclopedia of Philosophy (Fall 2010 Edition)*, E.N. Zalta (ed.), URL = <http://plato.stanford.edu/archives/fall2010/entries/intentionality/>.

JASKOWSKI, S. 1934. On the Rules of Suppositions in Formal Logic, *Studia Logica*, 1:5-35.

JENKINS, C.S. 2001. Is Metaphysical Dependence Irreflexive?, *The Monist* 94 : 267-76.

KANGER, S. 1957. The Morning Star Paradox, *Theoria* 23 (1) : 1-11.

KEIFF, L. 2011. Dialogical Logic, *The Stanford Encyclopedia of Philosophy (Summer 2011 Edition)*, E.N. Zalta (ed.), URL = <http://plato.stanford.edu/archives/sum2011/entries/logic-dialogical/>.

KRIPKE, S.A. 1959. A Completeness Theorem in Modal Logic, *Journal of Symbolic Logic* 24(1) : 1-14.

KRIPKE, S.A. 1963a. Semantical Considerations on Modal Logic, *Acta Philosophica Fennica* 16 : 83-94.

KRIPKE, S.A. 1963b. Semantical Analysis of Modal Logic I: Normal Propositional Calculi, *Zeitschrift für Mathematische Logik und Grundlagen der Mathematik* 9: 67–96.

KRIPKE, S.A. 1973. John Locke Lectures: Reference and Existence. Manuscrit non-publié disponible à la bibliothèque de philosophie de l'Université d'Oxford.

KRIPKE, S.A. 1979. A puzzle about belief, *Meaning and Use*, A. Margalit (ed.). Dordrecht : Reidel : 239-83.

KRIPKE, S.A. 1982. *La logique des noms propres*. Traduction par P. Jacob et F. Recanati. Paris : Les éditions de minuit.

KROON, F. & VOLTOLINI, A. 2011. Fiction, *The Stanford Encyclopedia of Philosophy (Fall 2011) Edition*, E.N. Zalta (ed.), URL = <http://plato.stanford.edu/archives/fall2011/entries/fiction/>

LAMBERT, K. 1960. The Definition of E(xistence)! In Free Logic, *Abstracts : International Congress for Logic, Methodology and Philosophie of science*. Stanford : Stanford University Press.

LAMBERT, K. 1997. *Free Logics : Their Foundations, Character, and Some Applications Thereof*. Sankt Augustin : Academia Verlag.

LEONARD, H.S. 1956. The Logic of Existence, *Philosophical Studies*, 7 (4) : 49-64.

LEWIS, D. 1973. *Counterfactuals*. Oxford : Blackwell

LEWIS, D. 1978. Truth in Fiction, *American Philosophical Quarterly*, 15 (1) : 37-46.

LEWIS, D. 1986. *On the Plurality of Worlds*. Oxford : Blackwell

LORENZEN, P. & LORENZ, K. 1978. *Dialogische Logik*. Darmstadt: Wissenschaftliche Buchgesellschaft.

LORENZEN, P. 1955. *Einführung in die operative Logik und Mathematik*. Berlin: Springer.

LOWE, E.J. 1994. Ontological Dependency, *Philosophical Papers* 23: 31-48.

LOWE, E.J. 1998. *The possibility of Metaphysics*. Oxford: Oxford Clarendon Press.

MACDONALD, M. 1954. The Language of Fiction, *Proceedings of the Aristotelian Society, Supplementary* 27 : 165-96.

MCLAUGHLIN, B. & BENNETT, K. 2005. Supervenience, *The Stanford Encyclopedia of Philosophy* (Winter 2011), E. .N. Zalta (ed.), URL : <http://plato.stanford.edu/archives/win2011/entries/supervenience/>

MEINONG, A. 2000. *Théorie de l'objet et présentation personnelle*. Traduction de J.-F. Courtine. Paris : Vrin.

MILL, J.S. 1886. *A system of Logic*. Londres : Longmans, Green and Co.

MONTALBETTI, Ch. 2001. *La Fiction*. Paris : GF Flammarion.

PARSONS T. 1979. Referring to Nonexistent Objects, *Theory and Decision* 11: 95–110.

PARSONS, T. 1980. *Nonexistent Objects*, New Haven: Yale University Press.

PARSONS, T. 1982. Are There Nonexistent Objects?, *American Philosophical Quarterly* 19(4) : 365-371.

PRIEST, G. 2005. *Towards Non-Being: The Logic and Metaphysics of Intentionality*. Oxford : Clarendon Press.

PRIEST, G. 2011. Creating Non-Existents, *Truth in Fiction*, F. Lihoreau (ed.). Francfort : Ontos Verlag : 107-18.

QUINE, W.v.O. 1953. *From a Logical Point of View*. Harvard : Harvard University Press.

QUINE, W.v.O. 1956. Quantifiers and Propositional Attitudes, *The Journal of Philosophy* 53 (5) : 177-87.

QUINE, W.v.O. 1966. *Methods of Logic* (édition révisée). New York : Holt, Rinehart & Winston.

QUINE. W.v.O. 1969. *Ontological Relativity and Other Essays*. New York : Columbia University Press.

RAHMAN, Sh. 2001. On Frege's Nightmare : Ways to Combine Paraconsistant and Intuitionistic Free Logic, *Essays on Non-Classical Logic*, H. Wansing (ed.). Londres : World Scientific : 61-85.

RAHMAN, SH. & CLERBOUT, L. 2013. Contructive Type Theory and the Dialogical Turn. A New Start for the Erlanger Konstruktivismus, to appear in *Dialogishe Logik*, J. Mittelstrass (ed.), Münster : Mentis.

RAHMAN, Sh., CLERBOUT, N. & KEIFF, L. 2009. Dialogues and Natural Deduction, *Acts of Knowledge, History, Philosophy, Logic*, G. Primiero (ed.). Londres : College Publications : 301-36.

RAHMAN, Sh., CLERBOUT, N. & MCCONAUGHEY, Z. 2013. Towards a Dialogical Approach to Constructive Type Theory, to appear in *Tributes to Jean-Paul Van Bendegem*, P. Allo (ed.). London : College Publications.

RAHMAN, Sh., DAMIEN, L. & GORISSE, M.H. 2004. La dialogique temporelle ou Patrick Blackburn par lui même, *Philosophia Scientiae* 8(2) : 39-59.

RAHMAN, Sh. & KEIFF, L. 2004. On how to be a dialogician, *Logic, Thought and Action*, D. Vanderveken (ed.). Dordrecht : Springer : 359-408.

RAHMAN, Sh. & REDMOND, J. 2008. *Hugh MacColl et la naissance du pluralisme logique - suivi d'extraits majeurs de son œuvre*. Traduction par S. Magnier. Londres : College Publication, Cahiers de Logique et d'Epistémologie.

RAHMAN, SH. & RÜCKERT, H. (ed.). 2001. *New Perspectives in Dialogical Logic*. Dordrecht : Springer, *Synthèse 127* (édition spéciale).

RAHMAN, Sh., RÜCKERT, H. & FISCHMANN, M. 1997. On Dialogues and Ontology. The Dialogical Approach to Free Logic, *Logique et Analyse* 160 : 357-74.

RAHMAN, Sh. & TULENHEIMO, T. 2010. Fictionality Operators and the Artifactual Theory of Fiction. Manuscrit non-publié.

RANTALA, V. 1982a. Quantified Modal Logic: Non-Normal Worlds and Propositional Attitudes, *Studia Logica* 41 (1) : 41-65.

RANTALA, V. 1982b. Impossible World Semantics and Logical Omniscience, *Acta Philosophica Fennica* 35 : 106-15.

READ, S. 1995. *Thinking About Logic*. Oxford: Oxford University Press.

REBUSCHI, M. & TULENHEIMO, T. 2011. Between *De Dicto* and *De Re* : *De Objecto* Attitudes, *The Philosophical Quarterly* 61 (245) : 823-38.

REBUSCHI, M. 2010. Should One Know that Every Necessary Truth One Knows is Necessarily True?, communication présentée au 12th Symposium on Contemporary Philosophical Issue, Rijeka (Croatia), Mai 2010.

REICHER, M. 1995. Zur Identitatfiktiver Gegenstande:Ein Kommentarzu Amie Thomasson, *Conceptus* 28 (72) : 93-116.

ROSEN, G. 2010. Metaphysical Dependence: Grounding and Reduction, *Modality*, B. Hale & A. Hoffman (ed.). Oxford : Oxford University Press : 109-35.

ROUTLEY, R. 1982. *Exploring Meinong's Jungle and Beyond*. Canberra : RSSS, Australian National University.

RÜCKERT, H. 2002. Modal Logic with Subjunctive Marker: A New Perspective on Rigid Designation (abstract étendu), *Philosophical Insights into Logic and Mathematics 2002, Abstract*, Nancy : 120-4.

RUSSELL, B. 1903. *Principles of Mathematics*. Cambridge : Cambridge University Press.

RUSSELL, B. 1905. On Denoting, *Mind* (14) pp.479-493.

SAINSBURY, M. 2005. *Reference without Referents*. Oxford : Clarendon Press.

SAINSBURY, M. 2009. *Fiction and Fictionnalism*. Londres : Routledge.

SANDU, G.2006. Hintikka and the Fallacies of the New Theory of Reference, *The Philosophy of Jaakko Hintikka*, R.E. Auxier et L.E. Hahn (ed.). Chicago : Open Court.

SCHAEFFER, J.-M. 1999. *Pourquoi la fiction?* Paris: Seuil.

SCHAFFER, J. 2009. On What grounds What, *Metametaphysics*, D. Chalmers, D. Manley & R. Wasserman (ed.). Oxford: Oxford University Press, 347-83.

SEARLE, J.R. 1975. The Logical Status of Fictional Discourse, *New Litterary History* 6 (2) : 319-32.

SEARLE, J.R. 1983. *Intentionality*. Cambridge : Cambridge University Press.

SIMONS, P. 1987. *Parts. A Study in Ontology*. Oxford : Clarendon Press.

SMITH, D.W., et McIntyre, R. 1982. *Husserl and Intentionality*. Dordrecht : Reidel Publishing.

STALNAKER, R. & THOMASON, R. 1968. Abstraction in First-Order Modal Logic, *Theoria* 34 : 203-7.

SUNDHOLM, G. 1986. Proof Theory and Meaning, *Handbook of Philosophical Logic vol.3*, D. Gabbay and F. Guenther (ed.). Dordrecht : Reidel : 471-506.

THOMASON, R. & STALNAKER, R. 1968. Modality and Reference, *Nous* 2 : 359-72.

THOMASSON, A. L. 1999. *Fiction and Metaphysics*. Cambridge: Cambridge University Press.

THOMASSON, A. L. 2010. Fiction, existence et référence. *Methodos (en ligne)* 10 (Avril 2010), URL: <http://methodos.revues.org/2446>.

TULENHEIMO, T. Remark on Indiviuals in Modal Contexts, *Revue Internationale de Philosophie* 63 (4) : 383-94.

TWARDOWSKI, K. 1977. *On the Content and Object of Presentations*. Traduction par R. Grossmann. La Haye : Martinus Nijhoff.

VAN DITMARSCH, H., VAN DER HOEK, W. & KOOI, B. 2007. *Dynamic Epistemic Logic*. Dordrecht : Springer, Synthese Library.

VAN FRAASSEN, B.C. 1966. Singular terms, truth-value gaps and free logics, *Journal of Philosophy* 67 : 481-95.

VOLTOLINI, A. 2006. *How Ficta Follow Fiction: A Syncretistic Account of Fictional Entities*. Dordrecht : Springer.

WALTON, K. L. 1990. *Mimesis as Make-Believe. On the Foundations of Representational Arts,* London: Harvad University Press.

WEHMEIER, K.F. 2005. Modality, Mood, and Descriptions, *Intensionality: An interdisciplinary Discussion, Lectures Notes in Logic*, R. Khale (ed.). Wellesley : AK Peter : 1987-216.

WITTGENSTEIN, L. 1953. *Philosophical Investigations (the german text with an revised english translation).* Oxford : Blackwell Publishing.

WITTGENSTEIN, L. 1961. *Tractatus Logico-Philosophicus.* New York : Humanities Press.

WOLTERSTORFF, N. 1980.*Works and Worlds of Art.* Oxford : Clarendon Press.

WOODRUFF, P.W. 1971. Free logic, modality and truth. Manuscrit non publié cité par E. Bencivenga [1986].

WOODRUFF, P.W. 1984. On supervaluations in free logics, *Journal of Symbolic Logic* 49 : 943-50.

WOODS, J. 1974. *The Logic of Fiction: A philosophical Sounding of Deviant Logic.* La Haye : Mouton.

WOODS, J. 2007. Fictions and their Logics, *Handbook of the Philosophy of Science vol. 5,* D. Gabbay, P. Thagard & J. Woods (ed.), Amesterdam : Elsevier, North Holland : 1061-126.

WOODS, J. & ISENBERG, J. 2010. Psychologizing the Semantics of Fiction, *Methodos (en ligne)* 10 (avril 2010), URL : <http://methodos.revues.org/2387 ; DOI : 10.4000/methodos.2387>.

WOODS, J. & ROSALES, A. 2010. Unifying the Fictional, *Fictions and Models, New Essay,* J. Woods (ed.), Munich : Philosophia Verlag, 345-88.

ZALTA, E.N. 1983. *Abstract Objects: An Introduction to Axiomatic Metaphysics,* Dordrecht: Reidel.

ZALTA, E.N. 1988. *Intentional Logic and the Metaphysics of Intentionality,* Cambridge, Mass: MIT Press.

Index

A

argument modal · 57, 138
artefact abstrait · 2, 11, 26, 206, 208, 211, 212, 213, 230, 232, 244, 245, 247, 249, 256, 271, 276, 281
assertion feinte · 10, 167, 168, 231

B

Bencinvenga, E. · 79, 81
Berto, F. · 24, 190, 198, 212, 279
Brentano, F. · 1, 17, 27

C

Carnap, R. · 32
catégorie ontologique · 219, 227, 228, 239
codification · 11, 239, 244, 247, 248, 249, 271, 277, 280, 284
contenu
    de la fiction · 235, 253, 254, 255, 260, 262, 275, 276, 277, 285
    intentionnel · 12, 18, 20, 21, 22, 25, 114, 186, 208
Correia, F. · 222, 224, 225, 226
création · 3, 11, 25, 164, 172, 191, 194, 205, 206, 207, 208, 233, 234, 239, 240, 241, 244, 246, 247, 248, 254, 275, 277
créationnisme · *Voir* théorie artefactuelle
Currie, G. · 10, 173, 174

D

dépendance ontologique · 3, 4, 11, 186, 205, 206, 207, 208, 217, 218, 219, 222, 223, 224, 226, 227, 231, 257, 258, 263, 264, 266, 269, 272, 284
    générique constante · 2, 26, 207, 214, 217, 230, 236, 241, 245, 247, 248, 273
    rigide historique · 2, 11, 26, 207, 209, 217, 227, 232, 236, 239, 240, 241, 244, 247, 248, 273, 284
description définie · 50, 56, 57, 58, 139, 142, 151, 184, 199
dialogique · 7
    de la fictionalité · 263
    identité · 64
    intensionnelle de premier ordre · 64, 107
    libre · 85
    libre dynamique · 93
    modale propositionnelle · 40
domaine · 153
    constant · 61
    de la fiction · 256
    étanche/imperméable · 168, 262, 268, 275
    externe · 77
    faiblement étanche · 262, 271, 275
    interne · 77
    perméable · 261, 275
    variable · 71, 103
double aspect · 2, 162, 163, 176, 211, 248, 253, 271
Dummett, M. · 136

E

exigence modale · 217, 218, 219, 220, 221, 222, 223, 224, 225, 226, 227, 229, 236, 240, 242, 265, 266, 272

F

ficta
    absence de · 25, 194

multiples · 25
fiction
   personnage de · 2, 4, 11, 161, 248, 253, 271
fictionalité · 161
Fine, K. · 222, 224
fonction d'individu · 146
formules de Barcan · 66, 68, 71, 72, 106, 107, 109, 114, 124, 125, 131, 155
Frege, G. · 28, 29, 30, 32, 48, 78, 114, 184

G

généralisation existentielle · 6, 10, 18, 27, 47, 53, 54, 55, 63, 68, 75, 106, 114, 126, 130, 132, 151, 156, 161, 181, 184, 195, 196, 197, 234, 235, 259, 277, 283

H

Hintikka, J. · 5, 9, 32, 33, 38, 121, 123, 125, 143, 145, 148, 150, 151, 152, 156, 157, 195, 197, 271, 283
Husserl, Ed. · 12, 17, 18, 19, 20, 22, 28

I

identité · 62
   des fictions · 208
   des non-existants · 191
   des objets possibles · 49, 52
   des personnages de fiction · 271
   nécessaire · 63, 135, 142
   transmonde · 47, 55, 111, 145
indépendance à l'existence · 5, 6, 8, 18, 19, 20, 23, 119, 187
Ingarden, R. · 10, 11, 25, 165, 206, 248
intension · 27, 28, 32
intentionalité · 1, 3, 5, 6, 7, 8, 9, 11, 17, 18, 20, 21, 22, 23, 26, 27, 28, 32, 49, 60, 119, 121, 125, 132, 146, 156, 164, 165, 171, 184, 185, 186, 208, 212, 283
intentionnel
   agent · 17
   énoncé · 17, 27

état · 17, 121
prédicat · 119
verbe · 5, 27, 38, 119
interprétation
   de la fiction · 254, 255, 257, 259, 260, 261, 262, 271, 276, 277, 286
irréalisme · 10, 161, 162, 163, 183, 185, 231, 283

J

Jaśkowski, S. · 83

K

knowing-that · 149, 152
knowing-who · 149, 152
Kripke, S.A. · 8, 9, 25, 33, 37, 47, 55, 56, 57, 58, 59, 63, 69, 76, 106, 111, 112, 113, 133, 136, 137, 138, 140, 279

L

Lambert, K. · 72, 75
logique
   intensionnelle de premier ordre · 5, 47, 103
   intensionnelle propositionnelle · 37
   intentionnelle · 119
   libre · 71, 72
   libre négative · 75
   libre neutre · 79
   libre positive · 77
logique intensionnelle
   de premier ordre · 61
Lowe, E.J. · 224

M

make-believe · 10, 167, 173, 174, 175, 176, 177, 231, 246
matrice · 127

Meinong, A. · 10, 22, 23, 24, 25, 115, 157, 164, 185, 187
   (néo-)meinongien · 23, 25, 26, 33, 48, 49, 126, 157, 164, 186, 187, 193, 195, 197, 213, 246
Mill, J.S. · 29
modalité
   de dicto · 53, 55, 136, 137, 138, 142, 148, 181, 185
   de re · 53, 54, 55, 69, 136, 137, 138, 140, 142, 143, 146, 148
   épistémique · 56, 121, 122, 126, 134, 142, 149, 150
   métaphysique · 56
monde
   impossible · 126, 199
   ouvert · 131
   possible · 33, 37, 121
monde possible · 56

N

nom propre · 29, 49
   désignateur non-rigide · 136, 145
   désignateur rigide · 57, 111, 133, 196
   sens et dénotation · 29
   théorie descriptiviste · 49
nonéisme · 23, 24, 195, 203, 232
non-existence · 48

O

ontologie · 161
opérateur
   de fictionalité · 3, 162, 164, 165, 179, 180, 181, 184, 186, 198, 213, 218, 253, 254, 256, 260, 268, 271, 274, 284, 285
   intensionnel · 4, 5, 9, 37, 39, 53
   intentionnel · 9, 38, 69, 119, 121, 122, 124, 125, 126, 131, 198
   iota · 50
   modal · 37, 56

P

Parsons, T. · 24, 188
point de vue externe · 162, 179, 183, 208, 253
point de vue interne · 162, 168, 179, 253
prédicat d'existence · 3, 75, 113, 187
prédicat d'existence · 49
Priest, G. · 27, 113, 119, 196, 233
principe
   de caractérisation · 23, 49, 188, 198
   de compréhension · 23, 49, 188
   de liberté · 202, 255
priorité ontologique · 224

Q

Quine, W.v.O. · 47

R

Rahman, Sh. · 7, 86
réalisme · 161, 185, 207
règle
   d'introduction · 264
   de Parménide · 162, 187, 205
   introduction (d') · 86, 94, 107
   introduction (d') · 263
   locale/de particule · 7, 40
   structurelle · 7, 41
Routley, R. · 23, 187
Russell, B. · 48, 74

S

Sainsbury, M. · 175, 183
Searle, J.R. · 18, 20, 79, 169
Sein · 23
sémantique
   de la fictionalité · 258, 274
   des mondes impossibles · 127
   des mondes ouverts · 131
   des mondes possibles · 38

des *world-lines* · 146
intensionnelle de premier ordre · 61, 103
libre négative · 75
libre positive · 77
nonéiste · 113, 119, 127, 233
sensibilité au contexte · 18, 21, 120
Simons, P. · 222
Sosein · 23
substitution des identiques · 6, 30, 52, 63, 120, 133, 142, 151, 196
supervaluation · 79
survenance · 203, 233

T

théorie artefactuelle · 2, 26, 205, 233
théorie syncrétique · 246
Thomasson, A.L. · 2, 26, 192, 205, 227, 233, 244

Tulenheimo, T. · 145, 156

V

Voltolini, A. · 25, 194, 245

W

Walton, K. · 173
Woods, J. · 2, 162, 167, 176
world-line · 145, 272

Z

Zalta, Ed. · 191

www.ingramcontent.com/pod-product-compliance
Lightning Source LLC
Chambersburg PA
CBHW050126170426
43197CB00011B/1728